HEYNE BÜCHER

W0385993

SCIENCE FICTION

Herausgegeben
von Dr. Herbert W. Franke
und Wolfgang Jeschke

In gleicher Ausstattung erschienen außerdem
als Heyne-Taschenbücher

*TITAN 1* · Band 3487
*TITAN 2* · Band 3507
*TITAN 3* · Band 3520
*TITAN 4* · Band 3533
*TITAN 5* · Band 3546
*TITAN 6* · Band 3558
*TITAN 7* · Band 3579
*TITAN 8* · Band 3597
*TITAN 9* · Band 3614
*TITAN 10* · Band 3633

# TITAN 11

Herausgegeben
von
Ben Bova und Wolfgang Jeschke

*Klassische Science Fiction-Erzählungen*

WILHELM HEYNE VERLAG
MÜNCHEN

HEYNE-BUCH Nr. 3651
im Wilhelm Heyne Verlag, München

Eine Auswahl aus dem Band
SCIENCE FICTION HALL OF FAME, Bd. 2A
Deutsche Übersetzungen von Uwe Anton

Redaktion: Wolfgang Jeschke

Printed in Germany 1979
Umschlagbild: DiFate/Utoprop
Umschlaggestaltung: Atelier Heinrichs, München
Gesamtherstellung: Mohndruck Reinhard Mohn GmbH, Gütersloh

ISBN 3-453-30564-7

# Inhalt

Henry Kuttner & C. L. Moore
(als Lawrence O'Donnell)

# Traubenlese

Gerade bei Sonnenaufgang eines wunderschönen Maimorgens kamen drei Leute den Weg zu dem alten Herrenhaus hoch. Oliver Wilson, noch im Schlafanzug, beobachtete sie von einem der oberen Fenster aus mit einer Mischung widerstrebender Gefühle, bei denen Verärgerung und Groll die Oberhand hatten.

Es waren Ausländer. Nur das wußte er über sie. Ihr Nachname war kurios – Sancisco – und ihre Vornamen, die sie verschlungen auf den Mietvertrag gekritzelt hatten, schienen Omerie, Kleph und Klia zu lauten, obwohl es für ihn unmöglich war, nun, da er auf sie herabschaute, sie nach ihren Unterschriften zu unterscheiden. Er war sich noch nicht einmal sicher gewesen, ob es sich um Männer oder Frauen gehandelt hatte, und er hatte etwas weniger Kosmopolitisches erwartet.

Olivers Herz wurde noch schwermütiger, als er beobachtete, wie sie dem Taxifahrer den Weg hinauf folgten. Er hatte auf etwas weniger Selbstsicherheit bei seinen unwillkommenen Mietern gehofft, da er beabsichtigte, sie bald wieder aus dem Haus zu vertreiben, wenn es ihm irgend möglich war. Von hier sah es jedoch nicht sehr vielversprechend aus.

Der Mann kam als erster. Er war groß und dunkel. Seine Körperhaltung und die Art, wie er seine Kleider trug, zeugten von jener besonders arroganten Sicherheit, die der perfiden Zuversicht entstammt, die man bei jedem Schritt in sich setzt. Die beiden Frauen, die ihm folgten, lachten. Ihre Stimmen waren hell und süß, die Gesichter wunderschön, ein jedes auf ihre eigene exotische Art, doch das erste, woran Oliver dachte, als er sie so betrachtete, war: kostspielig!

Dieser Gedanke kam ihm nicht nur wegen jener Patina der Perfektion, die aus jeder Falte ihrer unglaublich fehlerlosen Gewänder sprach. Es gibt Anzeichen von Wohlstand jenseits einer Grenze, bei der selbst Reichtum aufhört, aus sich heraus eine Bedeutung zu besitzen. Nur bei seltenen Gelegenheiten hatte

Oliver schon solch eine Zuversicht bemerkt, daß die Erde sich nur wegen einer ihrer Launen unter ihren gutbesohlten Schuhen drehe.

In diesem Fall verwirrte ihn dieser Eindruck ein wenig, da er, als die drei den Weg hochkamen, das Gefühl hatte, die Kleider, die sie so selbstsicher trugen, nicht diejenigen seien, an die sie normalerweise gewöhnt waren. Aus der Art, in der sie sich bewegten, sprach eine seltsame Herablassung. Wie kostümierte Frauen. Sie zierten sich ein wenig auf ihren hohen Absätzen, streckten einen Arm aus, um den Schnitt ihrer Kleider zu bewundern, zupften dann und wann etwas an ihnen, als ob diese Kleider nicht richtig säßen oder sie an ganz andere gewöhnt seien.

Jedoch kam selbst Oliver die Eleganz und Paßsicherheit ihrer Kleidung verblüffend und ungewöhnlich vor. Nur eine Schauspielerin in einem Film, die jederzeit die Dreharbeiten unterbrechen und eine verrutschte Falte wieder zurechtzupfen kann, so daß sie immer gleichermaßen perfekt aussieht, wäre imstande, so elegant gekleidet zu wirken. Doch diese Frauen bewegten sich, wie sie es gerade mochten, und jede Falte ihrer Kleider folgte wie angegossen der jeweiligen Bewegung und fiel an ihren angestammten Platz zurück. Man hätte fast vermuten können, diese Kleider seien nicht aus gewöhnlichem Stoff oder aber nach unbekanntem, spitzfindigem Muster geschneidert, mit vielen kunstvoll versteckten Säumen, die ein unglaublich berufserfahrener und begnadeter Schneider angebracht hatte.

Sie schienen aufgeregt zu sein, sprachen hoch, klar und sehr hell und blickten empor zu dem hellblauen, transparenten Himmel, in dem versprenkeltes Rosa noch von der Morgendämmerung zeugte. Sie betrachteten die Bäume auf dem Rasen, die durchscheinend grünen Blätter mit dem Unterton goldener Frische, deren Ränder sich zusammengezogen hatten, als ob sie sprießen würden.

Glücklich und mit aufgeregter Stimme riefen sie dem Mann etwas zu, und als er antwortete, erklang seine Stimme in so unwahrscheinlichem Einklang mit den ihren, daß es sich anhörte, als würden drei Menschen miteinander singen. Ihre Stimmen verrieten wie ihre Kleidung eine Eleganz, die weitab vom Gewöhnlichen lag und so beherrscht war, wie Oliver Wilson es sich vor diesem Morgen niemals hätte träumen lassen.

Der Taxifahrer brachte das Gepäck, das aus einem wunderschönen, hellen Koffer bestand, der nicht ganz wie Leder wirkte und so sanft gerundet war, daß er viereckig zu sein schien, bis man erkannte, daß er aus zwei oder drei zusammengefügten Einheiten bestand, die einen festen Block ergaben. Er wirkte etwas abgetragen, so, als sei er oft benutzt worden. Und obwohl er ziemliche Ausmaße erreichte, schien der Taxifahrer seine Last nicht als schwer zu empfinden. Oliver bemerkte, wie er dann und wann ungläubig zu dem Gepäckstück hinunterstarrte.

Die eine Frau hatte tiefschwarzes Haar, eine Haut wie Sahne und rauchblaue Augen, deren Lider an der Last der schweren Wimpern zu tragen hatten. Es war jedoch die andere, der Olivers Blick folgte, als sie den Weg heraufkam. Ihr Haar war von strahlendem Hellrot, ihr Gesicht so weich, daß er glaubte, es würde sich bei einer Berührung wie aus Samt erweisen. Es war bernsteinfarben und etwas dunkler als ihr Haar.

Als sie die Verandatreppe erreichte, hob die schöne Frau den Kopf und schaute empor. Sie blickte direkt in Olivers Augen, und er sah, daß die ihren blau waren und ein wenig amüsiert dreinschauten, als ob sie die ganze Zeit schon gewußt hätte, daß er dort war. Auch sprach eindeutige Bewunderung aus ihnen.

Sich ein wenig schwindlig fühlend, eilte Oliver zurück in sein Zimmer, um sich rasch anzukleiden.

»Wir verbringen unseren Urlaub hier«, sagte der dunkle Mann und nahm die Schlüssel entgegen. »Wir möchten nicht gestört werden, wie ich es in unserem Schriftwechsel schon zum Ausdruck gebracht habe. Gehe ich recht in der Annahme, daß Sie einen Koch und ein Hausmädchen für uns engagiert haben? Des weiteren erwarten wir von Ihnen, daß Sie Ihre Besitztümer aus dem Haus entfernen und...«

»Moment«, sagte Oliver. Er fühlte sich ungemütlich. »Mir dämmert da etwas. Ich...« Er zögerte, nicht sicher, wie er es vorbringen sollte. Diese Leute waren so furchtbar seltsam. Sogar ihre Sprache war seltsam. Sie sprachen so distinguiert, schliffen keine einzige Endsilbe ab. Die englische Sprache schien ihnen so vertraut wie ihre Muttersprache, doch sie sprachen sie, wie ausgebildete Sänger sangen, mit perfekter Atemkontrolle und Betonung.

Und in der Stimme des Mannes lag eisige Kälte, als ob ein Abgrund von solcher Tiefe zwischen ihm und Oliver aufklaffe, daß kein Gefühl oder zwischenmenschlicher Kontakt ihn überbrücken könne.

»Ich frage mich«, sagte Oliver, »ob Sie nicht irgendwo anders in der Stadt ein besseres Quartier finden können. Dort drüben hinter der Straße liegt ein Haus, das...«

»O nein!« sagte die dunkelhaarige Frau mit leicht erschreckter Stimme; daraufhin lachten alle drei. Es war ein kaltes, distanziertes Gelächter, das Oliver nicht einschloß.

»Wir haben dieses Haus aufs sorgfältigste ausgesucht, Mr. Wilson«, sagte der düstere Mann. »Uns ist nichts daran gelegen, irgendwo anders zu wohnen.«

»Ich begreife nicht warum«, entgegnete Oliver verzweifelt. »Dieses Haus ist doch noch nicht einmal besonders modern. Ich habe zwei andere in wesentlich besserem Zustand. Dort drüben an der Straße hätten Sie sogar einen guten Blick auf die Stadt. Hier haben wir das nicht. Die anderen Häuser schneiden die Sicht ab und...«

»Wir haben Räume in diesem Haus gemietet, Mr. Wilson«, sagte der Mann mit einer Endgültigkeit, die weitere Einwände unterband, »und wir erwarten auch, es benutzen zu können. Werden Sie nun Vorkehrungen treffen, uns so bald wie möglich allein zu lassen?«

»Nein«, entgegnete Oliver und blickte dickköpfig drein. »Das steht nicht im Mietvertrag. Sie können bis zum nächsten Monat hier wohnen, weil Sie dafür bezahlt haben, aber Sie können mich nicht hinauswerfen. Ich werde bleiben.«

Der Mann öffnete den Mund, um etwas zu sagen. Er warf Oliver einen kühlen Blick zu und schloß ihn darauf wieder. Immer noch bestand zwischen den beiden ein Gefühl des Sichfernhaltens. Für einen Moment herrschte Schweigen. »Nun gut«, sagte der Mann dann. »Bitte seien Sie so freundlich, uns nicht über den Weg zu laufen.«

Es war ein wenig seltsam, daß er sich nicht nach Olivers Motiven erkundigte. Oliver war sich des Mannes noch nicht sicher genug, um sie erklären zu können. Er konnte nicht einfach sagen: »Nachdem ich den Mietvertrag unterzeichnet hatte, wurde mir ein Dreifaches der Summe angeboten, die das Haus wert ist, wenn ich es bis Ende Mai verkaufe.« Und er konnte auch nicht sagen: »Ich will das Geld haben, und ich werde Sie so lange mit solch einem Lärm verärgern, bis Sie willens sind, hier auszuziehen.« Schließlich schien es überhaupt keinen Grund zu geben, weshalb sie das nicht tun sollten. Und nachdem er sie erst einmal gesehen hatte, schien es erst recht keinen Grund dafür zu geben, denn es war klar, daß sie an eine bessere Umgebung gewohnt sein mußten als an dieses von der Zeit schon arg mitgenommene alte Haus.

Der Wert, den dieses Haus plötzlich bekommen hatte, erschien ihm überaus seltsam. Er konnte sich ganz und gar nicht vorstellen, wieso zwei Gruppen halb anonymer Leute so begierig sein sollten, es noch im Mai zu erwerben.

Schweigend führte Oliver seine Mieter die Treppe hinauf zu den drei großen Schlafzimmern an der Vorderfront des Hauses. Er war sich dabei der rothaarigen Frau und der Art, wie sie ihn mit einem heimlichen Interesse beobachtete, genau bewußt. Ihre Blicke waren recht freundlich, und in ihrem Interesse an ihm lag ein seltsamer Unterton, den er nicht genau einordnen konnte. Er war zwar vertraut, aber nicht zu fassen. Er dachte daran, wie angenehm es sein würde, sich mit ihr allein zu unterhalten, wenn er nur diese nicht zu fassende Haltung einfangen und bezeichnen könnte.

Er ging hinunter zum Telefon und rief seine Verlobte an.

Sues Stimme quiekte im Hörer vor Aufregung.

»Oliver, so früh schon? Mann, es ist ja noch nicht einmal sechs. Hast du ihnen klargemacht, was ich gesagt habe? Werden sie gehen?«

»Kann es noch nicht sagen. Ich bezweifle es. Weißt du, Sue, schließlich habe ich ja auch ihr Geld genommen.«

»Oliver, sie müssen einfach ausziehen! Du mußt irgend etwas unternehmen!«

»Ich versuche es ja, Sue. Aber ich mag die ganze Sache einfach nicht.«

»Nun, es gibt keinen Grund, weshalb sie nicht irgendwo anders wohnen sollten. Und wir brauchen das Geld. Du mußt dir eben etwas einfallen lassen, Oliver.«

Oliver erblickte seine eigenen besorgten Augen im Spiegel über dem Telefon und zog ein finsteres Gesicht. Sein strohfarbenes Haar war strubblig, und auf seinem hübschen, gebräunten Gesicht stand ein heller Stoppelbart. Er bedauerte, daß die rothaarige Frau ihn in solch einem unordentlichen Zustand gesehen hatte. Dann ermahnte ihn beim Klang von Sues fester Stimme sein Gewissen, und er sagte: »Ich werde es versuchen, Liebling, ich werde es versuchen. Aber ich habe ihr Geld genommen.«

In der Tat hatten sie eine recht hohe Summe bezahlt, beträchtlich mehr, als die Räume wert waren, sogar in einem Jahr hoher Preise und hoher Löhne. Das Land steuerte gerade einer jener berühmten Epochen zu, auf die man sich später mit Begriffen wie ›Die ausschweifenden vierziger Jahre‹ oder ›Die goldenen Sechziger‹ bezog, eine angenehme Periode nationaler Euphorie. Es waren anregende Zeiten – solange sie andauerten.

»In Ordnung«, stimmte Oliver resigniert zu, »ich werde mein Bestes tun.«

Doch während die nächsten Tage verstrichen, wurde er sich bewußt, daß er nicht sein Bestes tat. Dafür hatte er mehrere Gründe. Von Anfang an war die Idee, für die Mieter zu einer Plage zu werden, von Sue gewesen und nicht die seine. Und wäre Oliver ein klein wenig entschlossener gewesen, hätte er niemals damit begonnen. Die Überlegungen kamen von Sue, aber...

Zum Beispiel waren die Mieter so faszinierend. Alles, was sie sagten oder taten, trug eine gewisse Umkehrung in sich, als ob man einen Spiegel vor einen gewöhnlichen Menschen gehalten habe und sein Bild seltsame Abweichungen von der Norm zeigte. Ihr Verstand arbeitete auf einer anderen Grundlage als der seine, dachte Oliver. Sie empfanden heimliches Vergnügen bei völlig ernsten Gelegenheiten; trotz ihrer gönnerhaften Haltung und ihrer kühlen Reserviertheit lachten sie für Olivers Geschmack viel zu häufig.

Er traf sie gelegentlich auf ihren Wegen zu und von ihren

Räumen. Sie waren höflich und abweisend, und das, so vermutete er, nicht aus Ärger über seine Anwesenheit, sondern aus reiner Gleichgültigkeit.

Den größten Teil des Tages verbrachten sie außer Hause. Das wundervolle Maiwetter hielt ungebrochen an, und sie schienen sich ihm in unverhohlener Bewunderung hinzugeben, völlig zuversichtlich, daß der warme, hellgoldene Sonnenschein und die wohlriechende Luft nicht von Regen oder Kälte unterbrochen werden könnten. Sie waren sich dessen sogar so sicher, daß Oliver sich unbehaglich fühlte.

Sie nahmen pro Tag nur eine Mahlzeit im Haus ein, ein spätes Mittagessen. Und ihre Reaktion auf die Mahlzeiten war unvorhersagbar. Manche Gerichte wurden mit Gelächter aufgenommen, andere wiederum mit leichtem Ekel. Zum Beispiel berührte keiner von ihnen je Salat. Und wenn Fisch aufgetischt wurde, schien dies eine Welle seltsamer Verlegenheit am gesamten Tisch auszulösen.

Zu jeder Mahlzeit erschienen sie sorgfältig gekleidet. Der Mann – sein Name war Omerie – wirkte immer sehr stattlich, doch er schien deshalb ein wenig zu schmollen, und Oliver hörte die Frauen zweimal lachen, weil er Schwarz tragen mußte. Oliver bekam völlig grundlos eine plötzliche Vision, in der er den Mann in Kleidung, die so farbenprächtig und sorgsam geschnitten wie die der Frauen war, sah, und irgendwie schien sie ihm sehr passend. Er trug das Schwarz mit einer Art trotzigem Stolz, als sei er Kleider aus Gold gewöhnt.

Wenn sie sich zu anderen Mahlzeiten im Haus zusammenfanden, speisten sie in ihren Zimmern. Sie mußten eine beträchtliche Menge an Nahrungsmitteln mitgebracht haben, von welch geheimnisvollem Ort sie auch gekommen waren. Oliver fragte sich mit wachsender Neugier, wo dieser Ort sich wohl befände. Zu den merkwürdigsten Stunden zogen manchmal Wohlgerüche aus ihren Zimmern durch das ganze Haus. Oliver konnte sie zwar nicht identifizieren, aber meistens dufteten sie unwiderstehlich. Manchmal war der Geruch des Essens auch auf schokkierende Weise unangenehm, fast schon ekelhaft. Nur ein Feinschmecker, so überlegte Oliver, kann das Dekadente schätzen. Und diese Leute waren mit größter Sicherheit Feinschmecker.

Die Frage, weshalb sie sich so beharrlich in diesem großen baufälligen Haus aufhielten, störte des Nachts seine Träume. Oder weshalb sie sich weigerten auszuziehen. Manchmal warf er faszinierte Blicke in ihre Zimmer, die fast gänzlich durch neue Einrichtungsgegenstände verändert schienen, die er jedoch bei den kurzen Blicken, die ihm gewährt waren, nicht eindeutig ausmachen konnte. Das Gefühl von Luxus, das er schon beim ersten Blick empfand, wurde verstärkt von den üppigen Vorhängen, die sie mitgebracht hatten, und auch von den Ornamenten, die er nur zum Teil erspähen konnte, von den Bildern an den Wänden und sogar von dem Aroma der exotischen Parfums, das durch die halbwegs geöffneten Türen zog.

Er sah die Frauen in der Diele an sich vorübergehen, wie sie sich in ihren Gewändern sanft durch die braune Düsternis bewegten, in Kleidern, so unirdisch perfekt im Sitz, so überaus prächtig, so hell in ihren Farben, daß sie fast schon unwirklich erschienen. Ihr unerschütterliches Vertrauen in die Unterwürfigkeit der Welt verlieh ihnen eine anmaßende Arroganz, doch mehr als einmal glaubte Oliver, als er in die blauen Augen der Frau mit dem roten Haar und der weichen, gebräunten Haut blickte, ein aufgewecktes Interesse in ihnen zu erkennen. Sie lächelte ihn in der Düsternis an und zog in einer Wolke von Wohlgerüchen und einem Halo unglaublichen Reichtums vorbei, und die Wärme ihres Lächelns hielt an, noch lange, nachdem sie gegangen war.

Er wußte, daß sie diese Unberührbarkeit zwischen ihnen nicht aufrechterhalten wollte. Vom ersten Moment an war er sich dessen sicher. Wenn die Zeit gekommen war, würde sie eine Gelegenheit schaffen, um mit ihm allein zu sein. Der Gedanke daran war verwirrend und furchtbar aufregend. Es gab nichts, was er tun konnte, außer zu warten, nun, da er wußte, daß sie ihn aufsuchen würde, sobald es ihr recht war.

Am dritten Tag nahm er zusammen mit Sue in einem kleinen Restaurant in der Innenstadt das Abendessen ein, von dem aus sie einen guten Überblick auf die Stadt hatten, die sich bis zum weit in der Ferne verlaufenden Fluß erstreckte. Sue hatte hellbraune Locken und braune Augen, und ihr Kinn war etwas ausgeprägter, als man es normalerweise mit den Idealen der Schönheit vereinbaren konnte. Von Kindheit an hatte Sue immer gewußt, was sie wollte und wie sie es bekam, und nun kam es Oliver vor, als hätte sie noch nie etwas so dringend gewollt wie den Verkauf dieses Hauses.

»So ein wunderbares Angebot für das alte Mausoleum«, sagte sie und brach mit harter Bewegung ein Brötchen durch. »Nie wieder werden wir solch eine Chance bekommen, und die Preise sind so hoch, daß wir das Geld brauchen, um mit einem eigenen Haushalt beginnen zu können. Sicher kannst du *irgend etwas* tun, Oliver!«

»Ich versuche es ja«, versicherte Oliver ihr unbehaglich.

»Hast du noch etwas von dieser Verrückten gehört, die es kaufen will?«

Oliver schüttelte den Kopf. »Ihr Anwalt hat gestern angerufen. Nichts Neues. Ich frage mich, wer sie eigentlich ist.«

»Ich glaube, nicht einmal der Anwalt weiß das. All diese Geheimnisse – mir gefällt das nicht, Oliver. Auch diese Sanciscos – was haben sie heute unternommen?«

Oliver lachte. »Heute morgen haben sie eine Stunde damit verbracht, Filmtheater in der Stadt anzurufen. Sie forschten nach einer Menge drittklassiger Filme, von denen sie Ausschnitte sehen wollten.«

»Ausschnitte? Wieso das?«

»Ich weiß nicht. Ich glaube... oh, nichts. Noch etwas Kaffee?«

Der Ärger lag darin, daß er glaubte, es doch zu wissen. Die Vermutung war zu unwahrscheinlich, als daß er Sue etwas davon berichten könnte, und da sie nicht mit den Eigenheiten der Sanciscos vertraut war, würde sie nur glauben, Oliver verliere den Verstand. Aber aus ihren Gesprächsfetzen hatte er den definitiven Eindruck, daß in all diesen Filmen ein ganz bestimmter Schauspieler kleinere Rollen gehabt hatte, wegen denen sie bald vor Ehrfurcht erstarrten. Sie bezeichneten ihn als Golconda, doch das schien nicht sein richtiger Name zu sein, so daß Oliver keine Möglichkeit sah, herauszufinden, welchen obskuren Nebendarsteller sie so tief bewunderten. Golconda könnte der Name einer Figur sein, die er einmal gespielt hatte – und das mit äußerster Fertigkeit, wenn man den Kommentaren der Leute aus Sancisco Glauben schenken durfte – aber Oliver sagte er rein gar nichts.

»Sie benehmen sich ziemlich komisch«, sagte er und starrte nachdenklich in seinen Kaffee. »Gestern kam Omerie – das ist der Mann – mit einem Gedichtband herein, der vor fünf Jahren erschienen ist, und sie alle behandelten ihn wie eine Erstausgabe von Shakespeare. Ich habe noch nicht einmal von dem Autor gehört, doch in ihrem Land, wo immer das auch sein mag, scheint er eine Art literarischer Gott zu sein.«

»Du weißt es immer noch nicht? Haben sie denn noch nicht einmal Hinweise auf ihre Heimat verlauten lassen?«

»Wir sprechen nicht viel miteinander«, erinnerte Oliver sie mit leichter Ironie.

»Ich weiß, aber... hm, nun, ich glaube, das ist auch egal. Erzähl weiter, was tun sie sonst noch?«

»Nun, diesen Morgen verbringen sie damit, ›Golconda‹ und seine große Kunst zu betrachten, und ich glaube, heute nachmittag unternehmen sie eine Tour den Fluß hinauf zu irgendeinem Schrein, von dem ich noch nie gehört habe. Der Geburtsort eines großen Mannes, glaube ich – sie haben versprochen, Andenken von diesem Ort mit nach Hause zu bringen, wenn sie welche bekommen können. Na gut, sie benehmen sich wie typische Touristen, aber wenn ich nur herausbekommen könnte, was hinter der ganzen Sache steckt. – Das ergibt doch alles keinen Sinn.«

»Nichts an diesem Haus ergibt mehr einen Sinn. Ich wünschte...«

Sie sprach mit verdrießlicher Stimme weiter, doch Oliver hörte ihr plötzlich nicht mehr zu, da draußen vor der Tür eine bekannte Gestalt mit anmaßender Eleganz auf ihren hohen Absätzen vorbeiging. Ihr Gesicht sah er nicht, doch er glaubte, er würde diese Haltung, diese gleitenden Bewegungen überall auf der Erde wiedererkennen.

»Entschuldige mich eine Minute«, stieß er hervor und war von seinem Stuhl aufgesprungen, bevor Sue etwas entgegnen konnte. Mit einem halben Dutzend langer Schritte hatte er die Tür erreicht, und die wunderschöne elegante Passantin war nur ein paar Schritte entfernt. Er stieß ein paar Worte hervor, die er schnell überlegt hatte, doch schwieg er dann und stand gaffend da.

Es war nicht die rothaarige Frau. Es war auch nicht ihre dunkle Gefährtin. Es war eine Fremde. Sprachlos beobachtete er, wie die liebliche, arrogante Frau durch die Menge schritt und verschwand, sich bewegend mit vertrauter Gestik und Sicherheit und ebenso vertrauter Fremdartigkeit, als ob das schöne und hervorragend sitzende Kleid, das sie trug, für sie ein exotisches Kostüm sei. All dies hatte er an den Frauen aus Sancisco bemerkt. Alle anderen Frauen auf der Straße sahen blaß und farblos und krank neben ihr aus. Sie schritt einher wie eine Königin, verschmolz mit der Menge und war verschwunden.

Sie kam aus *ihrem* Land, sagte Oliver sich verwirrt. Also hatte noch jemand mysteriöse Mieter in diesem Monat des perfekten Mai-Wetters. Noch jemand brütete heute vergeblich über die Fremdartigkeit der Leute aus dem namenlosen Land.

Schweigend kehrte er zu Sue zurück.

In der braunen Düsternis des oberen Stockwerks stand die Tür einladend offen. Oliver verlangsamte seine Schritte, als er ihr näher kam, und sein Herz begann schneller zu schlagen. Es war das Zimmer der rothaarigen Frau, und er glaubte, die Tür sei nicht nur durch Zufall offen. Ihr Name, so wußte er jetzt, lautete Kleph.

Die Tür knarrte ein wenig in ihren Scharnieren, und von innen sagte eine überaus angenehme Stimme langsam: »Wollen Sie nicht hereinkommen?«

Das Zimmer sah in der Tat sehr verändert aus. Das große Bett war an die Wand geschoben und mit einem Tuch bedeckt worden, das sich ringsum wie ein Pelz aus weichen Haaren auf den Boden ergoß – bis auf die Tatsache, daß es blaugrün war und funkelte, als sei jedes Haar mit einem unsichtbaren Kristall geschmückt. Drei Bücher lagen aufgeschlagen darauf, und ein seltsam erscheinendes Magazin mit hellen, leuchtenden Buchstaben zeigte Bilder, die auf den ersten Blick dreidimensional erschienen. Darauf lag ebenfalls eine winzige Porzellanpfeife, verziert mit Porzellanblumen, und ein dünner Rauchfaden stieg aus dem Pfeifenkopf empor.

Über dem Bett hing ein breites Bild. Der Rahmen zog sich um blaues Wasser, das so echt aussah, daß Oliver zweimal hinschauen mußte, um sich zu vergewissern, daß es nicht sanft von einer Ecke zur anderen schaukelte. Mit einem Glasgestänge war ein kristallener Globus an der Decke befestigt. Er drehte sich sanft, und das Licht aus den Fenstern markierte geschwungene Rechtecke darauf.

Unter dem mittleren Fenster stand eine Art Chaiselongue, wie sie Oliver noch nie zuvor gesehen hatte. Er konnte nur vermuten, daß sie zumindest teilweise pneumatisch war und sich in dem Gepäck befunden hatte. Ein überaus reich besticktes Tuch bedeckte und versteckte sie, verziert mit kunstvoll gehämmerten leuchtenden Metallmustern.

Kleph trat langsam von der Tür zurück und ließ sich mit einem kleinen Seufzer der Zufriedenheit auf der Chaiselongue nieder. Die Couch schmiegte sich an ihren Körper und schien ihr dadurch eine äußerst bequeme Liegestellung zu bieten. Kleph rekelte sich, blickte zu Oliver auf und lächelte.

»Kommen Sie doch herein. Setzen Sie sich dorthin, von wo aus Sie aus dem Fenster schauen können. Ich liebe Ihr herrliches Frühlingswetter. Wissen Sie, in zivilisierten Zeiten hat es noch nie einen solchen Mai gegeben.« Sie sagte das in völligem Ernst, während ihre blauen Augen in die Olivers blickten, und eine Spur von Gönnerhaftigkeit lag in ihrer Stimme, so, als ob das Wetter extra für sie geschaffen wäre.

Oliver sah sich im Zimmer um, blieb stehen und blickte dann erstaunt zu Boden, der sich unstabil anfühlte. Ihm war zuvor nicht aufgefallen, daß der Teppich schneeweiß und ohne jeden Flecken war und bei jedem Schritt einige Zentimeter unter dem Druck seiner Füße nachgab. Nun sah er, daß Klephs Füße nackt – oder fast nackt – waren. Sie trug etwas wie Halbstiefel aus feiner Gaze, ein durchsichtiges Netz, daß sich ihren Füßen völlig anpaßte. Die nackten Fußsohlen wirkten so rosa, als ob sie gepudert wären, und die Fußnägel wiesen einen flüssigen Glanz wie kleine Spiegel auf. Er trat näher und war nicht so überrascht, wie er hätte sein sollen, als er feststellte, daß es wirklich kleine Spiegel waren, aufgetragen mit irgendeiner Flüssigkeit, die ihnen eine reflektierende Oberfläche verlieh.

»Nehmen Sie Platz«, sagte Kleph erneut und deutete auf den Stuhl vor dem Fenster. Sie trug ein Kleid, das nur aus lose herabfallendem, weichem Stoff zu bestehen schien, aber jeder ihrer Bewegungen wie angegossen folgte. Und ihre Figur wirkte heute auf seltsame Art völlig anders als sonst. Als Oliver sie in Straßenkleidung gesehen hatte, zeigte sie jene hochschultrige, schlanke Figur, nach der alle Frauen streben, doch hier in ihrem – Morgenmantel wirkte sie – nun, einfach anders. Heute wirkten ihre Schultern fast schwanenhaft grazil, ihr Körper sanft gerundet – ein unvertrauter und sehr anziehender Anblick.

»Darf ich Ihnen Tee anbieten?« fragte Kleph und lächelte charmant.

Auf einem niedrigen Tischchen neben ihr stand ein Tablett mit mehreren kleinen Tassen, aparte Gefäße mit einem inneren Glühen wie von Rosenquarz, mit durchdringender Farbe, als wären sie aus durchsichtigen Schichten geformt. Sie nahm eine der Tassen – Unterteller sah Oliver keine – und reichte sie ihm.

Sie fühlte sich zerbrechlich an und war dünn wie Papier. Den Inhalt konnte er nicht sehen, da die Tasse mit einem Deckel versehen war, der mit der Tasse eine Einheit zu bilden schien und nur einen dünnen Ausguß am Rande offen ließ. Dampffäden kräuselten daraus hervor.

Kleph nahm ebenfalls eine Tasse und führte sie an die Lippen, Oliver dabei über den Rand anlächelnd. Sie war überaus schön. Ihr hellrotes Haar war in leuchtenden Wellen über den Kopf gekämmt, und die Korona aus Locken, die wie ein Halo über ihrer Stirn glänzte, war wie ein Kranz heruntergekämmt. Jedes einzelne Haar lag so perfekt, als sei es aufgemalt, obwohl nun durch das Fenster eine kleine Brise wehte und durch die leuchtenden Haarsträhnen huschte.

Oliver versuchte den Tee. Sein Aroma war exquisit. Er war sehr heiß, und der Geschmack, der auf seiner Zunge haftete, erinnerte an den Duft von Blumen. Es war ein äußerst feminines Getränk. Er nippte erneut, überrascht, wie sehr er es mochte.

Der Blumengeschmack schien sich zu verstärken, während er trank, und wie Rauch durch seinen Kopf zu wirbeln. Nach dem dritten Schluck begann es leicht in seinen Ohren zu brummen. Vielleicht die Bienen, die zwischen den Blumen umhersummen, dachte er unzusammenhängend – und nahm einen weiteren Schluck.

Kleph beobachtete ihn lächelnd.

»Die anderen werden den ganzen Nachmittag fortbleiben«, erzählte sie Oliver im Plauderton. »Ich dachte, wir könnten uns einen schönen Nachmittag machen und uns etwas besser kennenlernen.«

Oliver war eher erschrocken, als er sich sagen hörte: »Warum sprechen Sie so merkwürdig?« Er hatte nicht beabsichtigt, diese Frage zu stellen; irgend etwas schien ihm die Kontrolle über seine Zunge genommen zu haben.

Klephs Lächeln wurde durchdringender. Sie führte die Tasse an die Lippen. »Was meinen Sie mit ›merkwürdig‹?« fragte sie, und in ihrer Stimme schwang Nachsicht mit.

Er machte mit der Hand eine vage Geste und bemerkte mit einiger Überraschung, daß sie sechs oder sieben Finger zu besitzen schien, als sie an seinem Gesicht vorbeiwischte.

»Ich weiß nicht – Ihre Genauigkeit, glaube ich. Warum schleifen Sie zum Beispiel beim Sprechen nie die Endsilben ab?«

»In unserem Land werden wir dazu erzogen, mit Exaktheit zu sprechen«, erklärte Kleph. »Genau, wie wir dazu erzogen werden, uns mit Genauigkeit zu bewegen, anzuziehen und zu denken. Jegliche Schlampigkeit wird uns noch während der Kindheit aberzogen. Bei Ihnen natürlich...« Sie war höflich. »Bei Ihnen ist das zufälligerweise eben kein nationaler Fetisch. Bei uns haben wir Zeit genug für Annehmlichkeiten. Und wir schätzen sie.«

Ihre Stimme wurde süßer und süßer, während sie sprach, bis sie schließlich nicht mehr von der Süße des Blumengeschmacks in Olivers Kopf und dem würzigen Aroma des Tees zu unterscheiden war.

»Aus welchem Land kommen Sie?« fragte er und hob die Tasse erneut zum Mund, überrascht darüber, daß sie schier unerschöpflich zu sein schien.

Dieses Mal wirkte Klephs Lächeln eindeutig nachsichtig. Es irritierte ihn jedoch nicht. Nichts konnte ihn nun noch irritieren. Der ganze Raum schien in einem rosigen Glühen zu ertrinken, so wohlriechend wie die Blumen.

»Wir dürfen nicht darüber sprechen, Mr. Wilson.«

»Aber...« Oliver wartete. Schließlich ging es ihn natürlich überhaupt nichts an. »Sie sind auf Urlaub?« fragte er ins Blaue hinein.

»Nennen Sie es eine Pilgerfahrt.«

»Pilgerfahrt?« Oliver war so neugierig, daß er sich für einen Moment scharf konzentrierte. »Wohin?«

»Das hätte ich nicht sagen sollen, Mr. Wilson. Bitte vergessen Sie es. Mögen Sie den Tee?«

»Sehr gerne.«

»Sie werden inzwischen sicher vermutet haben, daß es nicht nur Tee, sondern auch ein Anregungsmittel ist.«

»Ein Anregungsmittel?« Oliver starrte sie an.

Mit ihrer grazilen Hand vollführte Kleph einen Kreis in der Luft. »Fühlen Sie die Wirkung noch nicht?« Sie lachte. »Natürlich fühlen Sie sie.«

»Ich fühle mich«, sagte Oliver, »als ob ich vier Glas Whisky getrunken hätte.«

Kleph schüttelte sich etwas. »Wir erhalten unsere Anregungen auf weniger schmerzhafte Weise. Und ohne die Nachwirkungen, die Ihr barbarischer Alkohol nach sich zu ziehen pflegt.« Sie biß sich auf die Lippe. »Entschuldigung. Ich muß selbst schon sehr angeregt sein, um so freizügig zu reden. Bitte vergeben Sie mir. Wollen wir etwas Musik hören?«

Kleph ließ sich auf ihrer Chaiselongue zurücksinken und griff nach der Wand daneben. Der Ärmel ihres Gewandes rutschte herab, ihr Handgelenk enthüllend, und Oliver war überrascht, dort eine lange, rosige, gerade erst verheilende Narbe auszumachen. Die Dünste des wohlriechenden Tees hatten seine Hemmungen weggewischt; er holte tief Luft und beugte sich neugierig vor.

Mit einer schnellen Handbewegung schüttelte Kleph den Ärmel wieder über die Narbe. Ihr gebräuntes Gesicht rötete sich, und sie vermied es, Oliver anzublicken. Ein seltsames Schamgefühl schien sie befallen zu haben.

»Was soll das?« sagte Oliver taktlos. »Was hat das zu bedeuten?«

Sie blickte ihn immer noch nicht an. Viel später erst verstand er diese Scham und begriff, daß sie allen Grund dazu hatte. Doch nun hörte er lediglich zu, wie sie sagte:

»Nichts... überhaupt nichts. Ein Impfmal. Wir alle... oh, grübeln Sie nicht darüber nach. Lauschen Sie der Musik.«

Diesmal holte sie mit dem anderen Arm aus. Sie faßte nichts an, doch als sie mit der Hand die Wand fast erreicht hatte, erklang ein Geräusch im Zimmer, das sich wie das Plätschern von Wasser anhörte, das Auflaufen von Wellen auf einen langen, flachen Strand. Oliver folgte Klephs Blick zu dem Bild mit den blauen Wellen über dem Bett.

Die Wogen dort bewegten sich. Mehr noch, auch die Perspektive des Betrachters schien sich zu verändern. Langsam glitten die Wellen der See auf das Ufer zu. Halb hypnotisiert folgte Olivers Blick der Bewegung, die er zu dieser Zeit als durchaus natürlich und keineswegs überraschend empfand.

Die Wogen stiegen hoch, wurden zu rollenden Schaumkronen gebrochen und glitten einen Sandstrand hinauf. Dann begann durch das Getöse der Wellen Musik zu ertönen, und im Wasser erschien das Gesicht eines Mannes zwischen den Rahmen und lächelte ins Zimmer herein. Er trug ein seltsam archaisches, lautenähnliches Musikinstrument in den Händen; sein Körper schimmerte hell und dunkel wie eine Melone, und sein langer Hals war über die Schulter zurückgebogen. Er sang, und Oliver wurde von dem Lied tief berührt. Es war gleichzeitig sehr bekannt und sehr seltsam. Oliver tastete sich durch den unvertrauten Rhythmus und war schließlich imstande, die Melodie zu erfassen – es war »Make-Believe« aus »Showboat«, aber sicherlich war dieser Dampfer nie den Mississippi hochgetuckert.

»Was macht er da?« fragte Oliver nach ein paar Momenten des konzentrierten Lauschens. »Ich habe noch nie so etwas gesehen!«

Kleph lachte und streckte ihren Arm wieder aus. Orakelhaft sagte sie: »Wir nennen es Kyling. Aber das ist egal. Wie gefällt Ihnen das?«

Ein Komiker, ein Mann in clownähnlichem Make-up mit so riesig vergrößerten Augen, daß sie sein halbes Gesicht zu verdecken schienen, stand neben einem breiten Glaspfeiler vor einem dunklen Vorhang und sang ein lebhaftes, lautes Lied, das er aus dem Stegreif zu spielen schien, während er mit den Fingernägeln der linken Hand Trommelwirbel dazu auf den Glaspfeiler klopfte. Während seines Liedes umkreiste er den Pfeiler immer wieder, und der Rhythmus seiner Fingernägel verschmolz mit dem Lied, erzeugte neue Melodien, die mit den alten übergangslos verschmolzen.

Ihnen zu folgen, war äußerst verwirrend. Noch weniger Sinn als die Melodie ergab allerdings der Text, der von einem verlorenen Pantoffel berichtete und Anspielungen enthielt, die Kleph lächeln ließen, Oliver allerdings gänzlich unverständlich waren. Der Mann hatte eine trockene, harte Stimme, die Oliver nicht allzu hoch einschätzte, obwohl Kleph von ihr fasziniert zu sein schien. Oliver bemerkte, daß sein Auftritt von einem ähnlichen Selbstvertrauen bestimmt war, wie er es bei den drei anderen Sanciscos auch schon bemerkt hatte. Eindeutig ein rassischer Zug, dachte er.

Andere Auftritte folgten, einige davon fragmentarisch, als habe man sie aus einem größeren Zusammenhang herausgerissen. Eine Darbietung war ihm bekannt. Die vertraute, ergreifende Melodie kam ihm wieder in Erinnerung, bevor er die Schauspieler sah – marschierende Männer vor einer Nebelwand, während ein großes Banner hinter ihnen im Rauch geschwungen wurde und im Vordergrund Gestalten weit ausschritten und rhythmisch riefen: »Vorwärts, vorwärts schreitet das Lilienbanner!«

Die Musik klang blechern, die Gestalten schienen verwischt und farblos, doch Oliver fand Geschmack an der Aufführung, die seine Phantasie anregte. Er starrte auf das Bild, und langsam kam ihm die Erinnerung an einen alten Film wieder zurück. Dennis King und sein zackiger Chor sangen ›The Song of the Vagabonds‹ aus – war es ›Vagabond King‹?

»Ein sehr, sehr altes«, sagte Kleph entschuldigend. »Aber ich mag es.«

Der Dampf des berauschenden Tees wirbelte zwischen Oliver und dem Bild umher. Musik hob und senkte sich im Zimmer und dem wohlriechenden Duft und seinem eigenen euphorischen Gehirn. Nichts kam ihm nun noch seltsam vor. Er hatte herausgefunden, wie man den Tee trinken mußte. Wie bei Lachgas steigerte die Wirkung sich nicht. Wenn man eine gewisse Stufe der Euphorie erreicht hatte, konnte man sie nicht mehr überschreiten. Am besten war es, auf ein leichtes Nachlassen des Effektes zu warten, bevor man mehr von dem Stimulans nahm.

Andererseits zeigten sich die meisten Auswirkungen des Alkohols – nach einer Weile verschwamm alles hinter einem angenehmen Nebel, durch den alles, was er sah, gleichermaßen anregend und traumhaft wirkte. Er stellte nichts in Frage. Nachher war er sich nicht sicher, wieviel davon er wirklich geträumt hatte.

Zum Beispiel war da die tanzende Puppe. Er erinnerte sich ziemlich klar an sie, sah sie wie in einem Brennglas – eine winzige, schlanke Frau mit langer Nase, dunklen Augen und vorspringendem Kinn. Sie bewegte sich zierlich über den weißen, für sie knietiefen Teppich. Ihre Gesichtszüge waren so beweglich wie ihr Körper, und sie tanzte leichtfüßig, und immer, wenn ihre Zehen auf dem Boden aufkamen, erklang ein Echo wie von einer Glocke. Es war ein ritueller Tanz, und atemlos sang sie dazu und zog kleine Grimassen des Lächelns. Sicherlich handelte es sich um eine Vorführpuppe, belebt, um das Original perfekt in Stimme und Bewegung nachzuahmen. Nachher wußte Oliver, daß er es geträumt haben mußte.

Er war später unfähig, sich daran zu erinnern, was sonst noch geschehen war. Er wußte, daß Kleph einige seltsame Äußerungen machte, und da ergaben sie alle einen Sinn, aber später konnte er sich an kein einziges Wort mehr erinnern. Er wußte noch, daß sie ihm kleine glitzernde Pralinen in einer durchsichtigen Verpackung angeboten hatte, von denen die meisten hervorragend schmeckten, eine oder zwei aber so bitter waren, daß seine Zunge sich am nächsten Tag, als er daran dachte, immer noch zusammenzog, und eine – Kleph saugte begierig an einer der gleichen Sorte – schmeckte sogar ekelerregend.

Was Kleph selbst anbetraf – am nächsten Tag war er recht unsicher, was wirklich geschehen war. Er glaubte, sich an die Berührung ihrer weichen weißen Arme, die sie um seinen Hals geschlungen hatte, zu erinnern, und an den würzigen Geschmack des Tees, der in seine Nase stieg, als sie lachte. Aber an die Zeit danach konnte er sich überhaupt nicht mehr erinnern.

Später, vor dem Vergessen des Schlafes, gab es ein kleines Zwischenspiel. Er war sich fast sicher, daß er sich an den Augenblick erinnerte, da die beiden anderen Sanciscos auf ihn herabschauten, der Mann grollend, die rauchäugige Frau ein wissendes Lächeln im Gesicht.

Aus weiter Ferne sagte der Mann: »Kleph, du weißt, daß das gegen jede Regel verstößt...« Seine Stimme begann mit einem dünnen Summen und endete in einem furchtbaren Röhren fast an der Grenze des Wahrnehmbaren. Oliver glaubte, sich an das Gelächter der dunkelhaarigen Frau zu erinnern, ebenfalls dünn und entfernt, und daß ihre Stimme summte wie Bienen im Flug.

»Kleph, Kleph, du kleine Närrin, können wir dir nur so weit trauen, wie wir dich im Auge behalten?«

Dann sagte Klephs Stimme etwas, das keinen Sinn zu ergeben schien: »Was hat das *hier* schon zu bedeuten?«

»Bevor du aufbrachst, hast du dich dazu verpflichtet, dich nicht einzumischen«, gab der Mann mit jenem dröhnenden, weit entfernten Summen zurück. »Du weißt, daß du die Bestimmungen unterzeichnet hast...«

Klephs Stimme, näher und verständlicher: »Aber hier ist es anders. *Hier* macht es nichts aus. Das wißt ihr beide. Wie könnte es auch etwas ausmachen?«

Oliver fühlte den pelzigen Rand ihres Ärmels an seiner Wange, doch er sah nichts außer dem langsamen, rauchähnlichen Auf und Ab der Dunkelheit vor seinen Augen. Er hörte die Stimmen wie Musik von weither erklingen und nahm wahr, wie sie verstummten.

Als er am nächsten Morgen allein in seinem Zimmer aufwachte, erwachte er mit der Erinnerung an Klephs Augen, die ihn sehr sorgenvoll betrachteten; ihr liebliches, braunes Gesicht blickte auf ihn herab, das rote Haar fiel duftend an den Wangen herab, und in ihren Augen lag Trauer und Mitleid. Er dachte, er habe das wahrscheinlich nur geträumt. Es gab keinen Grund, weshalb ihn jemand mit solcher Trauer anblicken sollte.

An diesem Tag rief Sue an.

»Oliver, die Leute, die das Haus kaufen wollen, sind hier. Diese Verrückte und ihr Mann. Soll ich sie zu dir bringen?«

Den ganzen Tag war Olivers Verstand nur mit den vagen, verwirrenden Erinnerungen an den gestrigen Tag erfüllt. Klephs Gesicht stand vor seinen Augen und drängte alles übrige zurück.

»Was?« fragte er. »Ich... oh, wenn du willst, kannst du ja mit ihnen kommen. Ich sehe nicht ein, was es noch bringen könnte.«

»Oliver, was ist los mit dir? Wir sind doch übereingekommen, daß wir das Geld brauchen, oder nicht? Ich verstehe nicht, wie du daran denken kannst, dir so ein wunderbares Geschäft ohne den geringsten Versuch entgehen zu lassen. Wir könnten heiraten und uns sofort ein eigenes Haus kaufen, und du weißt genau, daß wir für diesen alten Holzkasten nie wieder solch ein gutes Angebot bekommen werden. Wach doch endlich auf, Oliver!«

»Ich weiß, Sue«, brachte Oliver mit Anstrengung heraus, »ich weiß, aber...«

»Oliver, du mußt dir etwas einfallen lassen!« Ihre Stimme klang gebieterisch.

Er wußte, daß sie recht hatte. Kleph hin, Kleph her, er konnte den Handel nicht ausschlagen, wenn eine Möglichkeit bestand, die Mieter zu vertreiben. Erneut fragte er sich, wieso so viele Leute das Haus plötzlich um jeden Preis haben wollten. Und was die letzte Maiwoche mit dem Wert des Hauses zu tun hatte.

Eine plötzliche Wißbegier durchdrang sogar die Ziellosigkeit seines Verstandes. Die letzte Maiwoche war so wichtig, daß der ganze Verkauf des Hauses mit ihr stand oder fiel. Warum? *Weshalb nur?*

»Was wird nächste Woche geschehen?« fragte er rhetorisch ins Telefon. »Warum können sie nicht warten, bis diese Leute ausziehen? Ich würde ein paar Tausend vom Preis heruntergehen, wenn sie mir...«

»Das wirst du nicht, Oliver Wilson! Mit diesem Geld könnte ich all unsere Gefrierschränke kaufen. Du muß nur eine Möglichkeit schaffen, wie du ihnen den Besitz nächste Woche überschreiben kannst, das ist alles. Hast du verstanden?«

»Bleib auf dem Teppich«, sagte Oliver nüchtern. »Ich bin zwar auch nur ein Mensch, aber ich werde es versuchen.«

»Ich komme jetzt sofort mit diesen Leuten«, sagte Sue. »Während die Sanciscos noch fort sind. Nun schalt mal dein Gehirn ein und denke dir etwas aus, Oliver.« Sie wartete einen Moment, und als sie fortfuhr, war ihre Stimme nachdenklich. »Es sind... so schrecklich komische Leute, Liebling.«

»Komisch?«

»Du wirst schon sehen.«

Eine ältere Frau und ein sehr junger Mann begleiteten Sue die Stufen herauf. Oliver wußte sofort, weshalb Sue wegen ihnen so durcheinander war. Irgendwie war er überhaupt nicht überrascht, als er sah, daß beide ihre Kleider mit der gleichen bekannten Selbstsicherheit trugen, die er schon kennengelernt hatte. Auch sie blickten sich mit der gleichen heimlichen Freude und einem Hauch schwacher Herablassung in dem wunderschönen, sonnigen Nachmittag um. Bevor er sie auch nur ein Wort sprechen hörte, wußte er, wie musikalisch ihre Stimmen sein und wie sorgfältig sie jedes einzelne Wort aussprechen würden.

Es gab keinen Zweifel daran. Die Leute aus Klephs geheimnisvollem Land kamen zu Hauf hier an – aus irgendeinem Grund. Wegen der letzten Maiwoche? Er zuckte die Achseln; noch sah er keine Möglichkeit, Vermutungen anzustellen. Nur eins war gewiß: sie alle mußten aus jenem namenlosen Land kommen, wo die Menschen ihre Stimme wie Sänger und ihre Kleidung wie Schauspieler kontrollieren lernten, die jede Sekunde den Lauf der Zeit selbst anhalten konnten, um jede verrutschte Falte wieder zurechtzuschieben.

Die ältere Frau riß von Anfang an das Gespräch an sich. Sie standen auf der wackligen, unangestrichenen Veranda beisammen, und Sue bekam noch nicht einmal Gelegenheit, sie einander vorzustellen.

»Junger Mann, ich bin Madame Hollia. Das ist mein Gatte.«

Ihre Stimme wies einen beiläufigen Klang von Härte auf, vielleicht ihres Alters wegen. Und ihr Gesicht wirkte fast eingeschnürt; das lose Fleisch war mittels irgendeiner unbekannten Methode, über die Oliver keine Vermutung anstellen konnte, zur Festigkeit zurückgezwungen worden. Das Make-up war so kunstvoll aufgetragen, daß er sich noch nicht einmal gewiß war, ob es überhaupt Make-up war, doch er hatte das definitive Gefühl, daß sie viel älter war, als sie aussah. Man mußte schon ein Leben lang kommandiert haben, bevor man so viel Autorität in diese harte, tiefe, musikalisch trainierte Stimme legen konnte.

Der junge Mann sagte nichts. Er war sehr stattlich. Sein Typ entsprach augenscheinlich dem, der sich nicht groß ändert, gleichgültig, in welcher Kultur oder welchem Land er auftritt. Er trug einen wundervoll geschneiderten Anzug und in einer behandschuhten Hand eine Schachtel aus rotem Leder, ungefähr von der Größe und Form eines Buches.

»Ich verstehe Ihr Problem wegen des Hauses«, fuhr Madame Hollia fort. »Sie möchten es mir gern verkaufen, sind aber vom Gesetz her wegen ihres Mietvertrages mit Omerie und seinen Freunden gebunden. Trifft das zu?«

Oliver nickte. »Aber...«

»Lassen Sie mich zu Ende reden. Wenn Omerie dazu gezwungen werden kann, noch vor nächster Woche auszuziehen, werden Sie unser Angebot annehmen. Richtig? Sehr gut. Hara!« Sie nickte dem jungen Mann zu. Sofort wurde er aufmerksam, verbeugte sich leicht, sagte »Ja, Hollia« und fuhr mit der Hand in die Manteltasche.

Madame Hollia nahm den kleinen Gegenstand, den er ihr reichte, und ihre Geste dabei wirkte fast kaiserlich, als ob sie eine königliche Robe zurückschlüge.

»Hier ist etwas, das uns helfen kann«, sagte sie. »Meine Liebe...« – sie reichte es Sue hinüber –, »wenn Sie dies irgendwo im Haus verstecken können, sehe ich Anlaß zu der Hoffnung, daß Ihre unwillkommenen Mieter Sie nicht länger belästigen werden.«

Sue nahm das Ding neugierig entgegen. Es sah aus wie eine schmale silberne Schachtel von kaum mehr als fünfzehn Zentimeter Länge, war an einer Schmalseite gezähnt und zeigte keinerlei Einkerbung, an der man es öffnen könnte.

»Moment mal«, sagte Oliver unbehaglich. »Was ist das überhaupt?«

»Es wird niemanden verletzen. Ich versichere es Ihnen.«

»Und weshalb...«

Madame Hollias befehlsgewohnte Geste ließ ihn verstummen und Sue vortreten. »Machen Sie schon, meine Liebe. Beeilen Sie sich, bevor Omerie zurückkommt. Ich kann Ihnen versichern, daß niemandem Gefahr droht.«

»Madame Hollia«, unterbrach sie Oliver mit Bestimmtheit, »ich muß wissen, was Ihre Pläne sind. Ich...«

»Oh, Oliver, bitte!« Sues Finger schlossen sich um den silbernen Behälter. »Mach dir doch keine Sorgen. Ich bin sicher, Madame Hollia meint nur das Beste. *Willst* du nicht, daß diese Leute ausziehen?«

»Natürlich will ich es. Aber nicht, wenn das Haus dabei in die Luft geht oder...«

Madame Hollias tiefes Gelächter klang nachsichtig. »Es wird nicht so schlimm werden. Das verspreche ich Ihnen, Mr. Wilson. Denken Sie daran, wir wollen das Haus benutzen! Nun beeilen Sie sich, meine Liebe.«

Sue nickte und schlüpfte hastig an Oliver vorbei in die Eingangshalle. Derartig überrumpelt wartete Oliver zögernd. Der junge Mann, Hara, tippte leicht mit dem Fuß auf und bewunderte den Sonnenschein, während sie warteten. Der Nachmittag war so schön wie bislang jeder im Mai; durchsichtig güldene Sonnenstrahlen schwangen mit einem Hauch von Frost durch die Luft, um einen perfekten Kontrast zum Sommer zu setzen. Hara sah sich zuversichtlich um, wie ein Mann, der einer Bühneneinrichtung Tribut zollt, die eigens für ihn geschaffen wurde. Bei einem Dröhnen von oben blickte er sogar gen Himmel und folgte dem Kurs eines großen transkontinentalen Flugzeuges, das vom goldenen Dunst der Sonne wie aufgelöst schien. »Spielzeug«, murmelte er befriedigt.

Sue kam zurück und hakte sich an Olivers Arm unter, schmiegte sich aufgeregt an ihn. »Nun«, sagte sie, »wie lange wird es dauern, Madame Hollia?«

»Das kommt darauf an, meine Liebe. Nicht sehr lange. Nun zu Ihnen, Mr. Wilson. Mir kam zu Ohren, daß Sie ebenfalls hier wohnen. Zu Ihrem eigenen Vorteil, nehmen Sie meinen Rat an und...«

Irgendwo im Haus schlug eine Tür, und eine hohe Stimme sang wortlos die Tonleiter. Dann erklang das Geräusch von Füßen auf der Treppe, und eine Zeile eines Liedes. *»Liebe, o komm zu mir...«*

Hara fuhr herum, die rote Lederschachtel fast aus seinen Händen fallen lassend.

»Kleph!« flüsterte er. »Oder Klia. Ich weiß, daß beide gerade aus Canterbury gekommen sind. Doch ich dachte...«

»Psst!« Madame Hollias Gesichtszüge wurden schlagartig befehlsmäßig nichtssagend. Sie atmete triumphierend durch die Nase ein, trat zurück und wandte sich mit einer imposanten Drehung zur Tür.

Kleph trug die gleiche Robe, die Oliver schon zuvor gesehen hatte, nur daß sie diesmal nicht weiß, sondern hellblau war, wodurch ihr Teint nun aprikosenfarben wirkte.

»Ach, Hollia!« Ihre Stimme klang musikalisch wie nie zuvor. »Ich dachte, ich hörte eine Stimme von zu Haus. Wie nett, dich zu sehen. Niemand wußte, daß du zu dem...« Sie verstummte, blickte Oliver an und dann zur Seite. »Und auch Hara«, fuhr sie fort. »Was für eine angenehme Überraschung.«

»Wann sind *Sie* denn zurückgekommen?« fragte Sue plump.

Kleph schenkte ihr ein Lächeln. »Sie müssen die kleine Miß Johnson sein. Nun, ich bin gar nicht zurückgekommen. Ich war diese Besichtigungen leid und bin in meinem Zimmer geblieben.«

Sue sog den Atem so tief ein, daß es wie ein ungläubiges Schnauben klang. Ein Blick wurde zwischen den beiden Frauen gewechselt, und dieser Kontakt blieb für einen Moment lang bestehen – doch dieser Moment schien zeitlos. Es war eine außergewöhnliche Pause, in der eine wortlose Wechselwirkung in Sekundenschnelle stattfand.

Oliver bemerkte, wie Kleph Sue anlächelte, jenen seltsamen Blick des ruhigen Selbstvertrauens, den er so oft bei all diesen seltsamen Leuten bemerkt hatte. Er sah Sues rasche Bestandsaufnahme bei der anderen Frau, bemerkte, wie sie ihre Schultern hob und kerzengerade dastand, ihr Sommerkleid über den flachen Hüften glättete, so daß sie für einen Augenblick auf Kleph hinabsah. Diese Bewegung war vorsätzlich. Verwirrt blickte er wieder zu Kleph hinüber.

Klephs Schultern sanken langsam, ihr Gewand verhüllte eine winzige Taille und hing in tiefen Falten über üppig gerundete

Hüften. Sue hatte die bessere Figur – doch Sue gab auch als erste nach.

Klephs Lächeln brach nicht ab. Doch in diesem Schweigen erfolgte eine abrupte Umkehrung von Werten, beruhend lediglich auf Klephs grenzenlosem Vertrauen in sich selbst, dem ruhigen, sicheren Lächeln. Plötzlich wurde klar, daß ein Modegeschmack keine Konstante darstellte. Plötzlich wurden Klephs kuriose altmodische Rundungen zur Norm, und Sue wirkte neben ihr wie ein seltsames, eckiges, beinahe maskulines Geschöpf.

Oliver hatte keine Ahnung, wie es geschehen war. Irgendwie glitt die Autorität während eines Atemzuges von der einen Frau zur anderen hinüber. Schönheit stellt fast gänzlich eine Sache der Modeerscheinung dar; was heute schön ist, wirkte vor ein paar Generationen nur grotesk und wird in einhundert Jahren ebenso angesehen werden. Es wird noch schlimmer als grotesk werden: Es wird aus der Mode sein und daher schlicht lächerlich.

Genau das war auch Sue. Kleph mußte nur ihre Autorität ausspielen, um es jedem auf der Veranda deutlich zu machen. Plötzlich stellte Kleph mit größter Überzeugung eine Schönheit dar, eine Schönheit aufgrund einer anerkannten Mode, und Sue war auf lächerliche Art altmodisch, ein Anachronismus mit ihrer geschmeidigen, eckigen Schlankheit. Sie gehörte nicht hierher, war auf groteske Weise fehl am Platze zwischen diesen seltsam makellosen Menschen.

Sues Zusammenbruch war komplett. Doch Stolz und Verwirrung hielten sie aufrecht. Wahrscheinlich würde sie nie völlig verstehen, was geschehen war. Sie blickte Kleph mit brennendem Haß an, und als ihr Blick zu Oliver zurückglitt, las sie Argwohn und Mißtrauen darin.

Als Oliver später daran zurückdachte, glaubte er, in diesem Moment zum ersten Mal klar und deutlich die Wahrheit geargwöhnt zu haben. Doch nun blieb ihm keine Zeit, darüber nachzudenken, denn nach diesem kurzen Moment der Feindschaft begannen die drei Leute aus – einem anderen Land – durcheinanderzureden, wie in dem verspäteten Versuch, etwas zu vertuschen, das nicht bemerkt werden sollte.

»Dieses wunderschöne Wetter«, sagte Kleph. »Solch ein

Glück, dieses Haus zu besitzen«, begann Madame Hollia, und Hara hielt die rote Lederschachtel hoch und sagte am lautesten von allen: »Cenbe schickt dir das, Kleph. Sein neuestes.«

Kleph streckte eifrig beide Hände danach aus, und die Ärmel rutschten für einen Moment wieder zurück. Oliver warf einen schnellen Blick auf diese geheimnisvolle Narbe, bevor der Stoff wieder zurückrutschte, und es kam ihm so vor, als habe er an Haras Faust die gleichen schwachen Male erkannt, als er die Arme hob.

»Cenbe!« rief Kleph mit hoher, erfreuter Stimme. »Wie schön! Welche Periode?«

»November 1664«, gab Hara zurück. »London natürlich, obwohl ich glaube, daß es einen Kontrapunkt vom November 1347 geben mag. Natürlich ist er noch nicht fertig.« Er blickte etwas nervös zu Oliver und Sue hinüber. »Ein wundervolles Stück«, sagte er schnell. »Einfach wunderbar. Natürlich nur, wenn es nach seinem Geschmack ist.«

Madame Hollia erschauderte vor gewichtigem Zartgefühl.

»Dieser Mann!« sagte sie. »Faszinierend, natürlich – ein großer Mann. Aber – *so weit fortgeschritten*!«

»Man muß schon ein Kenner sein, um Cenbes Arbeit richtig würdigen zu können«, sagte Kleph etwas schroff. »Darüber sind wir uns alle einig.«

»O ja, wir alle verbeugen uns vor Cenbe«, stimmte Hollia zu. »Ich gestehe, daß dieser Mann mich ein wenig erschreckt, meine Liebe. Können wir erwarten, daß er sich zu uns gesellt?«

»Ich vermute es«, sagte Kleph. »Wenn seine – Arbeit – noch nicht vollendet ist, dann auf jeden Fall. Du kennst doch Cenbes Geschmack.«

Hollia und Hara stimmten ein Gelächter an. »Dann weiß ich, wann ich nach ihm suchen muß«, sagte Hollia. Sie warf dem gaffenden Oliver und der unterlegenen, aber immer noch schrecklich wütenden Sue einen Blick zu und kam in befehlsgewohntem Ton wieder auf das Thema zu sprechen.

»Du hast ja so ein Glück, meine liebe Kleph«, erklärte sie gewichtig, »dieses Haus zu besitzen. Ich habe ein 3-D-Bild davon gesehen – danach – und es war noch in einwandfreiem Zustand. Solch ein glücklicher Zufall. Würdest du in Erwägung ziehen, für eine entsprechende Aufwandsentschädigung von dem Mietvertrag zurückzutreten? Sagen wir, einen Platz bei der Krönung von ...«

»Dazu könnte uns gar nichts veranlassen, Hollia«, sagte Kleph ärgerlich und drückte die rote Schachtel gegen die Brust.

Hollia warf ihr einen eisigen Blick zu. »Du könntest deine Meinung darüber noch ändern, meine liebe Kleph«, sagte sie päpstlich. »Du hast noch etwas Zeit. Du kannst uns immer durch unseren Mr. Wilson erreichen. Wir wohnen weiter oben in der Straße, im Montgomery-Haus – es stellt im Vergleich zu deinem natürlich überhaupt nichts dar, aber es reicht aus. Uns genügt es jedenfalls.«

Oliver blinzelte. Das Montgomery-Haus war das kostspieligste Hotel der Stadt. Verglichen mit seiner zerbröckelnden Ruine war es ein Palast. Er verstand diese Leute einfach nicht. Ihre Werteinschätzung schien völlig anders zu sein als die eines vernünftigen Menschen.

Madame Hollia bewegte sich majestätisch die Treppen hinab.

»Es war sehr nett, dich wieder einmal zu sehen, meine Liebe«, sagte sie über ihre wohlgepolsterte Schulter. »Genieße deinen Aufenthalt. Und grüße Omerie und Klia von mir. Mr. Wilson ...« Sie nickte in Richtung Weg. »Ich hätte gern noch ein paar Worte mit Ihnen gesprochen.«

Oliver folgte ihr hinab zur Straße. Madam Hollia blieb auf halbem Wege stehen und legte eine Hand auf seinen Arm.

»Noch ein guter Rat«, sagte sie heiser. »Sie haben gesagt, daß Sie hier schlafen? Ziehen Sie aus, junger Mann. Ziehen Sie vor heute abend noch aus.«

Oliver suchte ziemlich planlos nach dem Versteck, das Sue für die geheimnisvolle silberne Schachtel gefunden hatte, als von oben Klänge die Treppe herabfluteten. Kleph hatte ihre Tür geschlossen, aber das Haus war alt, und der seltsame Lärm schien durch die hölzernen Balken wie durch eine Netzgamasche zu sickern.

Gewissermaßen war es Musik. Doch gleichzeitig viel mehr als nur Musik. Und es war ein erschreckendes Tönen, der Klang von Unglück und der menschlichen Reaktion auf Unglück, alles von Hysterie bis zum gebrochenen Herzen eingeschlossen, von irrationaler Freude bis zu rationaler Wahrnehmung.

Das Unglück war – bestimmt. Die Musik versuchte nicht, allen menschlichen Kummer einzubeziehen; sie konzentrierte sich auf einen bestimmten und folgte lediglich den Verzweigungen. Oliver erkannte die Basis der Töne sofort. Sie waren grundlegend und schienen mit den ersten Klängen der Musik, die viel mehr war als nur Musik, direkt auf sein Gehirn einzuschlagen.

Doch als er den Kopf hob, um besser lauschen zu können, verlor er sämtliche Beziehung zu der Bedeutung des Geräusches, das nur noch ein wirres Mischmasch darzustellen schien. Als er darüber nachzudenken versuchte, hatte er das Gefühl, den Geist hoffnungslos zu verschleiern, und er konnte den ersten Moment dieser übersinnlichen Wahrnehmung nicht mehr in die Erinnerung zurückrufen.

Wie betäubt stieg er die Treppe hinauf, kaum wissend, was er eigentlich tat. Er stieß Klephs Tür auf, schaute hinein...

An das, was er sah, konnte er sich später nicht mehr genau erinnern; es blieb so verschwommen wie die Themen der Musik, die in seinem Kopf dröhnte. Der halbe Raum lag hinter einem Nebel verborgen, der einen dreidimensionalen Schirm darstellte, auf dem – Bilder projiziert wurden, für die er keine Worte fand. Er war sich noch nicht sicher, ob die Projektion überhaupt sichtbar war. Der Nebel wirbelte umher und entwickelte Töne dabei, aber bestimmt waren es weder Töne noch Bewegungen, die Oliver wahrnahm.

Es war ein Kunstwerk, für das Oliver keinen Namen fand. Es übertraf alle Kunstformen, die er kannte, verschmolz sie, und diese Mischung war so subtil, daß Oliver sie nicht einordnen konnte. Es stellte den Versuch eines begnadeten Komponisten dar, die grundlegenden Aspekte aller bisherigen menschlichen Erfahrungen zu etwas zu verweben, das in wenigen Augenblikken gleichzeitig an alle Sinne vermittelt werden konnte.

Die sich ständig verändernden Visionen auf dem Schirm waren keine Bilder im Sinne des Wortes, sondern Hinweise auf Bilder, subtil ausgewählte Umrisse, die am Verstand zupften und mit einer einzigen winzigen Berührung ganze Saiten des Gedächtnisses zum Klingen brachten. Vielleicht reagierte jeder

Zuschauer unterschiedlich, da es das Auge und der Verstand des Zuschauers war, in dem die Wahrheit des Bildes lag. Keine zwei Menschen würden sich des gleichen symphonischen Panoramas bewußtwerden, und doch würde jeder die grundsätzlich gleiche schreckliche Geschichte sich enthüllen sehen.

Jeder einzelne Sinn wurde von diesem gewandten, gnadenlosen Genius angesprochen. Farben, Formen und Bewegungen flackerten über den Schirm, gaben versteckte Hinweise, erweckten unerträgliche Erinnerungen, die tief im Unterbewußtsein verborgen lagen; Gerüche gingen davon aus und berührten das Herz des Zuschauers tiefer, als irgendein Abbild es hätte tun können. Eine Gänsehaut wurde erzeugt, als ob eine schrecklich kalte Hand darauf läge. Die Zunge zog sich zusammen, während sie sich an Bitternis und Süße erinnerte.

Es war abscheulich. Der Effekt brachte die tiefsten ureigensten Erinnerungen eines Menschen zum Vorschein, rief verborgene Dinge hervor, die schon lange hinter mentaler Watte verborgen lagen, zwängten dem Zuschauer ihre schrecklichen Botschaften auf, bis der Verstand unter der Anspannung zusammenzubrechen drohte.

Und doch wußte Oliver trotz jenes lebhaften Bewußtwerdens nicht, welches Unglück der Bildschirm eigentlich darstellte. Daß es real, gewaltig und überwältigend schrecklich war, konnte er nicht bezweifeln. Daß es schon einmal geschehen war, stand außer Frage. Er nahm aufblitzende Bilder menschlicher Gesichter wahr, verzerrt von Gram, entstellt von Krankheit und Tod – wirkliche Gesichter, Gesichter von Menschen, die einst gelebt hatten und die er nun im Moment ihres Todes erblickte. Er sah ein Panorama von Männern und Frauen in reicher Kleidung, die von zu Tausenden zählenden Volksmassen niedergerungen wurden, riesige Scharen, die von einem Moment zum anderen heranfluteten, und er erkannte, daß der Tod keinen Unterschied zwischen ihnen machte.

Er sah liebliche Frauen lachen und ihre Locken schütteln, und das Lachen wurde zur Hysterie und die Hysterie zur Musik. Immer wieder tauchte das Gesicht eines bestimmten Mannes auf, ein schmales, düsteres, melancholisches Gesicht, von Sorgenfalten tief gekerbt, das Gesicht eines mächtigen Mannes, weltmännisch, gebildet – und hilflos. Dieses Antlitz blieb das beherrschende Motiv, kehrte immer gequälter, immer hilfloser als zuvor zurück.

Inmitten einer ansteigenden Melodie brach die Musik ab. Der Nebel löste sich auf, und der Raum erschien wieder vor ihm. Für einen Moment schien das gequälte düstere Gesicht überall zu haften wo auch immer Oliver hinschaute, wie ein Nachbild der Sonne auf der Netzhaut. Er kannte dieses Gesicht. Er hatte es schon zuvor gesehen, zwar nicht oft, doch er sollte sich an den dazugehörigen Namen erinnern können...

»Oliver, Oliver...«, Klephs helle Stimme erklang aus einem Nebel vor ihm. Er lehnte sich benommen gegen einen Türpfeiler und schaute hinab in ihre Augen. Auch ihr Gesicht wies jene verworrene Leere auf, die sich auch auf seinem zeigen mußte. Die Macht dieser schrecklichen Symphonie hielt sie beide noch gepackt. Doch sogar in diesem verwirrenden Augenblick erkannte Oliver, daß Kleph jene Erfahrung genossen hatte.

Er fühlte sich bis in die tiefsten Gründe seines Verstandes krank, betäubt vom Ekel und Ablehnung der niederdrückenden menschlichen Schicksale, deren Zeuge er gerade geworden war. Doch bei Kleph zeigte sich nur eine gewisse – Würdigung auf ihren Zügen. Dieses Erlebnis war großartig für sie gewesen, einfach großartig und sonst nichts.

Beiläufig erinnerte sich Oliver an die ekelhaften Süßigkeiten, die sie genossen hatte, an die abscheulichen Gerüche der seltsamen Mahlzeiten, die dann und wann aus ihrem Zimmer drangen und durchs ganze Haus zogen.

Was hatte sie noch vor kurzem gesagt? Kenner, ja genau. Nur ein Kenner könne eine so... so *fortgeschrittene* Arbeit würdigen wie die von Cenbe.

Der Hauch einer berauschenden Süße strich an Olivers Gesicht vorbei. Etwas Kühles, Glattes wurde ihm in die Hand gedrückt.

»Oh, Oliver, es tut mir ja so leid«, murmelte Kleph zerknirscht. »Hier, trink das Anregungsmittel, und du wirst dich besser fühlen. Bitte trink!«

Der bekannte Wohlgeruch des heißen, süßen Tees flutete über seine Zunge, bevor er auch nur wußte, daß er sich gefügt hatte.

Der entspannende Duft zog durch sein Gehirn, und nach ein paar Sekunden war die Welt um ihn herum wieder stabil. Das Zimmer sah so aus, wie es immer schon gewesen war. Und Kleph...

Ihre Augen leuchteten überaus hell. Sympathie für ihn zeigte sich darin, doch sie selbst war noch bis zum Rand erfüllt mit der gehobenen Spannung ihres Erlebnisses.

»Komm und nimm Platz«, sagte sie sanft und zog ihn am Arm. »Mir tut es so leid – ich hätte es nicht spielen dürfen, wo du es doch hören konntest. Ich habe wirklich keine Entschuldigung dafür. Ich vergaß völlig, wie der Effekt auf jemanden wirken kann, der noch nie zuvor eine Symphonie von Cenbe gehört hat. Ich war so ungeduldig, zu erfahren, was er mit seinem neuen... seinem neuen Thema angestellt hat. Es tut mir so schrecklich leid, Oliver!«

»Was war das?« Seine Stimme klang standhafter, als er es erwartet hatte. Dafür war der Tee verantwortlich. Er nippte erneut, froh über die tröstende Euphorie, die sein Aroma mit sich brachte.

»Eine... eine kompositionelle Interpretation von... o Oliver, du weißt doch, daß ich keine Fragen beantworten darf!«

»Aber...«

»Nein... trinke deinen Tee und vergiß, was du gesehen hast. Denk an etwas anderes. Hier, hören wir etwas Musik, andere Musik, etwas Fröhliches...«

Sie griff nach der Wand neben dem Fenster, und wie schon zuvor wurde Oliver Zeuge, wie sich das Bild mit dem blauen Wasser über dem Bett zu kräuseln und durchsichtig zu werden begann.

Er sah eine mit dunklen Vorhängen ausstaffierte Bühne, auf der ein Mann in einer engen, dunklen Tunika und Hose mit rastlosen, weitausholenden Schritten einherging; Hände und Gesicht hoben sich bleich von dem Schwarz um ihn herum ab. Er hinkte etwas, hatte einen verkrüppelten, gebogenen Rücken und sprach bekannte Zeilen. Oliver hatte John Barrymore einmal als den buckligen Richard gesehen, und es kam ihm sehr unwahrscheinlich vor, daß irgendein anderer Schauspieler diese schwierige Rolle meistern könnte. Diesen hier hatte er noch nie zuvor gesehen, doch der Mann hatte einen faszinierend flüssigen Stil, und seine Interpretation des körperbehinderten Königs schien recht neuartig zu sein; Shakespeare hätte sie sich nie träumen lassen.

»Nein«, sagte Kleph, »dies nicht. Nichts Düsteres.« Erneut streckte sie die Hand aus. Der namenlose Richard verschwamm, und aus einem Wirbel sich verändernder Bilder und Stimmen ging eine neue Szene mit Tänzerinnen in pastellfarbenen Ballettkostümen hervor, die beinahe schwerelos einen komplizierten Tanz aufführten. Die Musik dazu hatte etwas Leichtes, Spielerisches. Der ganze Raum wurde erfüllt von dieser fließenden, klaren Melodie.

Oliver setzte seine Tasse ab. Nun fühlte er sich wesentlich selbstsicherer und glaubte, das Anregungsmittel habe alles in seiner Kraft stehende für ihn getan. Er wollte nicht schon wieder einen geistigen Kurzschluß erleben. Es gab noch gewisse Dinge, die er in Erfahrung bringen mußte – und zwar jetzt. Er überlegte, wie er am besten damit beginnen könnte.

Kleph betrachtete ihn eindringlich. »Diese Hollia«, sagte sie plötzlich. »Sie will das Haus kaufen?«

Oliver nickte. »Sie hat uns ziemlich viel Geld dafür geboten. Sue wird schrecklich enttäuscht sein, wenn ...« Er zögerte. Vielleicht würde Sue nun doch nicht enttäuscht sein. Er erinnerte sich an die kleine silberne Schachtel mit ihrer geheimnisvollen Funktion und fragte sich, ob er sie vor Kleph erwähnen sollte. Aber das Anregungsmittel hatte diese Stufe seines Gehirns noch nicht erreicht, und er erinnerte sich seiner Pflichten Sue gegenüber und schwieg.

Kleph schüttelte den Kopf. Ihr warmherziger Blick ruhte mit – war es Sympathie? – auf ihm.

»Glaube mir«, sagte sie, »du wirst es schließlich nicht mehr als – wichtig empfinden. Danach. Ich verspreche es dir, Oliver.«

Er starrte sie an. »Ich wünschte, du würdest es mir erklären.«

Kleph lachte eher mitleidig als amüsiert. Aber es kam Oliver vor, als schwinge nun keine Herablassung mehr in ihrer Stimme mit. Fast unmerklich war jene leichte Erheiterung, mit der sie ihn betrachtet hatte, verflogen. Diese kühle Reserviertheit, die Omeries und auch Klias Benehmen bestimmte, hatte sich bei

Kleph gelegt. Diese Regung war so subtil, daß sie sie ihm nicht vorheucheln konnte. Sie mußte jemanden spontan oder überhaupt nicht überkommen. Und aus einem Grund, den er nicht willens war zu überprüfen, war es Oliver plötzlich sehr wichtig, daß Kleph nicht auf ihn herabsah, sondern für ihn genau das empfand, was er für sie fühlte. Doch er wollte nicht darüber nachdenken.

Er betrachtete seine Tasse aus Rosenquarz, aus deren winziger Öffnung ein dünner Dampffaden kräuselte. Diesmal, so dachte er, konnte er vielleicht den Tee für sich arbeiten lassen. Denn er erinnerte sich daran, wie er die Zunge löste, und er mußte noch einiges in Erfahrung bringen. Die Idee, die ihm in dem Augenblick der stillen Rivalität zwischen Kleph und Sue auf der Veranda gekommen war, kam ihm nun zu fantastisch vor, um wahr zu sein. Doch irgendeine Antwort mußte es geben.

Kleph begann das Gespräch.

»Ich darf heute nachmittag nicht allzuviel von dem Euphoriasikum zu mir nehmen«, sagte sie und lächelte ihn über ihre rosarote Tasse hinweg an. »Es macht mich schläfrig, und wir wollen heute abend mit Freunden ausgehen.«

»Noch mehr Freunde aus deinem Land?« fragte Oliver.

Kleph nickte. »Sehr gute Freunde, die wir schon die ganze Woche erwartet haben.«

»Ich wünschte, du würdest mir erzählen«, sagte Oliver geradeheraus, »woher du kommst. Auf keinen Fall von hier. Eure Kultur unterscheidet sich zu sehr von der unsrigen ... sogar eure Namen ...« Er brach ab, als Kleph den Kopf schüttelte.

»Ich wünschte, ich könnte es dir sagen. Aber das würde gegen alle Regeln verstoßen. Es ist schon gegen die Regeln, daß ich mich hier mit dir unterhalte.«

»Welche Regeln?«

Sie machte eine hilflose Geste. »Du darfst mich nicht danach fragen, Oliver.« Sie lehnte sich auf ihrer bequemen Chaiselongue zurück, die sich sofort der veränderten Körperhaltung anpaßte, und schenkte ihm ein herzliches Lächeln. »Wir dürfen über solche Dinge nicht sprechen. Vergiß es, lausche der Musik, genieße den Augenblick, wenn du kannst.« Sie schloß die Augen und lehnte sich gegen die Vorhänge zurück. Oliver bemerkte, wie ihr sanft gerundeter Kehlkopf etwas anschwoll, als sie eine Melodie zu summen begann. Die Augen noch geschlossen, sang sie den Text, den sie schon auf der Treppe gesungen hatte. *»Liebe, o komm zu mir...«*

Plötzlich klickte eine Erinnerung in Olivers Gehirn. Er hatte diese seltsame, langsame Melodie nie zuvor gehört, doch er glaubte, den Text zu kennen. Er erinnerte sich daran, was Hollias Mann gesagt hatte, als er diese Zeile hörte, und beugte sich vor. Sie würde einer direkten Frage nicht antworten, aber vielleicht...

»War das Wetter in Canterbury wirklich so warm?« fragte er und hielt den Atem an. Kleph summte eine weitere Zeile des Liedes und schüttelte den Kopf, die Augen noch immer geschlossen.

»Es war Herbst dort«, sagte sie. »Aber so hell, so wunderbar hell. Sogar ihre Kleider, weißt du... jeder sang dieses neue Lied, und ich kann es einfach nicht aus meinem Kopf vertreiben.« Sie sang eine weitere Zeile, bei der die Worte fast unverständlich waren – zwar Englisch, doch kein Englisch, das Oliver verstehen konnte.

Er stand auf. »Warte«, sagte er. »Ich will etwas herausfinden. Bin in einer Minute zurück.«

Sie öffnete die Augen und lächelte ihn geheimnisvoll an, immer noch die Melodie summend. Er sprang so schnell er konnte die Stufen hinab – sie schwankten ein wenig, obwohl sein Kopf nun wieder fast gänzlich klar war – und lief zur Bibliothek. Das Buch, das er suchte, war schon alt und arg mitgenommen, bekritzelt mit Notizen aus seiner Studentenzeit. Er erinnerte sich nicht genau, welche Passage er suchte, überschlug schnell ein paar Kapitel und fand sie durch reinen Zufall schon nach wenigen Minuten. Dann lief er schnell wieder hinauf. In seinem Magen herrschte eine seltsame Leere, denn er war nun geneigt, seiner Vermutung fast Glauben zu schenken.

»Kleph«, sagte er steif, »ich kenne dieses Lied. Und ich weiß auch, in welchem Jahr es neu war.«

Sie hob langsam die Lider, betrachtete ihn durch den Nebel der Euphorie. Er war nicht sicher, ob sie ihn verstanden hatte. Sie blickte ihn sehr lange an. Dann ließ sie ihren schlanken Arm sinken und deutete mit den gespreizten Fingern auf ihn. Sie lachte tief in der Kehle.

*»Liebe, o komm zu mir...«*, sagte sie.

Er durchquerte schnell das Zimmer und nahm ihre Hand. Die Finger schlosen sich warm um die seinen. Sie zog ihn hinab, so daß er neben ihr knien mußte. Sie hob auch den anderen Arm, lachte erneut ihr sanftes Lachen und hob ihr Gesicht dem seinen entgegen. Der Kuß war zärtlich und lang. Er fing etwas von ihrer Euphorie ein, als sie ihm den Wohlgeruch des Tees ins Gesicht hauchte. Und er war überrascht, nach dem Kuß, als sie ihre Arme von seinem Nacken gelöst hatte, ihren Atem plötzlich an seiner Wange zu spüren. Tränen rannen über ihr Gesicht, und sie schluchzte.

Er ließ sie los und blickte sie verblüfft an. Sie schluchzte erneut, atmete tief ein und sagte: »Oh, Oliver, Oliver...« Dann schüttelte sie den Kopf, riß sich los und drehte ihr Gesicht zur Seite. »Es... es tut mir leid«, sagte sie mit bebender Stimme. »Bitte verzeih mir. Es macht nichts aus... ich *weiß*, daß es nichts ausmacht, doch...«

»Was ist los? *Was* macht nichts aus?«

»Nichts. Nichts... bitte vergiß es. Überhaupt nichts!«

Sie nahm ein Taschentuch vom Tisch und putzte sich die Nase, lächelte ihn strahlend durch ihre Tränen an.

Plötzlich wurde er wütend. Er hatte genug Ausreden und geheimnisvolle Halbwahrheiten gehört. »Glaubst du, ich bin verrückt?« sagte er hart. »Ich weiß genug, um...«

»Oliver, bitte!« Sie hielt ihre Tasse hoch, aus der es dampfte. »Bitte, keine weiteren Fragen. Hier, Euphorie brauchst du, Oliver, Euphorie, keine Antworten.«

»Welches Jahr schrieb man, als du dieses Lied in Canterbury gehört hast?« fragte er und stieß die Tasse beiseite.

Sie blinzelte ihn an; die Tränen schimmerten hell auf ihrer Haut. »Warum? Was glaubst du denn, welches Jahr es war?«

»Ich weiß es«, gab Oliver grimmig zurück. »Ich weiß, in welchem Jahr dieses Lied in Mode war. Ich weiß, daß du direkt aus Canterbury kommst, Hollias Mann hat es gesagt. Jetzt haben wir Mai, aber es war Herbst in Canterbury, und du kommst direkt von dort, weil dir das Lied noch immer durch den Kopf geht.

Chaucers Ablaßkrämer hat dieses Lied irgendwann zu Ende des vierzehnten Jahrhunderts gesungen. Hast du Chaucer gesehen, Kleph? Wie war es vor so langer Zeit in England?«

Kleph fixierte ihn schweigend. Dann sanken ihre Schultern herab, und ihr ganzer Körper unter der blauen Robe entspannte sich in Resignation. »Ich bin ein Narr«, sagte sie leise. »Es muß ganz leicht gewesen sein, mich hereinzulegen. Glaubst du wirklich, was du da sagst?«

Oliver nickte.

»Nur wenige glauben es«, sagte sie sanft. »Das ist eine unserer Maximen, wenn wir reisen. Wir sind sicher vor allzugroßem Argwohn, denn die Leute aus den Zeiten, bevor Die Reise begann, glauben nicht daran.«

Die Leere in Olivers Magen verstärkte sich plötzlich. Für einen Moment schien er das Gefüge der Zeit zu verlassen, und das Universum wurde unwirklich um ihn herum. Er fühlte sich krank, fühlte sich nackt und hilflos. In seinen Ohren summte es, und das Zimmer verschwamm vor ihm.

Er hatte es nicht wirklich geglaubt – nicht bis zu diesem Moment. Er hatte irgendeine rationale Erklärung von ihr erwartet, die mit seinen haarsträubenden Mutmaßungen aufräumen, seine Spekulationen zurechtrücken würde, so daß ein Mensch sie als glaubwürdig akzeptieren konnte. Doch dies hatte er nicht erwartet.

Kleph tupfte mit dem hellblauen Taschentuch über ihre Augen und lächelte traurig.

»Ich weiß«, sagte sie. »Es muß furchtbar sein, wenn man es akzeptieren muß. All deine Vorstellungen werden einfach über den Haufen geworfen... wir kennen es natürlich von Kindheit an, aber für dich... Hier, Oliver, das Anregungsmittel wird es leichter machen.«

Er nahm die Tasse; an der Öffnung befand sich noch eine schwache Spur ihres Lippenstiftes. Er trank, fühlte die betäubende Süße durch seinen Kopf ziehen, und sein Gehirn schien sich ein wenig im Kopf zu drehen, als der flüchtige Effekt einsetzte. Mit diesen Drehungen schwand seine Konzentration, und alle seine Wertmaßstäbe auch.

Er begann sich etwas besser zu fühlen. Das Fleisch haftete

wieder an seinen Knochen, und der warme Mantel der zeitweiligen Sicherheit auf seinem Fleisch. Er war nicht länger nackt und im Strudel der unstabilen Zeit.

»Die Geschichte ist wirklich sehr simpel«, erklärte Kleph. »Wir... reisen. Unsere eigene Zeit ist gar nicht so schrecklich weit von deiner entfernt. Nein, wie weit, darf ich nicht sagen. Aber wir erinnern uns noch an eure Lieder und Dichter und an einige eurer großen Schauspieler. Wir sind ein Volk von großer Muße, und wir kultivieren die Kunst, uns gut zu unterhalten.

Wir machen eine Reise, ein ganzes Jahr lang. Wir suchen uns das Schönste heraus. Dieser Herbst in Canterbury war der großartigste Herbst, den unsere Forscher überhaupt aufstöbern konnten. Wir machten eine Pilgerfahrt zum Schrein – es war ein wunderbares Erlebnis, obwohl die Kleidung nur schwer zu bändigen war.

Nun ist dieser Monat, der Mai, schon fast vorüber – der lieblichste Mai aller zivilisierter Zeiten. Ein perfekter Mai in einer wunderbaren Epoche. Ihr könnt gar nicht wissen, in welcher schönen, fröhlichen Epoche ihr lebt, Oliver. Das Gefühl im Herzen der Städte – diese wunderbare nationale Zuversicht, dieses Glücksgefühl – alles läuft so schön wie ein Traum. Es gab andere dieser Monate im Frühling, mit schönem Wetter, aber in all diesen Epochen störte ein Krieg oder eine Hungersnot oder etwas anderes.« Sie zögerte, verzog das Gesicht und fuhr schnell fort: »Wir beabsichtigen, uns in ein paar Tagen zur Krönung in Rom zu treffen. Ich glaube, im Jahre 800 – zu Weihnachten. Wir...«

»Aber warum besteht ihr auf diesem Haus?« unterbrach sie Oliver. »Warum wollen die anderen es euch wegnehmen?«

Kleph blickte ihn an. Er sah, wie erneut helle Tränen aus ihren Augen quollen, wie sich Hartnäckigkeit auf ihre sanften, gebräunten Gesichtszüge legte. Sie schüttelte den Kopf.

»Das darfst du mich nicht fragen.« Sie hielt ihm die dampfende Tasse hin. »Hier, trinke und vergesse, was ich gesagt habe. Ich kann dir nicht mehr erzählen, überhaupt nichts mehr.«

Als er aufwachte, wußte er einen Moment lang nicht, wo er sich befand. Er erinnerte sich nicht daran, Kleph verlassen zu haben oder zu seinem eigenen Zimmer zurückgekehrt zu sein. In diesem Moment war es ihm auch gleichgültig. Denn als er erwachte, umgab ihn überwältigender Schrecken.

Die Dunkelheit war damit angefüllt. Wellen der Furcht und des Schmerzes tosten gegen sein Gehirn. Er lag bewegungslos da, zu verängstigt, einen Finger zu rühren, und eine atavistische Erinnerung ermahnte ihn, ruhig liegenzubleiben, bis er wußte, aus welcher Richtung die Gefahr drohte. Grundlose Panik flutete in reißenden Wogen über ihn hinweg; sein Kopf schmerzte angesichts dieser Gewalt, und die Dunkelheit pulsierte im gleichen Takt.

Es klopfte an der Tür. Omeries tiefe Stimme erklang.

»Wilson! Wilson, sind Sie wach?«

Oliver mußte es zweimal versuchen, bevor er den Atem fand, Antwort zu geben. »J... Ja. Was ist?«

Der Türknopf quietschte. Omeries Gestalt erschien, griff nach dem Lichtschalter, und das Zimmer wurde wieder sichtbar. Omeries Gesicht war vor Anstrengung verzerrt, und er hielt eine Hand gegen den Kopf gepreßt, als ob dieser im gleichen Rhythmus wie Olivers von Wellen des Schmerzes heimgesucht würde.

In diesem Moment, noch bevor Omerie etwas sagen konnte, erinnerte Oliver sich an Hollias Warnung. »Ziehen Sie aus, junger Mann – ziehen Sie noch vor heute abend aus.« In panischer Angst fragte er sich, was sie in diesem Haus bedrohte, das mit dem Rhythmus des nackten Schreckens pulsierte.

Mit ärgerlicher Stimme beantwortete Omerie die unausgesprochene Frage. »Jemand hat einen Subsonic im Haus versteckt, Wilson«, erklärte er. »Kleph meint, daß Sie wissen könnten, wo er steckt.«

»Ein was?«

»Ein Gerät«, sagte Omerie ungeduldig. »Wahrscheinlich eine kleine Metallschachtel, die...

»Oh«, sagte Oliver in einem Ton, der Omerie alles erklären mußte.

»Wo ist er?« fragte er. »Schnell, wir müssen dem ein Ende machen.«

»Ich weiß es nicht.« Mit einiger Anstrengung unterdrückte Oliver das Klappern seiner Zähne. »Sie meinen, daß... daß nur die kleine Schachtel daran Schuld ist?«

»Natürlich. Nun sagen Sie mir, wo ich sie finde, bevor wir alle verrückt werden.«

Zitternd taumelte Oliver aus dem Bett, ergriff mit nervösen Händen seinen Morgenmantel. »Ich glaube, sie hat ihn irgendwo im Parterre versteckt«, sagte er. »S... sie war nicht lange weg.«

Mit ein paar kurzen Fragen bekam Omerie die ganze Geschichte aus ihm heraus. Als Oliver geendet hatte, schlugen seine Zähne vor Erbitterung aufeinander.

»Diese dumme Hollia...«

»Omerie!« klang Klephs klägliche Stimme aus der Halle. »Bitte beeil dich, Omerie! Ich kann es nicht mehr aushalten! Oh, Omerie, bitte!«

Oliver erhob sich abrupt. Bei der Bewegung schien eine doppelte Welle unaussprechlichen Schmerzes in seinem Schädel zu explodieren; schwankend klammerte er sich an das Bettgestell.

»Suchen Sie das Ding selbst«, hörte er sich wie betäubt sagen. »Ich kann doch nicht einmal gehen...«

Omeries Temperament schien von dem Druck im Zimmer angestachelt zu werden. Er packte Oliver an der Schulter und schüttelte ihn. »Sie haben es hereingelassen«, sagte er drohend, »nun helfen Sie uns auch, es wieder hinauszubekommen, sonst...«

»Es ist ein Ding aus Ihrer Welt, nicht aus meiner!« gab Oliver wütend zurück.

In diesem Moment kam es ihm vor, als durchflute eine plötzliche Welle aus Kälte und Schweigen das Zimmer. Sogar der Schmerz und die sinnlose Furcht brachen für einen Augenblick ab. Omeries bleiche, kalte Augen bedachten Oliver mit solch einem eisigen Blick, daß ihn ein Frösteln überlief.

»Was wissen Sie über unsere – Welt?« forschte Omerie.

Oliver brachte kein Wort über die Lippen. Er brauchte es auch nicht; sein Gesichtsausdruck mußte verraten haben, was er wußte. Er konnte es in dieser Nacht des Schreckens, den er immer noch nicht begriff, nicht verbergen.

Omerie entblößte seine weißen Zähne und stieß drei völlig unverständliche Worte aus. Dann trat er zur Tür und brüllte: »Kleph!«

Oliver erblickte die beiden Frauen, die sich in der Diele aneinanderklammerten, heftig zitternd unter diesen grausamen Wellen des unverständlichen, synthetischen Schreckens. Klia – in einer hellgrünen Robe – hielt sich halbwegs unter Kontrolle, während Kleph keine Anstrengung unternahm, dem Druck zu widerstehen. Ihr Gewand glänzte in schimmerndem Gold; sie zitterte, und Tränen rannen ihr übers Gesicht.

»Kleph«, fragte Omerie drohend, »hast du gestern wieder von dem Zeug genommen?«

Kleph warf einen erschrockenen Blick auf Oliver und nickte schuldbewußt.

»Du hast zuviel erzählt.« Der Satz stellte eine einzige Anklage dar. »Du kennst die Regeln, Kleph. Dir wird es nicht mehr gestattet, noch einmal zu reisen, wenn jemand den Behörden von diesem Vorfall Bericht erstattet.«

Plötzlich kräuselten sich tiefe Grübchen auf Klephs lieblichem Gesicht.

»Ich weiß, daß es ein Fehler war. Es tut mir sehr leid – aber du wirst mich nicht aufhalten, wenn Cenbe nein sagt.«

Klia breitete die Arme in einer Geste hilflosen Zorns aus. Omerie zuckte die Achseln. »In diesem Fall – wenn es zutrifft – ist kein großer Schaden entstanden«, sagte er und warf Oliver einen unergründlichen Blick zu. »Aber es kann ernst werden. Nächstes Mal wird es vielleicht ernst werden. Ich muß mit Cenbe sprechen.«

»Zuerst müssen wir den Subsonic finden«, erinnerte ihn Klia erschaudernd. »Wenn Kleph sich davor fürchtet, uns zu helfen, kann sie ja für eine Weile hinausgehen. Ich gestehe, daß ich Klephs Gesellschaft momentan überdrüssig bin.«

»Wir können das Haus aufgeben!« schrie Kleph zornig. »Soll Hollia es doch haben! Wie könnt ihr das so lange aushalten, um ihm auch noch nachzujagen?«

»Das Haus aufgeben?« rief Klia. »Du mußt verrückt sein! Wo wir schon alle Einladungen verschickt haben?«

»Das wird nicht nötig sein«, sagte Omerie. »Wir können es finden, wenn wir alle danach suchen. Sind Sie in der Lage, uns zu helfen?« Er blickte Oliver an.

Mit äußerster Anstrengung bekämpfte Oliver seine sinnlose

Panik, während die Brandung des Schreckens durch den Raum toste.

»Ja«, sagte er. »Aber was soll mit mir geschehen? Was haben Sie mit mir vor?«

»Das sollte doch offensichtlich sein«, sagte Omerie, während seine hellen Augen Oliver in der Dunkelheit ausdruckslos betrachteten. »Wir behalten Sie im Haus, bis wir gehen. Mehr können wir nicht tun. Das verstehen Sie doch. Und wir haben keinen Grund, mehr zu tun, sobald es vorüber ist. Wir haben nur Stillschweigen versprochen, als wir unsere Reisepapiere unterzeichnet haben.«

»Aber...« Oliver suchte nach dem Trugschluß in dieser Argumentation, doch es war sinnlos. Er konnte nicht klar denken. Aus der Luft um ihn herum durchdrang sinnlose Panik seinen Geist. »In Ordnung«, sagte er. »Suchen wir.«

Es war schon hell, als sie endlich die Kassette fanden, in die Federn eines Sofakissens hineingestopft. Omerie nahm sie wortlos mit nach oben. Fünf Minuten später erlosch der mentale Druck in der Luft abrupt, und segensreicher Frieden durchzog das Haus.

»Sie werden es noch einmal versuchen«, sagte Omerie zu Oliver an der Tür des hinteren Schlafzimmers. »Wir müssen auf der Hut sein. Und was Sie betrifft, muß ich dafür sorgen, daß Sie bis Freitag das Haus nicht verlassen. In Ihrem eigenen Interesse rate ich Ihnen, es mich wissen zu lassen, wenn Hollia versucht, ein paar neue Tricks auszuspielen. Ich gestehe, daß ich mir darüber noch nicht ganz klar bin, wie ich Sie dazu zwinge, im Haus zu bleiben. Ich könnte Methoden benutzen, die sehr unbequem für Sie sind, doch ich würde es vorziehen, Ihr Wort darauf zu erhalten.«

Oliver zögerte. Das Nachlassen des Drucks auf sein Gehirn hatte ihn erschöpft und fast betäubt, und er war sich überhaupt nicht sicher, was er sagen sollte.

»Es war teilweise unsere Schuld«, fuhr Omerie nach einer Weile fort, »da wir uns nicht versichert haben, ob wir das Haus allein bewohnen. Wenn Sie hier bei uns bleiben, könnten Sie kaum dazu beitragen, Argwohn zu erzeugen. Sollen wir so übereinkommen: Für Ihr Versprechen ersetze ich Ihnen einen

Teil des Geldes, das Sie für den Verkauf dieses Hauses bekommen hätten?«

Oliver dachte darüber nach. Es würde Sue ein wenig besänftigen. Und es bedeutete lediglich zwei Tage Hausarrest. Außerdem – was für einen Nutzen hätte ihm ein Entkommen gebracht? Was könnte er Nichteingeweihten erzählen, um nicht sofort in eine Gummizelle gesteckt zu werden?

»Na gut«, sagte er müde. »Ich verspreche es.«

Am Freitagmorgen hatte es immer noch kein neues Lebenszeichen von Hollia gegeben. Sue rief am Nachmittag an. Oliver wußte, daß ihre Stimme in der Leitung krächzte, denn Kleph nahm den Anruf entgegen. Sogar das Krächzen klang hysterisch; Sue sah ihr gutes Geschäft schon durch die zusammengekrallten Finger gleiten.

Klephs Stimme war besänftigend. »Es tut mir leid«, sagte sie immer dann, wenn Sue Luft schnappen mußte. »Es tut mir wirklich leid. Glauben Sie mir, Sie werden herausfinden, daß es gleichgültig ist. Ich weiß... Es tut mir leid...«

Schließlich legte sie auf. »Das Mädchen behauptet, Hollia habe aufgegeben«, erzählte sie den anderen.

»Nicht Hollia«, widersprach Klia fest.

Omerie zuckte die Achseln. »Wir haben nur noch wenig Zeit. Wenn sie einen neuen Trick versucht, wird es diese Nacht geschehen. Wir müssen acht geben.«

»Oh, nicht heute abend!« Klephs Stimme klang erschrocken. »Nicht einmal Hollia würde dazu imstande sein!«

»Hollia ist auf ihre Art genauso skrupellos wie du, meine Liebe«, entgegnete Omerie lächelnd.

»Aber... würde sie uns alles verderben, bloß weil sie nicht hier sein kann?«

»Was glaubst du denn?« fragte Klia.

Oliver gab es auf, dem Gespräch zu lauschen. Es ergab für ihn keinen Sinn, doch er wußte, daß diese Nacht das Geheimnis – worum es sich auch immer handeln mochte – enthüllt werden mußte. Er war bereit, darauf zu warten.

Seit zwei Tagen hatte sich die Aufregung in dem Haus und den drei Menschen, die es mit ihm teilten, ständig erhöht. Sogar die Dienstmädchen nahmen sie wahr und wurden nervös und unsicher. Oliver hatte es aufgegeben, Fragen zu stellen – dadurch machte er die Mieter nur verlegen –, und beobachtete alles sorgfältig.

Alle Stühle im Haus wurden in den drei vorderen Schlafzimmern aufgestellt. Das Mobiliar wurde zurechtgeschoben, um genügend Platz zu schaffen, und Dutzende von diesen Tassen mit Deckel standen auf Tabletts. Oliver erkannte Klephs Rosenquarz-Tasse zwischen den anderen. Obwohl kein Dampf aus den winzigen Öffnungen stieg, waren sie gefüllt. Oliver hob eine hoch und fühlte eine schwere Flüssigkeit darin schaukeln; sie wies einen beinahe festen Aggregatzustand auf.

Offensichtlich wurden Gäste erwartet, doch die gewohnte Stunde des Abendessens – neun Uhr – kam und verstrich, ohne daß jemand auftauchte. Nach der Mahlzeit konnten die Bediensteten nach Hause gehen. Die Sanciscos gingen in ihre Zimmer, um sich umzukleiden, während das Gefühl der Spannung wuchs.

Nach dem Essen trat Oliver auf die Veranda hinaus; vergeblich versuchte er Vermutungen darüber anzustellen, was für ein Ereignis eine solche Erwartungshaltung im Haus auslösen mochte. Der Mond stand im letzten Viertel und erleuchtete mit seinem Glanz den diesigen Horizont, doch die Sterne, die in diesem Mai bislang jede Nacht hell strahlten, waren heute recht schwach auszumachen. Bei Sonnenuntergang hatten sich Wolken zusammengeballt, und das den ganzen Monat vorherrschende makellose Wetter schien nun enden zu wollen.

Hinter Oliver wurde die Tür einen Spalt geöffnet und sofort wieder geschlossen. Bevor er sich umdrehte, nahm er schon Klephs Ausstrahlung wahr – und einen schwachen Duft des Euphoriasikums, das sie viel zu gerne trank. Sie trat neben ihn, legte eine Hand auf die seine und blickte in der Dunkelheit zu seinem Gesicht auf.

»Oliver«, sagte sie sehr sanft. »Verspreche mir etwas. Verspreche mir, diese Nacht nicht das Haus zu verlassen.«

»Das habe ich doch schon versprochen«, entgegnete er ein wenig irritiert.

»Ich weiß. Doch heute abend – ich habe einen ganz bestimmten Grund dafür, weshalb du diese Nacht im Haus bleiben sollst.« Einen Moment lehnte sie ihren Kopf gegen seine Schulter, und auf unerklärliche Weise legte sich seine Verwirrung etwas. Seit jener letzten Nacht ihrer Enthüllungen hatte er Kleph nicht mehr allein gesprochen, und er vermutete, daß er nie wieder länger als ein paar Minuten mit ihr allein sein würde. Doch er wußte, daß er diese beiden Abende nie vergessen würde. Und er wußte auch, daß sie sehr schwach und kindisch war – doch es war immer noch Kleph, die er in den Armen hielt, und er würde sie wahrscheinlich niemals vergessen können.

»Du könntest... verletzt werden, wenn du diese Nacht das Haus verläßt«, sagte sie mit erstickter Stimme. »Ich weiß, daß es letztlich gleichgültig wäre, aber... erinnere dich daran, daß du es versprochen hast, Oliver.«

Sie ging wieder, und die Tür schloß sich hinter ihr, bevor er die drängenden Fragen, die in seinem Geist warteten, stellen konnte.

Die ersten Gäste kamen kurz vor Mitternacht. Vom oberen Ende der Treppe aus sah Oliver sie in Gruppen von zweien oder dreien kommen, erstaunt darüber, wie viele Leute aus der Zukunft sich in den letzten Wochen hier eingefunden hatten. Nun bemerkte er deutlich, wie sie sich von der Norm seiner eigenen Epoche unterschieden. Zuerst bemerkte man ihre körperliche Eleganz – perfekte Körperpflege, außergewöhnlich gute Manieren, die metrisch geschulte Stimme. Doch da alle gewissermaßen müßige Sensationsjäger waren, lag eine gewisse Schrille in ihren Stimmen, besonders, wenn sie sich lebhaft miteinander unterhielten. Empfindlichkeit und Zügellosigkeit zeigte sich unter ihren guten Manieren. Und an diesem Abend kam eine alles verdrängende Aufregung hinzu.

Um ein Uhr hatten sich alle in den vorderen Räumen versammelte. Die Teetassen begannen anscheinend von selbst zu dampfen, und das gesamte Haus war von jenem dünnen, schwachen Duft erfüllt, der diese Euphorie hervorrief, die man mit dem Duft des Tees einatmete.

Oliver fühlte sich leicht und schläfrig. Eigentlich hatte er sich dazu entschlossen, mit den anderen zusammenzusitzen, doch er mußte am Fenster seines eigenen Zimmers eingeschlafen sein, ein ungeöffnetes Buch auf dem Schoß.

Denn als es geschah, war er sich ein paar Minuten lang nicht im klaren, ob er träumte oder nicht.

Der unglaubliche, ungeheure Aufprall war mehr als nur ein Geräusch. Er fühlte das ganze Haus unter sich erzittern, fühlte mehr, als er hörte, wie die Holzbalken wie gesplitterte Knochen aneinander rieben, während er sich noch im Grenzland des Schlafes befand. Als er endgültig erwachte, lag er zwischen den zersplitterten Überresten des Fensters auf dem Fußboden.

Er konnte nicht sagen, ob er lange oder nur kurz dort gelegen hatte. Die ganze Welt toste noch von jenem schrecklichen Lärm, oder seine Ohren waren davon betäubt, denn sonst vernahm er kein Geräusch.

Er befand sich schon halbwegs in der Diele zu den vorne gelegenen Räumen, als die Geräusche von draußen zurückkehrten. Zuerst war es ein tiefes, unbeschreibliches Grollen, durchsetzt mit unzähligen leisen, weit entfernten Schreien. Olivers Trommelfelle schmerzten noch von dem schrecklichen Aufprall des tosenden, unbekannten Lärms, doch seine Taubheit legte sich, und bevor er sie sah, hörte er die ersten Stimmen aus der betroffenen Stadt.

Die Tür zu Klephs Zimmer widersetzte sich ihm einen Moment lang. Die Gewalt der – der Explosion? – hatte das Haus erschüttert, und der Rahmen war verzogen. Als er die Tür endlich geöffnet hatte, starrte er benommen in die Dunkelheit vor sich. Alle Lichter waren erloschen, aber ein atemloses Flüstern vieler Stimmen erfüllte das Zimmer.

Die Stühle waren um die breiten Frontfenster verteilt, so daß jeder hinaussehen konnte; in der Luft hing der Geruch von Euphorie. Von draußen fiel genug Licht hinein, so daß Oliver sehen konnte, daß einige wenige Zuschauer noch die Hände an die Ohren gepreßt hielten, die meisten sich aber begierig vorbeugten, um besser sehen zu können.

Wie durch einen traumhaften Nebel sah Oliver die Stadt mit unheimlicher Deutlichkeit vor sich. Er wußte genau, daß normalerweise eine Häuserreihe an der anderen Straßenseite die Sicht versperrte – und dennoch überblickte er jetzt die Stadt und konnte bis zum Horizont ein grenzenloses Panorama sehen. Die Häuser dazwischen waren verschwunden.

Weit am Horizont brannte es; das Feuer färbte die tiefhängenden Wolken mit hellem Purpur. Dieses schwefelartige Licht wurde vom Himmel auf die Stadt reflektiert und erhellte, wie an Häuserreihe auf Häuserreihe Flammen emporleckten; weit dahinter lagen formlose Klumpen, die Schlacke von Gebilden, die vor ein paar Minuten noch Häuser gewesen waren.

Lärm klang von der Stadt herüber; das Prasseln der Flammen war am lautesten, aber dann und wann konnte man menschliche Stimmen hören, fern wie das Tosen einer Brandung an einem vorgelagerten Riff, und das Stakkato der Schreie erzeugte im Netz der Geräusche ein ständig aufsteigendes und abebbendes Muster. Das Wogen der Schreie und das Heulen von Sirenen verflocht das Netz zu einer schrecklichen Symphonie von fremder unmenschlicher Schönheit.

Durch Olivers ungläubigen Verstand zuckte kurz die Erinnerung an jene andere Symphonie, die Kleph vor ein paar Tagen gespielt hatte und die eine andere Katastrophe in Form von Musik und Bewegung erzählte.

»Kleph«, sagte er heiser.

Die Sitzordnung am Fenster wurde durchbrochen. Köpfe fuhren herum, und Oliver sah, wie fremde Gesichter ihn anstarrten; in einigen Augen lag Verlegenheit, doch die meisten betrachteten ihn mit jener lebhaften, unmenschlichen Neugier, die eine Menge den Opfern eines Unfalls entgegenbringt. Doch diese Leute befanden sich absichtlich hier, stellten das Publikum zu einem riesigen Unglück dar, zu dem sie extra angereist waren.

Kleph erhob sich unsicher, ihr samtenes Abendkleid raschelte bei der Bewegung. Sie setzte eine Tasse ab und schwankte ein wenig, als sie auf die Tür zukam. »Oliver«, sagte sie mit hoher, klirrender Stimme, »Oliver...«

Er sah, daß sie stark berauscht war; die Katastrophe hatte ihre Stimulation bis zu einem Punkt gepeitscht, an dem sie nicht mehr wußte, was sie tat.

»Was... was war das, Kleph?« hörte sich Oliver mit einer Stimme sagen, die nicht die seine war. »Was ist geschehen? Was...« Doch *geschehen* schien ein so unpassendes Wort für das unglaubliche Panorama unter ihnen zu sein, daß er über der Frage in ein hysterisches Kichern ausbrach, dann ganz still wurde und versuchte, das Zittern, das sich seines Körpers bemächtigt hatte, unter Kontrolle zu bekommen.

Kleph bückte sich unsicher und ergriff eine dampfende Tasse. Schwankend kam sie auf ihn zu, reichte sie ihm – ihr Wundermittel gegen alle Krankheiten.

»Hier, trinke Oliver – wir sind hier alle sicher, völlig sicher.« Sie hob die Tasse an seine Lippen, und er schluckte automatisch, war den Dämpfen dankbar, die seinen aufgewühlten Verstand langsam beruhigten.

»Es war ein Meteor«, sagte Kleph. »Wirklich nur ein ziemlich kleiner Meteor. Wir sind hier alle völlig sicher. Das Haus wurde nicht in Mitleidenschaft gezogen.«

»Sue?« hörte Oliver sich aus irgendeiner Zelle seines Unterbewußtseins heraus sagen. »Ist Sue...« Er konnte den Satz nicht beenden.

Kleph reichte ihm die Tasse erneut. »Ich glaube, sie ist in Sicherheit – für eine Weile. Bitte, Oliver, vergiß das alles und trinke.«

»Aber du hast es *gewußt*!« Endlich drang diese Erkenntnis in sein schmerzendes Gehirn. »Du hättest uns warnen können oder...«

»Wie könnten wir die Vergangenheit ändern?« fragte Kleph. »Wir kennen sie zwar – doch können wir einen Meteor stoppen? Oder die Stadt warnen? Bevor wir kamen, mußten wir unser Wort geben, uns niemals einzumischen...«

Die Stimmen der Zuschauer waren lauter geworden, um in dem steigenden Getöse von draußen noch vernehmbar zu sein. Die Stadt brüllte nun vor Flammen und Schreien und dem Donnern zusammenbrechender Gebäude. Es war heller im Zimmer geworden; der Flammenschein pulsierte in dunklem Rot und hellem Weiß auf den Wänden und der Decke.

Unten schlug eine Tür. Jemand lachte, ein hohes, heiseres, ärgerliches Gelächter. Dann atmete jemand aus der Menge im Zimmer erschrocken ein, und ein Chor ungläubiger Stimmen erklang. Oliver versuchte, sich auf das Fenster und das dahinterliegende Bild des Schreckens zu konzentrieren, doch er war nicht dazu in der Lage.

Oliver mußte mehrmals blinzeln, um sich davon zu überzeugen, daß er nicht mehr sehen konnte. Kleph jammerte leise und schmiegte sich an ihn. Nun konnte er zumindest etwas berühren und sich sicher sein, daß es wirklich existierte, obwohl alles andere, was er diese Nacht erlebt hatte, nur ein Traum sein konnte. Als er ihr Parfum und den in den Kopf steigenden Duft der Teerosen einsog und er sie für einen Moment in einer Umarmung hielt, die mit Sicherheit die letzte sein würde, die ihm vergönnt war, kümmerte er sich nicht darum, daß auf schreckliche Weise etwas mit der Luft im Zimmer, die ihn umgab, nicht stimmen konnte. Er war blind – jedoch nicht fortwährend. Die Blindheit kam in sanften, sich immer mehr ausbreitenden Wogen, zwischen denen er einen Schimmer von den anderen Gesichtern im Zimmer auffing, die verzerrt und erstaunt im flackernden Licht der Stadt dreinblickten.

Die Wogen kamen nun schneller. Zwischen ihnen blieb nur noch ein kurzes Blinzeln, das kürzer und kürzer wurde, während die Intervalle der Dunkelheit sich vergrößerten.

Das Gelächter aus der Parterre klang erneut die Treppe hoch. Oliver glaubte, die Stimme zu erkennen. Er öffnete den Mund, um zu sprechen, doch bevor er Worte finden konnte, schlug die Tür neben ihm, und Omerie schrie etwas die Stufen hinab.

»Hollia?« überschrie er das Röhren der Stadt. »Hollia, bist du das?«

Erneut lachte sie triumphierend. »Ich habe euch gewarnt!« schrie ihre harte, heisere Stimme. »Nun gesellt euch zu uns auf der Straße, wenn ihr noch etwas sehen wollt!«

»Hollia!« brüllte Omerie verzweifelt. »Hör damit auf, oder...«

Sie lachte spöttisch. »Oder was, Omerie? Diesmal habe ich es zu gut versteckt – kommt auf die Straße, wenn ihr den Rest noch sehen wollt.«

Ärgerliches Schweigen herrschte im Haus. Oliver spürte, wie Klephs hastige, aufgeregte Atemzüge seine Wange kitzelten, fühlte das leichte Zittern ihres Körpers in seinen Armen. Er versuchte bewußt, diesen Moment andauern zu lassen, ihn zur

Ewigkeit auszudehnen. Alles war einfach zu schnell geschehen, um nachhaltige Eindrücke in seinem Verstand hervorzurufen – bis auf das, was er berühren und in seinen Armen halten konnte. Er hielt sie in einer sanften, lockeren Umarmung, obwohl er sich nach einem festen, verzweifelten Griff sehnte, denn er war sicher, daß dies die letzte Umarmung sein würde, die sie miteinander teilen konnten.

Das verwirrende Spiel von Licht und Blindheit fuhr fort. Aus weiter Ferne rollte das Tosen der brennenden Stadt heran, zusammengehalten von den langgezogenen Kadenzen der Sirenen, die alle Geräusche zu einem einzigen verschmolzen.

Dann klang in der verwirrenden Dunkelheit eine andere Stimme aus dem Parterre herauf. Die Stimme eines Mannes, sehr tief, sehr melodisch.

»Was ist hier los?« fragte sie. »Was tust du dort? Hollia – bist du das?«

Oliver fühlte, wie sich Kleph in seinen Armen versteifte. Sie hielt den Atem an, sagte aber nichts, als schwere Füße die Treppe heraufstiegen, mit soliden, zuversichtlichen Schritten näherkamen, die das ganze Haus zu erschüttern schienen.

Dann riß Kleph sich mit einer harten Bewegung aus Olivers Griff los. Er hörte ihre hohe, aufgeregte Stimme rufen: »Cenbe! Cenbe!«, und sie lief los, um den Neuankömmling inmitten der Wellen des Lichts und der Dunkelheit zu begrüßen, die das arg mitgenommene Haus durchfluteten.

Oliver schwankte ein wenig und ertastete eine Stuhllehne. Er sank auf den Stuhl nieder und hob die Tasse an die Lippen, die er noch immer umklammert hielt. Die warmen Dämpfe befeuchteten sein Gesicht, und er konnte die winzige Öffnung kaum ausmachen.

Er hob die Tasse mit beiden Händen und trank.

Als er die Augen öffnete, war es dunkel im Zimmer. Bis auf ein dünnes, melodisches Summen fast an der Schwelle des Hörbaren war es auch still. Oliver bekämpfte die Erinnerung an einen monströsen Alptraum, verdrängte sie resolut aus seinem Bewußtsein und setzte sich auf; ein unvertrautes Bett krächzte und schwankte unter ihm.

Es war Klephs Zimmer. Aber nein – nun nicht mehr. Ihre leuchtenden Gobelins waren von den Wänden genommen, die Chaiselongue war verschwunden, der Teppich fehlte, und auch ihre Bilder. Das Zimmer sah so aus, wie es ausgesehen hatte, bevor sie kam – bis auf eins.

In der entgegengesetzten Ecke stand ein Tisch, ein Gebilde aus durchsichtiger Materie, der ein sanftes Licht ausstrahlte. Davor saß ein Mann auf einem niedrigen Stuhl, beugte sich vor, die schweren Schultern umrißhaft gegen das Glühen abgehoben. Er trug Kopfhörer und kritzelte hastig Notizen auf einen Block auf seinen Knien und schaukelte ein wenig, wie zu den Klängen einer unhörbaren Musik.

Die Vorhänge waren zugezogen, doch von draußen erklang ein fernes, gedämpftes Lärmen, an das sich Oliver aus seinem Alptraum erinnerte. Er legte eine Hand auf seine Stirn und fühlte eine fiebrige Hitze; das Zimmer drehte sich langsam vor seinen Augen. Sein Kopf tat weh, und in jedem Glied und Nerv verspürte er ein schmerzhaftes Ziehen.

Als das Bett knackte, fuhr der Mann in der Ecke herum; die Kopfhörer glitten ihm in den Nacken. Über einem kurzgeschnittenen schwarzen Bart sah er ein ausgeprägtes Gesicht. Der Mann musterte ihn aufmerksam. Oliver hatte ihn nie zuvor gesehen, doch jener Hauch, den Oliver inzwischen so gut kannte, umgab auch ihn, jene Reserviertheit, die aus dem Wissen stammte, daß wie ein Abgrund die Zeit selbst zwischen ihnen lag.

Als er sprach, klang seine Stimme unpersönlich, aber freundlich.

»Sie haben zu viel von dem Anregungsmittel zu sich genommen, Wilson«, sagte er ohne jede Spur von Mitgefühl. »Sie haben lange geschlafen.«

»Wie lange?« als er sprach, fühlte Oliver ein Kratzen in der Kehle.

Der Mann gab keine Antwort. Oliver schüttelte vorsichtig den Kopf. »Ich dachte, Kleph hätte gesagt, daß man davon keinen Kater bekommt«, meinte er. Dann unterbrach ein anderer Gedanke den ersten, und er fügte schnell hinzu: »Wo ist Kleph?« Verwirrt sah er zur Tür.

»Sie müßte inzwischen in Rom sein. Sie beobachtet dort die Krönung von Karl dem Großen, am Weihnachtstag vor mehr als eintausend Jahren in der St. Peterskirche.«

Diesen Gedanken konnte Oliver nicht leicht verarbeiten. Sein schmerzendes Gehirn schrak davor zurück; ihm kam das Denken an sich schon seltsam problematisch vor. Als er den Mann anstarrte, kam ihm ein grausamer Gedanke.

»Sie sind also gegangen – aber Sie sind hiergeblieben? Warum? Sie... Sie sind Cenbe? Ich habe Ihre... Symphonie gehört, wie Kleph sie genannt hat.«

»Sie hörten einen Teil davon. Ich habe sie noch nicht fertiggestellt. Ich brauchte – das.« Cenbe nickte mit dem Kopf auf die Vorhänge, hinter denen noch immer das Wehklagen der Stadt zu hören war.

»Sie brauchten... den Meteor?« Das Wissen darum arbeitete sich schmerzhaft durch seinen benommenen Verstand, bis es auf ein Gebiet stieß, das noch nicht vom Schmerz betroffen war und noch klar denken konnte. »Den *Meteor*? Aber...«

Als Cenbe die Hand hob, lag solch eine Macht in dieser Geste, daß Oliver wieder zurück aufs Bett sank. »Das Schlimmste ist nun vorüber«, erklärte Cenbe geduldig. »Zumindest für eine Weile. Vergessen Sie es, wenn Sie können. Es ist schon Tage her. Ich sagte doch, daß Sie lange geschlafen haben. Ich ließ Sie ruhen. Ich wußte, daß dieses Haus sicher war – zumindest vor dem Feuer.«

»Dann... wird noch etwas anderes folgen?« murmelte Oliver. Er war nicht sicher, ob er eine Antwort hören wollte. So lange war er wißbegierig gewesen, doch nun, da das Wissen fast in seiner Reichweite lag, schien sich in seinem Gehirn etwas zu weigern, dem Mann zuzuhören. Vielleicht war es diese Müdigkeit, dieses Fieber, diese Mattigkeit, die vorübergehen würde, wenn die Wirkung des Anregungsmittels nachließ.

Cenbe fuhr mit weicher, nachdrücklicher Stimme fort, beinahe so, als ob er nicht wollte, daß Oliver nachdenke. Es war leichter für ihn, einfach hier zu liegen und zu lauschen.

»Ich bin Komponist«, sagte Cenbe. »Ich bin zufällig daran interessiert, gewisse Formen des Unglücks in meinen eigenen Mustern zu interpretieren. Deshalb bleibe ich noch. Die anderen sind Dilettanten. Sie kamen wegen dem ungewöhnlichen Maiwetter und dem Unglück. Warum sollen sie auf das Nachspiel warten? Was mich selbst betrifft – ich glaube, ich bin ein Kenner, ein Feinschmecker. Ich halte das Nachspiel für recht faszinierend. Und ich benötige es. Für meine eigenen Zwecke muß ich es aus erster Hand studieren.«

Sein scharfer Blick ruhte eine Weile auf Oliver. Er war wie der eines Arztes, unpersönlich und beobachtend. Geistesabwesend griff er nach seinem Stift und dem Notizblock. Bei der Bewegung sah Oliver das bekannte Mal der Narbe an seinem kräftigen Handgelenk.

»Auch Kleph hatte diese Narbe«, hörte er sich flüstern. »Und die anderen.«

Cenbe nickte. »Eine Impfung. Unter diesen Umständen war sie notwendig. Wir wollen die Seuche nicht in unsere eigene Zeit verschleppen.«

»Seuche?«

Cenbe zuckte die Achseln. »Sie würden ihren Namen sowieso nicht kennen.«

»Aber wenn Sie sich gegen die Seuche impfen können...« Oliver stützte sich mit seinem schmerzenden Arm auf. In seinem Kopf schwirrte ein Gedanke, der ihn nicht mehr loslassen wollte. Bei dieser Anstrengung schien er die Verwirrung in seinem Verstand besser durchdringen zu können. Mit größter Anstrengung setzte er sich auf.

»Jetzt verstehe ich«, sagte er. »Warten Sie mal. Ich habe versucht, meine Gedanken zu ordnen. Sie können die Geschichte verändern? Ja, Sie können es! Ich weiß, daß Sie es können. Kleph sagte, sie mußte versprechen, sich nicht einzumischen. Sie alle mußten es versprechen. Bedeutet das, daß Sie wirklich Ihre eigene Vergangenheit ändern können – unsere Gegenwart?«

Cenbe legte den Block wieder nieder. Er bedachte Oliver nachdenklich mit einem gespannten Blick seiner dunklen Augen unter schweren Brauen. »Ja«, sagte er. »Ja, die Vergangenheit kann verändert werden, doch es ist nicht leicht. Und notwendigerweise wird dadurch auch die Zukunft geändert. Die Strömungen der Probabilität werden zu neuen Mustern zusammengefügt – aber es fällt äußerst schwer – und es ist verboten. Der physiotemporale Fluß tendiert immer dazu, wieder zu seiner Norm zurückzugleiten. Daher ist es auch so schwer, irgendeine Veränderung zu erzwingen.« Er zuckte die Achseln. »Eine theoretische Wissenschaft. Wilson, wir verändern die Vergangenheit nicht. Wenn wir die Vergangenheit veränderten, würden wir auch unsere Gegenwart verändern. Und unsere Zeit-Welt ist völlig nach unserem Geschmack. Es mag dort auch ein paar Unzufriedene geben, aber ihnen ist das Privileg der Zeitreise nicht gestattet.«

Nun schrie Oliver fast gegen das Tosen hinter den Fenstern an. »Doch Sie haben die Macht dazu – Sie könnten den Lauf der Geschichte ändern, wenn Sie wollten – jeden Schmerz, jedes Leid, jede Tragödie ausradieren...«

»Das alles ist vor langer Zeit geschehen«, sagte Cenbe.

»Nein – *es geschieht jetzt*! Nicht *das*!«

Cenbe betrachtete ihn eine Weile nachdenklich. »Das auch«, sagte er dann.

Und dann bemerkte Oliver plötzlich, aus welch einer Entfernung Cenbe ihn wirklich betrachtete. Sie war unermeßlich, da die Zeit sie bestimmte. Cenbe war ein Komponist und ein Genie, und daher sicherlich auch stark gefühlsbetont, doch seine geistige Heimat lag weit, weit voraus in der Zukunft. Die sterbende Stadt draußen, die *heutige* Welt, war für Cenbe nicht real, konnte wegen dieses grundlegenden Unterschiedes in der Zeit nicht real für ihn sein. Sie war lediglich ein Baustein des Fundaments, auf dem Cenbes Kultur in einer dunklen, unbekannten, schrecklichen Zukunft ruhte.

Mit einem Mal kam sie Oliver schrecklich vor. Sogar Kleph – auch sie zeigte sich nicht berührt, wie die ganze Reisegesellschaft, die unter Hollias bösartigen kleinen Anschlägen litt, mit denen sie sich einen Logenplatz zu erkämpfen versuchte, während der Meteor durch die Erdatmosphäre donnerte. Sie waren alle Dilettanten, Kleph und Omerie und all die anderen. Sie reisten nur als Zuschauer durch die Zeit. Waren sie von ihrem normalen Leben gelangweilt, übersättigt?

Nicht übersättigt genug, um vielleicht eine Änderung herbeizuführen. Ihre eigene Zeit-Welt war eine warme Gebärmutter, in der alle ihre Bedürfnisse befriedigt wurden. Sie wagten es nicht, die Vergangenheit zu ändern – sie konnten nicht das Risiko eingehen, ihre eigene Gegenwart zu gefährden.

Ekel erfaßte ihn. Als er sich an die Berührung von Klephs Lippen erinnerte, verspürte er saure Fäulnis auf der Zunge. Sie war verlockend gewesen, das hatte er nur zu gut gewußt. Doch das Nachspiel, die Nachwirkungen...

Diese Rasse aus der Zukunft – er hatte es verschwommen erfaßt, bevor Klephs Nähe seine Vorsicht ertränkt und sein Empfindungsvermögen gelähmt hatte. Zeitreise nur als Fluchtmechanismus kam ihm blasphemisch vor. Eine Rasse mit solch einer Macht...

Kleph – ihn zurücklassend wegen einer barbarischen, prächtigen Krönung in Rom vor mehr als tausend Jahren – *wie hatte sie ihn gesehen?* Nicht als einen lebenden, atmenden Menschen. Er wußte es nun mit Bestimmtheit. Die Menschen von Klephs Rasse waren Zuschauer.

Doch er las nun mit mehr als nur beiläufigem Interesse in Cenbes Augen. Eine Faszination an neuen Eindrücken, eine Gier auf neue Erfahrung lag darin. Er hatte seine Kopfhörer wieder aufgesetzt. Ja, er unterschied sich von den anderen. Er war ein Kenner. Auf das große Erlebnis folgte das Nachspiel – und Cenbe.

Cenbe wartete und beobachtete, während das Licht des transparenten Tisches vor ihm flackerte und seine Finger über das Notizbuch huschten. Der wirkliche Feinschmecker wartete, um die Raritäten zu genießen, die ein Vielfraß nicht würdigen kann.

Diese dünnen, fernen Rhythmen, Musik und doch keine Musik, begannen wieder im Lärm des fernen Feuers hörbar zu werden. Als er lauschte und seine Erinnerungen schweifen ließ, konnte Oliver sich die Muster der Symphonie wieder vorstellen, wie er sie gehört hatte, wie sie sich mit dem Aufleuchten der Gesichter und den Reihen um Reihen von Sterbenden vermischte...

Er legte sich auf das Bett zurück und ließ das Zimmer in der Dunkelheit hinter seinen geschlossenen, schmerzenden Lidern erlöschen. Der Schmerz saß in jeder einzelnen Zelle seines Körpers, war fast ein zweites Ich, das Besitz von ihm ergriff und ihn aus seinem eigenen Körper trieb, ein starkes, selbstsicheres Ego, das den Körper übernahm, während er sich ihm hingab.

Warum, fragte er sich benommen, hätte Kleph lügen sollen? Sie hatte gesagt, daß das Getränk, was sie ihm gegeben hatte, keine Nachwirkungen zeigte – und doch war diese schmerzhafte Besessenheit stark genug, ihn bis an die Grenzen seines Körpers zu treiben.

Kleph hatte nicht gelogen. Es war keine Nachwirkung des Getränks. Er wußte es, doch dieses Wissen berührte nun weder seinen Körper noch seinen Verstand. Still lag er da, sich der Macht der Krankheit hingebend, die die Nachwirkung von etwas wesentlich stärkerem war, als es das stärkste Getränk sein konnte. Diese Krankheit hatte keinen Namen – noch nicht.

Cenbes neue Symphonie war ein krönender Triumph. Die Uraufführung fand in der Antares-Halle statt, und der Applaus war eine Ovation. Natürlich war die Historie selbst der Künstler – beginnend mit dem Meteor, der die großen Seuchen des vierzehnten Jahrhunderts hervorrief, und endend mit dem Höhepunkt, den Cenbe an der Schwelle der modernen Zeiten eingefangen hatte.

Doch nur Cenbe war imstande, sie mit solch einer subtilen Kraft zu interpretieren.

Die Kritiker sprachen von der meisterhaften Art, mit der er das Gesicht des Stuartkönigs als immer wiederkehrendes Motiv gegen die Montage der Emotion, des Tons und der Bewegung gesetzt hatte. Doch es gab noch andere Gesichter, die die große Steigerung der Komposition durchliefen, die dazu beitrug, den gewaltigen Höhepunkt zu errichten. Ein Gesicht erregte besondere Aufmerksamkeit, ein Moment, in dem die Zuschauer völlig mitgerissen wurden. Ein Moment, in dem das Gesicht eines Mannes groß auf dem Schirm erschien, jeder Gesichtszug klar und deutlich. Nie zuvor hatte Cenbe eine emotionale Krise so effektvoll eingefangen – alle Kritiker stimmten darin überein. Man konnte beinahe in den Augen des Mannes lesen.

Nachdem Cenbe gegangen war, lag er lange Zeit bewegungslos da. Fieberhaft dachte er...

*Ich muß einen Weg finden, wie ich es den Menschen berichten kann. Hätte ich es schon vorher gewußt, hätte vielleicht noch etwas geändert werden können. Wir könnten sie zwingen, uns zu berichten, wie man die Ströme der Wahrscheinlichkeit verändern kann. Wir könnten die Stadt evakuieren.*

*Wenn ich nur eine Botschaft hinterlassen könnte...*

*Vielleicht nicht für die Menschen von heute. Doch für später. Sie veranstalten Zeitreisen in alle Epochen. Wenn man sie erkennen und irgendwie einfangen könnte, irgendwann, und sie dazu zwingen, die Wege des Schicksals zu ändern...*

Das Aufstehen fiel ihm nicht leicht. Der Raum schwankte haltlos. Doch er schaffte es. Er fand Stift und Papier, und durch die Wellen der Schatten schrieb er nieder, was er nur konnte. Es war genug. Genug um zu warnen, genug um zu retten.

Er legte die Blätter auf den Tisch, wo sie gut gesehen werden konnten, und beschwerte sie, bevor er durch die ihn einhüllende Dunkelheit zurück zu seinem Bett wankte.

Sechs Tage später wurde das Haus in dem vergeblichem Versuch, dem Vordringen des Blauen Todes Einhalt zu gebieten, in die Luft gesprengt.

Eric Frank Russell

# ...dann war'n sie alle futsch

Das Schlachtschiff hatte einen Durchmesser von achthundert Fuß und war etwas länger als eine Meile. Solche Massen beanspruchen natürlich sehr viel Platz. Diese hier bedeckte anderthalb Felder und hatte sich zwanzig Fuß tief in den Erdboden gedrückt. Dort würde das Schiff unverrückbar liegen bleiben, bis es wieder startete.

An Bord befanden sich zweitausend Menschen, die man in drei verschiedene Typen einordnen konnte. Die Großen, Schlanken, Stahläugigen zählten zur Crew. Die Wuschelköpfigen, Gedrungenen bildeten die Truppen. Und die Ausdruckslosen, Kahlköpfigen und Kurzsichtigen stellten die Bürokraten dar.

Die vom ersten Typus betrachteten diese Welt mit dem berufsmäßigen, aber beiläufigen Interesse von Menschen, die schon viele Planeten gesehen haben und bald zum nächsten eilen werden. Die Truppen verspürten angesichts dieses Planeten nur Verachtung und Langeweile. Die Bürokraten registrierten ihn mit kühler Autorität. Alle nach ihren Gesichtspunkten.

Sie waren an neue Welten gewöhnt, hatten sich schon hundertfach mit ihnen beschäftigt. Ihr Verhalten wurde von bloßer Routine bestimmt. Die Aufgabe, die vor ihnen lag, bedeutete für sie nicht mehr als die Durchführung einer wohlbekannten, genau ausgearbeiteten Technik. Nur eins war diesmal anders: sie alle steckten in der Klemme und ahnten nichts davon.

Das Verlassen des Schiffes ging nach strenger Rangordnung vonstatten: Zuerst kam Seine Exzellenz, der Botschafter der Erde. Dann der Kapitän des Schlachtschiffes. Als dritter der ranghöchste Offizier, der die Bodentruppen befehligte. Als vierter der höchste Verwaltungsbeamte.

Danach folgte natürlich die nächsttiefere Rangstufe in der gleichen Ordnung: Der Privatsekretär Seiner Exzellenz, der Erste Offizier des Schiffes, der stellvertretende Truppenkommandant, der zweithöchste Federfuchser.

So ging es Rang um Rang, bis nur noch der Barbier Seiner Exzellenz, der Schiffsputzer und der Kammerjäger an Bord waren, Crewmitglieder mit dem geringeren Status des G. R. – Gewöhnlicher Raumfahrer –, die militärischen Nichtigkeiten in den Rängen, und ein paar Bleistiftspitzer, die von dem Tag träumten, da sie unkündbar wurden und ihren eigenen Schreibtisch bekamen. Diese Unglücklichen blieben an Bord, um rein Schiff zu machen und sich – laut Befehl – dabei des Rauchens zu enthalten.

Wäre diese Welt unbekannt, feindselig und gut bewaffnet gewesen, so hätte sich die Reihenfolge beim Verlassen des Schiffes automatisch geändert und das biblische Versprechen unter Beweis gestellt, daß die Letzten die Ersten und die Ersten die Letzten sein werden. Aber dieser Planet war, obwohl laut Bericht unbekannt, inoffiziell sehr wohl bekannt und ganz und gar nicht fremdartig. In irgendwelchen Aktenordnern, die etwa zweihundert Lichtjahre entfernt in Regalen verstaubten, trug er eine geheime Nummer, die ihn als reife Pflaume bezeichnete, die zu pflücken schon lange fällig war. Allerdings hatte es bei der Ernte aufgrund anderer, noch reiferer Pflaumen eine beträchtliche Verzögerung ergeben.

Laut dieser Aufzeichnungen lag der Planet an der äußersten Grenze einer großen Anzahl anderer Welten, die unmittelbar nach der Großen Explosion besiedelt worden waren. Jedem Schulkind waren alle Daten über die Große Explosion bekannt – das war nur ein spektakulärer Name für den umwälzenden Aufbruch der Menschenmassen, der erfolgt war, als der Blieder-Antrieb die atomgetriebenen Raketen verdrängte und der Menschheit das All praktisch auf dem Tablett servierte.

Zu dieser Zeit – etwa vor drei- bis fünfhundert Jahren – wanderte jede Familie, Gruppe, Sekte oder Clique, die glaubte, es auf anderen Planeten besser zu haben, zu den Sternen aus. Die Rastlosen, Ehrgeizigen, Mißmutigen, Exzentrischen, Asozialen, die Zappelphilipps und die einfach Neugierigen waren zu Dutzenden, Hunderten und Tausenden zu den Sternen gejagt.

Etwa zweihunderttausend Menschen waren zu dieser Zeit gekommen, die letzten davon vor drei Jahrhunderten. Wie gewöhnlich bestanden neunzig Prozent der Nachfahren aus

Freunden, Verwandten oder Bekannten der Erstankömmlinge, Menschen, die dem kühnen Beispiel vom Onkel Eddie oder dem guten alten Joe gefolgt waren.

Wenn sie sich seit dieser Zeit sechs- oder siebenmal verdoppelt hatten, mußte es nun mehrere Millionen von ihnen geben. Daß sie sich weit über ihre ursprüngliche Zahl vermehrt hatten, bewies schon die Feststellung während des Anfluges, daß es, wenn auch keine Großstädte vorhanden waren, viele Kleinstädte und eine Unmenge Dörfer auf dem Planeten gab.

Seine Exzellenz blickte mit Anerkennung auf den Rasen unter seinen Füßen, bückte sich keuchend und riß ein Büschel Gras heraus. Dabei verrenkte er sich beinahe ein Bein, und sein Magen krampfte sich zusammen.

»Irdisches Gras, Captain. Sehen Sie? Ist das nur ein Zufall, oder haben Sie Samen mitgebracht?«

»Wahrscheinlich ein Zufall«, gab Captain Grayder zurück. »Ich bin schon auf vier Planeten gewesen, auf denen irdisches Gras wuchs. Warum sollte es nicht noch ein paar mehr geben?«

»Ja, das glaube ich auch.« Seine Exzellenz blickte mit ausgesprochenem Besitzerstolz in die Ferne. »Sieht so aus, als ob da vorne jemand pflügt. Dabei benutzt er eine kleine Maschine, die er mit zwei dicken Rädern bewegen kann. So rückständig können sie doch nicht sein. Hmmm...« Er fuhr sich mit der Hand über sein Vielfachkinn. »Bringen Sie ihn her. Wir werden mit ihm reden und herausfinden, wo wir am besten beginnen können.«

»Sehr wohl, Euer Exzellenz.« Captain Grayder wandte sich zu Colonel Shelton, den Befehlshaber der Truppen. »Seine Exzellenz wünscht diesen Bauern zu sprechen.« Er deutete auf die weit entfernte Gestalt.

»Den Bauern«, sagte Shelton zu Major Hame. »Seine Exzellenz wünscht, daß er sofort hierhergebracht wird.«

»Schaffen Sie diesen Bauern herbei«, befahl Hame Lieutenant Dulcon. »Schnell!«

»Den Bauern da! Holen Sie ihn!« sagte Deacon zu Sergeant-Major Bidworthy. »Und bißchen dalli – seine Exzellenz wartet!«

Der Sergeant, ein großer, rosagesichtiger Mann, sah sich nach einer tieferen Rangstufe um und erinnerte sich, daß diese

Männer alle das Schiff säuberten und nicht rauchen durften. Es schien also ganz so, als ob er gemeint war.

Er trampelte über vier Felder und vollzog, als er sich dem betreffenden Objekt auf angemessene Entfernung genähert hatte, einen exakten militärischen Halt. »He, Sie!« schrie er mit seiner Kasernenstimme und winkte heftig.

Der Bauer blieb stehen, wischte sich über die Stirn und sah sich um. Sein Benehmen deutete an, daß er dem gigantischen Körper des Schlachtschiffes soviel Aufmerksamkeit schenkte wie ein Nasenbär einer Turteltaube. Bidworthy winkte erneut und verlieh seiner Geste militärischen Nachdruck. Der Bauer winkte seelenruhig zurück und fuhr fort zu pflügen.

Sergeant-Major Bidworthy stieß einen Fluch aus, der trotz seiner scheinbaren Gefährlichkeit nicht mehr bedeutete als ›Mannomann!‹ und ging fünfzig Schritte weiter. Er konnte jetzt erkennen, daß der Mann buschige Augenbrauen und ein wettergegerbtes Gesicht hatte.

*»He!«*

Der Bauer hielt den Pflug wieder an, lehnte sich auf seine Handgriffe und stocherte in den Zähnen herum.

Bidworthy kam der Gedanke, daß während der letzten drei Jahrhunderte die Altirdische Sprache zugunsten einer anderen aufgegeben worden sein könnte und fragte langsam: »Können – Sie – mich – verstehen?«

»Kann irgend jemand den anderen wirklich verstehen?« gab der Bauer in vorzüglicher Aussprache zurück. Dann wandte er sich wieder seiner Arbeit zu.

Bidworthy war einen Moment lang verwirrt. Als er sein geistiges Gleichgewicht wiedergefunden hatte, sagte er schnell: »Seine Exzellenz, der Botschafter der Erde, wünscht Sie unverzüglich zu sprechen.«

»Ach ja?« Der Bauer beäugte Bidworthy argwöhnisch. »Wieso ist dieser Mensch so exzellent?«

»Er ist eine Person von äußerster Wichtigkeit«, gab Bidworthy zurück, unfähig zu erkennen, ob der andere nur einen Scherz auf seine Kosten machen wollte oder wirklich so trottelig war. Die meisten Bewohner dieser abgelegenen Welten zeichneten sich oft als ausgesprochene Trottel aus.

»Von äußerster Wichtigkeit«, wiederholte der Bauer, kniff die Augen zusammen und blickte in den Himmel. Er schien über einen äußerst ungewöhnlichen Begriff nachzudenken. »Was geschieht mit Ihrer Heimatwelt, wenn dieser Mensch stirbt?« wollte er schließlich wissen.

»Gar nichts«, gestand Bidworthy ein.

»Sie wird sich wie gewohnt um ihre Sonne drehen?«

»Natürlich.«

»Dann«, erwiderte der Bauer mit fester Überzeugungskraft, »kann er kein wichtiger Mensch sein.« In diesem Moment machte seine kleine Maschine *käff-käff*, die Räder drehten sich wieder, und der Pflug fuhr fort zu pflügen.

Bidworthy ballte die Hände zu Fäusten und ließ eine halbe Minute verstreichen, um seinen Groll hinunterzuwürgen, bevor er wieder etwas sagte. »Ich kann unmöglich ohne eine Botschaft zu Seiner Exzellenz zurückkehren«, brachte er heiser hervor.

»Wirklich nicht?« Der Bauer benahm sich unmöglich. »Was hält Sie denn auf?« Dann, als er die zunehmende Rötung in Bidworthys Gesicht bemerkte, fügte er mitleidig hinzu: »Oh, hm, erzählen Sie ihm, daß ich gesagt habe...« – er schwieg einen Moment lang nachdenklich – »ja, sagen Sie ihm: Gott segne Sie, und auf Wiedersehen.«

Sergeant-Major Bidworthy war ein starker Mann, der zweihundertundzwanzig Pfund wog und das All seit zwanzig Jahren durchzog. Er fürchtete weder Tod noch Teufel, und noch nie hatte jemand auch nur eins seiner Nackenhaare zittern sehen. Aber nun zitterte er den ganzen Rückweg zum Raumschiff über.

Seine Exzellenz bedachte ihn mit einem kühlen Blick. »Nun?«

»Er will nicht kommen.« Bidworthys Stirnadern traten hervor. »Aber, Sir, wenn er nur für ein paar Monate meiner Kompanie zugeteilt würde, brächte ich ihm schon Manieren bei.«

»Das bezweifle ich nicht, Sergeant«, erwiderte Seine Exzellenz. Dann fuhr er mit seinem leisen Gespräch mit Colonel Shelton fort. »Er ist ein guter Mann, aber kein Diplomat. Viel zu unbeherrscht und impulsiv. Am besten kümmern Sie sich selbst darum und bringen den Mann her. Wir können hier nicht ewig herumstehen und überlegen, wo wir am besten beginnen können.«

»Jawohl, Euer Exzellenz.« Colonel Shelton trottete über die Felder und blieb neben dem Pflug stehen. »Guten Morgen, mein Bester«, sagte er lächelnd.

Der Bauer brachte seinen Pflug zum Stehen und seufzte, als ob es wieder einer jener Tage sei, die man am besten sofort vergißt. Mit seinen dunkelbraunen, fast schwarzen Augen blickte er den Colonel an.

»Was veranlaßt Sie zu glauben, ich sei *Ihr* Bester?« fragte er freundlich.

»Das ist eine Redewendung«, erklärte Shelton. Er begriff nun, weshalb Bidworthy keinen Erfolg aufweisen konnte: Der Sergeant war auf ein ganz ausgekochtes Schlitzohr hereingefallen. Wie eine Katze um den heißen Brei schleichend, fuhr Shelton fort: »Ich wollte nur höflich sein.«

»Nun«, sagte der Bauer, »das ist schon etwas wert.«

Shelton lief hellrosa an. »Mir wurde aufgetragen, Ihnen mitzuteilen, daß wir uns freuen würden, Sie im Raumschiff begrüßen zu dürfen«, fuhr er entschlossen fort.

»Man würde sich wirklich über meine Anwesenheit freuen?« fragte der Bauer geradeheraus.

»Dessen bin ich sicher«, sagte Shelton.

»Sie sind ein Lügner«, entgegnete der Bauer.

Sheltons Gesicht lief noch roter an. »Ich erlaube niemandem, mich einen Lügner zu nennen«, brauste er auf.

»Sie haben es doch gerade zugelassen«, meinte der Bauer spitzfindig.

»Kommen Sie nun mit zum Schiff oder nicht?« fragte Colonel Shelton und wechselte damit das Thema.

»Nein.«

»Warum nicht?«

»Meiob!« sagte der Bauer.

»Was war das?«

»Meiob?« wiederholte er leicht zurechtweisend.

Colonel Shelton stapfte über die Felder zurück.

»Dieser Kerl ist einer von den allzu cleveren«, erstattete er dem Botschafter Bericht. »Alles, was ich am Ende aus ihm herausbekommen konnte, war ›Meiob‹, was auch immer das bedeuten mag.«

»Örtlicher Dialekt«, warf Captain Grayder ein. »In den letzten drei oder vier Jahrhunderten sind schrecklich viele Dialekte entstanden. Auf zwei oder drei Planeten haben sie sich so sehr durchgesetzt, daß ich fast neue Sprachen erlernen mußte.«

»Er verstand aber Ihre Sprache?« fragte der Botschafter und warf Shelton einen Blick zu.

»Ja, Euer Exzellenz. Und er spricht sie auch recht gut. Aber er will seinen Pflug nicht allein lassen.« Er überlegte kurz. »Wenn Sie mir freie Hand lassen«, schlug er dann vor, »bringe ich ihn unter Gewaltanwendung hierher, mit einer bewaffneten Eskorte.«

»Das würde ihn auch ermutigen, uns wichtige Auskünfte zu geben«, meinte der Botschafter mit beißendem Sarkasmus. Er betätschelte seinen Bauch, zog die Jacke glatt und blickte auf seine glänzenden Schuhe hinab. »Nein, ich werde selbst mit ihm sprechen.«

Colonel Shelton war schockiert. »Euer Exzellenz, das können Sie doch nicht!«

»Und wieso nicht?«

»Nun, das wäre Ihrer nicht würdig.«

»Dessen bin ich mir bewußt«, meinte der Botschafter trocken. »Können Sie mir eine Alternative nennen?«

»Wir könnten eine Patrouille aussenden, die nach Leuten sucht, die bereitwilliger zur Zusammenarbeit sind.«

»Einen besser informierten«, schlug Captain Grayder vor. »Aus diesem Bauerntölpel können wir doch sowieso nicht viel herausholen. Im günstigsten Falle weiß er ein Viertel von dem, was wir in Erfahrung bringen müssen.«

»Na gut.« Seine Exzellenz war recht froh darüber, daß er diese Aufgabe anderen überlassen konnte. »Stellen Sie eine Patrouille zusammen. Aber ich möchte Ergebnisse hören!«

»Wir brauchen eine Patrouille«, sagte Colonel Shelton zu Major Hame. »Stellen Sie eine zusammen.«

»Stellen Sie eine Patrouille zusammen«, befahl Hame Lieutenant Deacon. »Sofort.«

»Patrouille zusammenstellen«, sagte Deacon zu Sergeant-Major Bidworthy.

Bidworthy ging zum Schiff, kletterte die Leiter hoch, steckte den Kopf in die Schleuse und brüllte: »Sergeant Gleed, kommen Sie mit Ihrem Trupp heraus. Aber ein bißchen plötzlich!« Er sog argwöhnisch die Luft ein und kletterte vollends in die Schleuse. Seine Stimme nahm um einige Dezibel an Lautstärke zu. »Wer hat hier geraucht? Beim Schwarzen Loch, wenn ich den erwische...!«

Während die Patrouille langsam vorrückte, vernahm Sergeant Gleed ein leises *Käff-käff* jenseits der Felder.

Die Patrouille formierte sich in zwei Reihen zu je acht Mann und marschierte auf ein Kommando von Gleed hin immer der Nase nach. Die Stiefel trampelten im Gleichschritt, Ausrüstungsgegenstände klapperten, und die orangefarbene Sonne spiegelte sich auf Metall.

Sergeant Gleed und seine Männer brauchten nicht weit zu gehen. Sie waren gerade einhundert Meter von der Nase des Schlachtschiffes entfernt, als Gleed einen Mann bemerkte, der das Feld zu seiner Rechten durchquerte. Er betrachtete das Schiff mit gleichmütigem Blick und schlenderte weiter zu dem Bauern hin, der seelenruhig sein Feld pflügte.

»Patrouille, reeeechts – *um*!« brüllte Gleed. Er führte seine Männer schnurstracks auf den Spaziergänger zu, gab lauthals Befehle und verzichtete auf jegliche Tarnung.

Der Trupp beschleunigte das Marschtempo, teilte sich und nahm den Fußgänger in die Zange. Dieser beachtete seine neue Eskorte überhaupt nicht und ging weiter, als glaube er, an Einbildungen zu leiden.

»Liiiiinks-*um*!« bellte Gleed und versuchte damit, den Mann zu zwingen, direkt auf den Botschafter zuzugehen.

Die beiden Ketten gehorchten, strebten eins, zwei, drei nach links. Ein präzises Manöver, sagte sich Gleed, eine Augenweide – bis auf eine Ausnahme: der Mann in der Mitte hielt seinen selbstgewählten Kurs bei und trat mit einer beiläufigen Bewegung zwischen dem vierten und dem fünften Mann der rechten Kette hindurch.

Das erzürnte Gleed, besonders, da die Patrouille aus Mangel an anderslautenden Befehlen ihren letzten Kurs einfach beibehielt. Seine Exzellenz wurde soeben Zeuge eines unmilitärischen

Spektakels: eine Eskorte trampelte einfach weiter, während ihr Gefangener einen anderen Weg wählte. Von Colonel Shelton würde er noch einiges darüber zu hören bekommen, und an alles, was der Colonel vergaß, würde ihn Bidworthy unsanft erinnern.

»Achtung!« brüllte Gleed, deutete mit dem Finger auf den Flüchtling und vergaß für einen Moment alle militärischen Exaktheiten. »Packt euch diesen Burschen!«

Die Männer lösten die Formation auf, fielen in Laufschritt und zogen einen so engen Kordon um den Spaziergänger, daß dieser nicht weiter konnte. Gezwungenermaßen wartete er also.

Gleed lief zu ihm hin. »Hören Sie mal«, sagte er, etwas außer Atem geraten, »der Botschafter der Erde will Sie sprechen – das ist alles.«

Der andere antwortete nicht, warf ihm aber mit seinen blauen Augen einen sanften Blick zu. Er war ein komischer Kauz, strubbelig, mit einem wild wuchernden ingwerfarbenen Bart, der sein ganzes Gesicht bedeckte. Er erinnerte irgendwie an eine Sonnenblume.

»Werden Sie mit Seiner Exzellenz sprechen?« fragte Gleed.

»Nee.« Der andere deutete auf den Bauern. »Will mich mit Zeke etwas unterhalten.«

»Zuerst der Botschafter«, beharrte Gleed fest. »Er ist ein großes Tier.«

»Das bezweifle ich nicht«, sagte der Sonnenblumenmensch.

»Ein Witzbold, wie?« schrie Gleed, schob sein Kinn vor und sah besonders unfreundlich drein. Er gab seinen Männern ein Zeichen. »Okay, schafft ihn fort. Wir werden es ihm schon zeigen.«

Der Witzbold setzte sich. In dieser Bewegung lag besonderer Nachdruck. Nun wirkte er wie ein Denkmal, das hier die Ewigkeiten überdauern wollte. Die strubbeligen Barthaare würden nichts daran ändern – Sergeant Gleed besaß Erfahrung mit Männern, die sich einem Befehl einfach widersetzten. Nur handelte dieser völlig kaltblütig.

»Hebt ihn hoch«, befahl Gleed, »und tragt ihn.«

Sie hoben ihn hoch und trugen ihn, mit den Füßen voran, dem Bart zuletzt. Er hing schlapp wie ein nasser Sack in ihren Armen und leistete keinen Widerstand. In dieser ungewöhnlichen Stellung erschien er vor dem Botschafter der Erde, wo sie ihn wieder auf die Füße stellten.

Sofort drehte er sich um und ging in Richtung Bauer davon.

»Haltet ihn, verdammt noch mal!« heulte Gleed auf.

Die Männer setzten ihm nach und hielten ihn fest. Seine Exzellenz warf dem Mann mit dem Bart einen mißbilligenden Blick zu, hüstelte dezent und begann mit seiner Ansprache.

»Mir tut es wirklich leid, daß man Sie auf diese unwürdige Art hergeschafft hat.«

»In diesem Fall«, schlug der Gefangene vor, »könnten Sie zukünftige Schuldgefühle vermeiden, indem Sie weitere Vorfälle dieser Art unterbinden.«

»Wir hatten keine andere Wahl. Mit irgend jemandem mußten wir einen ersten Kontakt erstellen.«

»Ich begreife nicht, was so besonders an diesem Tag ist«, sagte der Gefangene.

»An diesem Tag?« Verwirrt zog der Botschafter die Augenbrauen hoch. »Wie kommen Sie denn darauf?«

»Das möchte ich ja gern von Ihnen wissen.«

»Das ist mir zu hoch.« Der Botschafter wandte sich an Colonel Shelton. »Verstehen Sie, was er damit meint?«

»Ich habe auch nur eine vage Vermutung, Euer Exzellenz. Vielleicht meint er, daß wir sie seit mehr als dreihundert Jahren in Ruhe gelassen haben und es nun auf einen Tag mehr oder weniger auch nicht ankommt.« Er warf dem Bärtigen einen um Bestätigung heischenden Blick zu.

»Für einen Halbgebildeten machen Sie sich gar nicht schlecht«, ließ dieser sich herab zu sagen.

Das war zuviel für Bidworthys aufbrausendes Temperament. Er wartete Sheltons Reaktion gar nicht erst ab, sondern schoß vor und schüttelte die Faust. Seine Augen blitzten.

»Zeigen Sie mehr Respekt, wenn Sie mit einem hochstehenden Offizier reden!« sagte er mit autoritärer Stimme.

Die sanften blauen Augen des Gefangenen blickten ihn in kindlichem Erstaunen an, musterten ihn von Fuß bis Kopf, dann vom Scheitel bis zur Sohle. Dann blickte er den Botschafter wieder an.

»Was ist das denn für eine vorlaute Person?«

Der Botschafter schüttelte die Frage mit einer ungeduldigen Handbewegung ab und sagte: »Sehen Sie, wir halten Sie nicht aus reinem Unwillen auf, wie Sie zu denken scheinen. Auch wollen wir Sie nicht länger belästigen, als es unbedingt notwendig ist. Wir wollen nur...«

Beleidigt verzog der Bärtige sein Gesicht. »Und Sie bestimmen natürlich«, unterbrach er Seine Exzellenz, »wie lange ich genötigt werde, hier zu verweilen?«

»Im Gegenteil, das bestimmen allein Sie«, schmeichelte der Botschafter und bewies beachtenswerte Selbstbeherrschung. »Sie brauchen mir nur zu sagen...«

»Ich habe mich bereits entschieden«, warf der Gefangene ein und versuchte, sich aus dem Griff der Eskorte zu befreien. »Lassen Sie mich gehen, ich will mit Zeke reden.«

»Sie brauchen uns nur zu sagen«, wiederholte der Botschafter geduldig, »wo wir einen örtlichen Beamten finden können, der uns zu Ihrer Regierung führen kann.« Mit strengem, befehlendem Blick fügte er hinzu: »Wo finde ich zum Beispiel den nächsten Polizeiposten?«

»Meiob!« sagte der andere.

»Sie mich auch«, gab der Botschafter zurück. Seine Geduld wurde einer harten Belastungsprobe unterzogen.

»Genau das versuche ich doch schon die ganze Zeit«, versicherte der Gefangene ihm nachdrücklich. »Sie lassen mich ja nur nicht.«

»Wenn ich einen Vorschlag machen dürfte, Euer Exzellenz«, warf Colonel Shelton ein, »ich würde...«

»Ich brauche keine Vorschläge, und Sie würden nicht«, sagte der Botschafter höchst verärgert. »Ich habe genug von dieser ausgemachten Narretei. Ich habe den Eindruck, wir sind in einem Gebiet gelandet, in dem nur Geistesgestörte leben. Dieser Tatsache sollten wir ins Auge sehen und unverzüglich starten.«

»Das ist ein Wort«, bekräftigte der Mann mit dem Bart. »Je schneller, desto besser.«

»Ich denke nicht im Traum daran, diesen Planeten zu verlassen, wenn Ihnen das in Ihrer Beschränktheit vorschwebt«, versicherte der Botschafter spöttisch. Wütend stampfte er mit dem Fuß auf den Rasen. »Dieser Planet gehört zum Irdischen Imperium. Als solcher muß er untersucht, katalogisiert und organisiert werden.«

»Heh!« sagte der Chef des Verwaltungsapparates, der sich viel auf seine Beredsamkeit einbildete, und nickte.

Seine Exzellenz blickte sich stirnrunzelnd um. »Wir werden mit dem Schiff zu einem anderen Teil des Planeten fliegen«, fuhr er fort, »wo ein paar hellere Köpfe auf uns warten.« Er gab der Eskorte ein Zeichen. »Laßt ihn gehen. Anscheinend ist er so in Eile, weil er sich endlich mal einen Rasierapparat zulegen will.«

Die Männer lockerten ihren Griff. Der Bärtige marschierte sofort auf den immer noch pflügenden Bauern zu, als ob er von einem Magneten unweigerlich in Richtung Zeke gezogen würde. Ohne noch ein Wort zu verlieren, ging er auf sein ursprüngliches Ziel zu. Enttäuschung und Wut spiegelten sich auf den Gesichtern von Gleed und Bidworthy, als sie ihn unbehelligt seines Weges gehen sahen.

»Lassen Sie das Schiff sofort starten!« befahl der Botschafter Captain Grayder. »Landen Sie neben einer Stadt angemessener Größe – nicht mitten in der Wildnis, wo man jeden Fremden direkt für einen Zigeuner hält.«

Würdevoll stieg er die Gangway hinauf. Captain Grayder folgte, dann Colonel Shelton, schließlich der Zivilbeamte. Als nächste kamen – ganz, wie es die Vorschrift von ihnen verlangte – die weiteren Ränge, als letzte Gleed und seine Leute.

Die Gangway wurde eingezogen, das Schott geschlossen. Trotz seiner immensen Ausmaße erzitterte das Schiff lediglich kurz von einem Ende zum anderen, dann stieg es ohne störenden Lärm oder vernichtende Raketenfeuer in die Luft.

In der Tat vollzog sich der Start so leise, daß man nur das *Käff-Käff* des Pfluges und das Murmeln der beiden Männer hinter ihm vernahm, die sich keineswegs umdrehten, um zu beobachten, was da eigentlich vor sich ging.

»Sieben Pfund erstklassigen Tabaks ist verdammt viel für ein Fäßchen Branntwein«, beschwerte sich der Bärtige.

»Nicht, wenn es mein Brandy ist«, sagte Zeke. »Er ist stärker als tausend Gands und glatter als alle Worte eines Mannes von der Erde.«

Die zweite Landung des großen Schlachtschiffes fand auf einer Ebene statt, die etwa eine Meile von einer Stadt mit schätzungsweise zwölf- bis fünfzehntausend Einwohnern entfernt lag. Captain Grayder hätte es vorgezogen, das Gelände aus niedriger Höhe auszuwählen, auf dem er landen wollte, aber solch ein riesiges Schlachtschiff läßt sich nun einmal nicht wie ein Flugzeug manövrieren. Wenn man so tief über der planetaren Oberfläche fliegt, kann man entweder landen oder weiterfliegen – Zeit für große Überlegungen bleibt da nicht.

Also setzte Grayder das Schiff auf dem besten Fleckchen Erde auf, das er finden konnte. Für seine Entscheidung blieb ihm etwa eine Hundertstelsekunde. Hier bestand der Erdboden aus Fels und war härter, was zur Folge hatte, daß das Schiff sich diesmal nur zwölf Fuß in den Boden grub. Die Gangway wurde ausgefahren, und die Männer verließen das Schiff in der gleichen Prozession wie zuvor.

Seine Exzellenz blickte erwartungsvoll zur Stadt hinüber. Mit Enttäuschung in der Stimme sagte er: »Hier stimmt wirklich etwas nicht. Dort liegt die Stadt. Das Schiff ist groß wie ein Berg, und die Sicht ist klar. Zumindest ein paar tausend Leute müßten uns gesehen haben, selbst wenn die anderen hinter zugezogenen Vorhängen Seancen abhalten oder Blindekuh im Keller spielen. Bemerken Sie auch nur einen Hauch von Aufregung?«

»Anscheinend nicht«, gestand Colonel Shelton ein und wischte sich die Augen, um jede Täuschung auszuschließen.

»Das war keine Frage. Ich sehe selbst, was los ist, und muß feststellen: Diese Menschen sind nicht aufgeregt. Ja, sie sind noch nicht einmal interessiert. Man möchte fast glauben, hier sei schon mal ein Schiff gelandet, das ihnen die Pocken oder einen Haufen Mist gebracht hat, oder so etwas Ähnliches. Was ist los mit diesen Leuten?«

»Vielleicht fehlt es ihnen einfach an jeglicher Neugier«, bot Colonel Shelton als Lösung an.

»Entweder das, oder sie haben Angst. Vielleicht sind aber auch alle Bewohner dieses Planeten verrückt. Ziemlich viele Welten wurden damals von beknackten Grüppchen in Besitz genommen, die irgendwo ihre exzentrischen Launen austoben wollten. Verrückte Verhältnisse sieht man nach dreihundert

Jahren ohne irgendwelche äußerlichen Einflüsse als völlig normal an. Dann betrachtet man es als normal und anständig, die Fledermäuse auf den Speichern zu umhegen und zu pflegen. Diese Abgeschlossenheit und die generationenlange Inzucht kann schon recht verrückte Typen hervorbringen. Aber wir werden ihnen diese Flausen schon austreiben!«

»Ja, Euer Exzellenz, das werden wir ganz gewiß.«

»Sie sehen auch nicht ganz ausgeglichen aus, so wie Sie die Augen immer rollen«, bemerkte der Botschafter. Er deutete nach Südosten, während Shelton schnell die Hände in die Taschen steckte, um ihr nervöses Zittern zu verbergen. »Dort drüben verläuft eine Straße. Scheint breit und recht gut ausgebaut zu sein. Schicken Sie eine Patrouille dorthin. Wenn sie nicht in angemessener Zeit einen Redewilligen herbeischafft, werden wir ein Bataillon in die Stadt selbst einmarschieren lassen.«

»Eine Patrouille«, sagte Colonel Shelton zu Major Hame.

»Stellen Sie eine Patrouille zusammen«, befahl Hame seinem Lieutenant Deacon.

»Patrouille! Wieder ausrücken, Sergeant-Major!« befahl Deacon.

Bidworthy scheuchte Gleed und seine Männer auf, deutete auf die Straße, bellte ein paar Befehle und jagte den Trupp los.

Mit Gleed an der Spitze rückte sie vor. Die Straße war eine halbe Meile entfernt und schlängelte sich auf die Stadt zu. Die Soldaten, die links marschierten, konnten die Vororte deutlich erkennen, beäugten sie sorgenvoll und wünschten Gleed zur Hölle und Bidworthy direkt hinterher.

Kaum hatten sie ihr Ziel erreicht, als auch schon ein Einheimischer erschien. Er kam aus den Vororten der Stadt und sauste mit hoher Geschwindigkeit auf einem Ding, das entfernt an ein Motorrad erinnerte, auf sie zu. Es rollte auf zwei großen Gummibällen und wurde von einem Propeller angetrieben. Gleed ließ seine Männer auf der Straße Stellung beziehen.

Die Maschine des Ankömmlings stieß plötzlich einen harten, durch Mark und Bein gehenden Ton aus, der die Männer etwas an Bidworthys Schnauzen erinnerte, wenn er Dreck an den Stiefeln entdeckte.

»Bleibt stehen«, warnte Gleed. »Dem Burschen, der beiseite

springt und eine Lücke schafft, ziehe ich eigenhändig das Fell über die Ohren.«

Wieder erklang die schrille Warnhupe. Keiner bewegte sich. Das Vehikel wurde langsamer, kroch schließlich nur noch daher und kam zum Stehen. Der Propeller drehte sich nun langsamer, und man konnte die immer noch summenden Blätter deutlich voneinander unterscheiden.

»Was soll das?« fragte der Fahrer. Er war schlank, Mitte Dreißig, trug einen goldenen Ring durch die Nase und einen über einen halben Meter langen Pferdeschwanz.

Während er die seltsame Gestalt noch ungläubig anstarrte, gelang es Gleed schließlich, mit dem Daumen auf den stählernen Berg des Raumschiffes zu deuten und »Schiff von der Erde« zu sagen.

»Na und? Was erwarten Sie jetzt von mir?«

»Zusammenarbeit«, sagte Gleed, immer noch über den Zopf belustigt. So etwas hatte er noch nie gesehen. Der Mann sah durchaus nicht schlecht damit aus. Im Gegenteil, der Pferdeschwanz verlieh dem Mann einen Zug von Wildheit, wie sie auch – wenn man den Bilderbüchern vertrauen konnte – die nordamerikanischen Ureinwohner vor ungezählten Jahrhunderten getragen hatten.

»Zusammenarbeit«, spottete der Fahrer. »Ein sehr schönes Wort. Sie kennen seine Bedeutung natürlich?«

»Ich bin doch kein Dummkopf.«

»Der Grad Ihrer Dummheit steht im Moment nicht zur Debatte«, sagte der Fahrer. »Wir sprechen gerade über Zusammenarbeit. Ich glaube, dieser Begriff ist Ihnen aus eigener Erfahrung bekannt?«

»Darauf können Sie wetten«, versicherte Gleed. »Jeder, der weiß, was gut für ihn ist, übt sich darin.«

»Bleiben wir doch beim Thema, ja? Sonst verzetteln wir uns ins Uferlose.« Er brachte seinen Propeller auf Touren und ließ ihn dann wieder langsamer werden. »Man gibt ihnen Befehle, die Sie dann befolgen?«

»Natürlich. Ich würde ganz schön was erleben, wenn ich...«

»Das nennen Sie also Zusammenarbeit?« warf der Einheimische ein. Er zuckte die Achseln und deutete ein verhaltenes

Seufzen an. »O ja, es ist schon recht vorteilhaft, geschichtliche Tatsachen aus erster Quelle zu überprüfen. Die Lehrbücher *könnten* sich ja irren.« Der Propeller begann sich rasend schnell zu drehen, und das seltsame Vehikel schob sich vor. »Entschuldigen Sie mich.«

Der vordere Gummiball schob sich zwischen zwei Männer und stieß sie zur Seite, ohne sie dabei zu verletzen. Mit einem hohen Aufjaulen schoß das Vehikel die Straße entlang, daß der Zopf des Fahrers vom Wind gezaust wurde.

»Ihr Blödmänner!« wütete Gleed, als das zur Seite geworfene Paar aufstand und sich den Staub von der Uniform klopfte. »Ich habe euch befohlen, stehenzubleiben. Was habt ihr euch gedacht, ihn einfach so entkommen zu lassen?«

»Wir hatten keine andere Wahl, Sarge«, versicherte der eine und warf ihm einen bockigen Blick zu.

»Hört mit euren dummen Entschuldigungen auf! Ihr hättet ihm die Ballon-Räder zerschießen können, wenn ihr eure Waffen bereitgehalten hättet. Damit hättet ihr ihn aufgehalten.«

»Sie haben uns nicht befohlen, unsere Waffen zu benutzen.«

»Wo haben Sie eigentlich Ihre eigene?« fügte eine Stimme hinzu.

Gleed wirbelte zu den anderen Männern herum. »Wer hat das gesagt?« bellte er. Mit funkelnden Augen musterte er die Reihe völlig nichtssagender Gesichter. Es war ihm unmöglich, den Schuldigen herauszufinden. »Ich werde euch allen die Hölle heiß machen«, drohte er, »wenn sich der Mann nicht augenblicklich...«

»Der Sergeant-Major kommt«, warnte einer von ihnen.

Bidworthy befand sich noch vierhundert Meter entfernt und kam im Gleichschritt auf sie zu. Als er die Gruppe erreicht hatte, musterte er die gesamte Patrouille mit einem anklagenden, kalten Blick.

»Was ist hier geschehen?«

Gleed gab eine kurze Zusammenfassung von dem Vorfall und schloß gekränkt: »Er sah aus wie ein leibhaftiger Apache.«

»Was ist ein Apache?« fragte Bidworthy.

»Ich habe etwas über sie gelesen, als ich noch ein Kind war«, erklärte Gleed, glücklich darüber, etwas mehr zu wissen als sein

Vorgesetzter. »Sie trugen lange Haare, hatten bunte Decken und fuhren in goldenen Automobilen herum.«

»Ganz nett verrückt«, meinte Bidworthy. »Ich habe mit sieben Jahren meine letzte Abenteuergeschichte gelesen. Mit zwölf war ich in die Geheimnisse der Ballistik eingedrungen, und mit vierzehn kannte ich alle Werke über militärische Logistik.« Er schnaubte vernehmlich und warf den anderen einen scheelen Blick zu. »Manche Leute leiden eben an Erziehungsfehlern.«

»Es gab sie wirklich«, versicherte Gleed. »Sie...«

»Es gab auch Feen!« schnappte Bidworthy. »Meine Mutter hat das gesagt. Sie war eine gute Frau. Sie hat mir nie einen Berg von Lügen aufgetischt – nur manchmal.« Er spuckte auf die Straße. »Benehmen Sie sich Ihrem Alter nach!« Er blickte einen nach dem anderen an. »In Ordnung, holen Sie Ihre Waffen hervor, versichern Sie sich, daß Sie sie überhaupt bei sich tragen, und vergessen Sie nicht, wo sie stecken und in welcher Hand Sie sie halten sollen. Ich übernehme das Kommando und werde mich mit dem nächsten Passanten selbst befassen.«

»Dürfen wir rauchen, Sergeant-Major?« fragte einer der Männer.«

»Nein.«

Sie fielen in düsteres Schweigen, beobachteten die Stadt, fuhren dann und wann einmal mit der Zunge über die Lippen und dachten nach. Und es gab einiges, über das sie nachdenken konnten. Eine Stadt – jede menschliche Stadt – wies Eigentümlichkeiten auf, die man nirgendwo sonst im Kosmos fand. Lichtreklamen, Geschäftsniederlassungen, Freiheit, Gelächter, alle Eigenschaften des Lebens. Aber man konnte in einer Stadt auch verhungern.

Endlich verließ auf der breiten Straße ein großes Gefährt die Vororte und kam auf sie zugerollt. Es war langgezogen, hell und stromlinienförmig und rollte auf zwanzig Gummibällen in zwei Zehnerreihen. Es hupte in einem ähnlichen Geräusch wie das Motorrad, nur lauter. Und es befanden sich Menschen darin.

Als das Vehikel noch zweihundert Meter von der Straßensperre entfernt war, meldete sich aus einem Lautsprecher eine nachdrückliche, warnende Stimme: »Macht Platz! Macht Platz!«

»Zerschießt die Gummibälle, wenn das Ding durchbrechen will«, befahl Bidworthy seinen Männern.

Aber das war nicht nötig. Das busähnliche Vehikel wurde langsamer und kam einen Meter vor dem ersten Mann der Straßensperre zum Stehen. Der Fahrer schaute aus seinem Fenster, während die Passagiere ihre Gesichter gegen die Scheiben drückten.

Bidworthy stellte sich in Positur, ging auf das Fenster des Fahrers zu und sagte – vertrauend auf den Effekt brüderlicher Herzlichkeit –: »Guten Morgen.«

»Mit Ihren Sinnen scheint etwas durcheinandergeraten zu sein«, sagte der Fahrer. Er hatte ein blaues Auge, eine gebrochene Nase, Blumenkohlohren und sah aus, als ob er schon so manchen Kampf in einer Bar ausgefochten hätte. »Können Sie sich keine Uhr leisten?«

»He?«

»Wir haben keinen Morgen. Es ist später Nachmittag.«

»In der Tat«, gestand Bidworthy ein und zwang sich zu einem schiefen Lächeln. »Guten Nachmittag.«

»Da bin ich mir nicht so sicher«, maulte der Fahrer, lehnte sich auf sein Rad und stocherte trübselig in den Zähnen herum. »Jeder Tag bringt uns dem Grab näher.«

»Das mag schon sein«, stimmte Bidworthy zu, der sich in diesem Moment nicht über diesen trübseligen Aspekt unterhalten wollte. »Aber ich habe andere Sorgen, und...«

»Es hat nicht viel Sinn, sich über irgend etwas zu sorgen, sei es die Vergangenheit oder die Gegenwart«, riet der Fahrer, »denn wer sich Sorgen macht, wird noch viele weitere dazubekommen.«

»Vielleicht«, meinte Bidworthy, der inbrünstig spürte, daß es jetzt nicht an der rechten Zeit war, über die dunklen Seiten des menschlichen Daseins zu philosophieren. »Aber ich ziehe es vor, mich mit meinen eigenen Sorgen allein zu beschäftigen, zur rechten Zeit, und so, wie ich es für richtig halte.«

»Die Sorgen eines Menschen sind niemals völlig seine eigenen«, widersprach der hartnäckige Fahrer orakelhaft. »Auch lebt ein Mensch nicht allein, und so kann er sie allein nicht lösen. Nicht wahr?«

»Das weiß ich nicht, und es interessiert mich auch nicht«, sagte Bidworthy, dessen Geduld im gleichen Maße zu Ende ging, wie sein Blutdruck stieg. Er war sich sehr wohl bewußt, daß Gleed und seine Männer zusahen und zuhörten und wahrscheinlich im stillen über ihn lachten. Und da waren noch die Passagiere, die ihn verblüfft anstarrten. »Ich glaube, Sie schwätzen nur so ein Zeug, um mich hinzuhalten. Aber Sie wissen genauso gut wie ich, daß Sie damit keinen Erfolg haben werden. Der Botschafter der Erde wartet...«

»Wir auch«, bemerkte der Fahrer.

»Er will Sie sprechen«, fuhr Bidworthy fort, »also wird er Sie auch sprechen!«

»Ich wäre der letzte, der ihn daran hindert. Hier herrscht ja Redefreiheit. Er soll herkommen und seinen Spruch aufsagen, damit wir endlich weiterfahren können.«

*»Sie«*, klärte Bidworthy ihn auf, »werden zu *ihm* gehen.« Er deutete auf den Bus. »Und Ihre Passagiere ebenfalls.«

»Ich nicht«, weigerte sich ein dicker Mann, der den Kopf aus einem Seitenfenster steckte. Er trug eine Brille mit dicken Gläsern, unter denen seine Augen wie verlorene Eier aussahen; ein weißrosa gestreifter Zylinder saß auf seinem Kopf. »Ich gehe nicht mit«, wiederholte er mit fester Stimme.

»Ich auch nicht«, erklärte der Fahrer.

»In Ordnung«, sagte Bidworthy drohend. »Wenn Sie diesen Vogelkäfig auch nur um einen Zentimeter vorwärts oder rückwärts fahren lassen, werden wir ihre Luftballonreifen in Fetzen schießen. Und jetzt steigen Sie aus!«

»Nein. Ich hab's ganz bequem hier. Versuchen Sie doch mal, mich herauszuholen!«

Bidworthy winkte sechs seiner Männer herbei. »Ihr habt ihn gehört – nehmt ihn beim Wort!«

Die Männer rissen die Tür auf und packten den Fahrer. Wenn sie erwartet hatten, ihr Opfer leiste heftigen Widerstand, so sahen sie sich getäuscht. Der Fahrer machte keine Anstrengung, sich zu widersetzen. Sie ergriffen ihn, schrien »Hau-ruck!« und zogen ihn bis zum Bauch aus der Tür, während er freundlich lächelnd zusah.

Weiter heraus bekamen sie ihn allerdings nicht.

»Kommt schon«, drängte Bidworthy ungeduldig. »Zeigt ihm, wer hier das Sagen hat. Er ist doch nicht festgeleimt.«

Einer der Männer kletterte über den Fahrer hinweg und sah sich um. »Anscheinend doch«, sagte er.

»Was soll das heißen?«

»Er ist an das Lenkrad angekettet.«

»He? Lassen Sie mich mal sehen.«

Der Soldat hatte die Wahrheit gesprochen. Eine Kette und ein kleines, aber schweres und kompliziertes Schloß verbanden das Bein des Fahrers mit dem Bus.

»Wo ist der Schlüssel?«

»Durchsuchen Sie mich doch!« forderte der Fahrer ihn grinsend auf.

Genau das taten sie. Erfolglos. Der Schlüssel war nicht zu finden.

»Wer hat den Schlüssel?«

»Meiob!«

»Schaffen Sie ihn zum Sitz zurück!« befahl Bidworthy wütend. »Wir nehmen die Passagiere mit. Ich glaube, einer ist genauso gut wie der andere.« Er ging zur Tür und riß sie auf. »Los, gehen Sie schon!«

Niemand gehorchte. Sie betrachteten ihn schweigend und mit den unterschiedlichsten Gesichtsausdrücken, von denen keiner allzu schmeichelhaft war. Der dicke Mann mit dem gestreiften Zylinder grinste ihn sardonisch an. Bidworthy kam zu dem Schluß, daß er ihn nicht mochte und ein wenig militärischer Drill ihm helfen könnte, sein Übergewicht zu reduzieren.

»Sie können mit den Füßen zuerst herauskommen«, schlug er den Passagieren im allgemeinen und dem Dicken im besonderen vor, »oder mit dem Nacken zuerst. Wie Sie wollen. Entscheiden Sie sich!«

»Wenn Sie Ihren Verstand schon nicht gebrauchen können«, kommentierte der Dicke, »dann benutzen Sie wenigstens Ihre Augen.« Er schob den Sitz etwas zur Seite, und ein metallisches Klirren erklang.

Bidworthy tat, wie ihm geheißen, und lehnte sich durch die Tür, um einen Blick auf den Dicken zu werfen. Dann stieg er in das Vehikel, durchschritt es in seiner ganzen Länge und betrachtete alle Passagiere der Reihe nach. Sein lebhafter Gesichtsausdruck war um zwei Stufen dunkler, als er wieder herauskam, um Sergeant Gleed seine Befehle zu erteilen.

»Sie sind alle angekettet. Jeder einzelne!« Er warf dem Fahrer einen Blick zu. »Was hat das zu bedeuten. Weshalb seid ihr alle angekettet?«

»Meiob!« erwiderte der Fahrer hochmütig.

»Wer hat die Schlüssel?«

»Meiob!«

Bradworthy holte tief Luft. »Man hört so oft von Amokläufern, die Dutzende von Menschen umlegen. Bislang habe ich mich immer gefragt, was solch ein Amokläufer fühlen mag – nun weiß ich es.« Er sprach zu keinem im besonderen, ließ seine Knöchel knacken und wandte sich an Gleed: »Wir können den Bus nicht zum Raumschiff fahren, wenn dieser Idiot nicht vom Fahrersitz zu entfernen ist. Entweder wir finden die Schlüssel, oder wir besorgen uns Werkzeuge und brechen die Ketten.«

»Oder Sie könnten uns unseres Weges ziehen lassen und eine Beruhigungspille schlucken«, schlug der Fahrer vor.

»Halten Sie den Mund! Selbst wenn ich tausend Jahre hier stehen muß, ich werde Sie...«

»Da kommt der Colonel!« murmelte Gleed und stieß Bidworthy mit dem Ellbogen an.

Colonel Shelton erreichte den Bus, ging einmal langsamen Schrittes um ihn herum und untersuchte seine technische Konstruktion und die Insassen. Als er durch das Fenster den gestreiften Hut erblickte, mit dem der Dicke ihm zuwinkte, zuckte er zusammen. Dann kam er zu der entmutigten Gruppe herüber.

»Was gibt es denn diesmal für Probleme, Sergeant-Major?«

»Die sind genauso verrückt wie die anderen, Sir. Sie riskieren eine große Lippe und sagen ›Meiob!‹ und geben überhaupt nichts auf Seine Exzellenz. Sie wollen nicht herauskommen, und wir können sie auch nicht dazu zwingen, denn sie sind an ihre Sitze gekettet.«

»Angekettet?« Ungläubig zog Shelton die Augenbrauen hoch. »Warum?«

»Das weiß ich nicht, Sir. Sie sind angekettet wie eine Gruppe

Schwerverbrecher, die zum Arbeitslager gebracht werden, und...«

Shelton kletterte in das Fahrzeug, ohne den Rest des Satzes abzuwarten. Er überzeugte sich selbst und kletterte wieder heraus.

»Ihre Vermutung klingt gut, Sergeant-Major. Aber ich glaube nicht, daß es sich um Kriminelle handelt.«

»Nein, Sir?«

»Nein.« Er warf einen bezeichnenden Blick auf den Dicken mit dem bunten Hut. Auch die anderen Passagiere wiesen mehrere Eigentümlichkeiten auf. So trug zum Beispiel ein blonder Mann eine schreiend bunte Krawatte, die bis zum Boden reichte. »Es ist wahrscheinlicher, daß es sich um einen Haufen Verrückter handelt, die zum Sanatorium gebracht werden sollen. Ich werde den Fahrer einmal fragen.« Er ging zum Bus und sagte: »Haben Sie etwas dagegen, mir Ihr Reiseziel zu nennen?«

»Ja«, erwiderte der Fahrer.

»Also gut, wo wollen Sie hin?«

»Hören Sie«, sagte der Fahrer, »sprechen wir die gleiche Sprache?«

»Wie bitte?«

»Sie haben mich gefragt, ob ich was dagegen habe, und ich sagte *ja.*« Er breitete die Hände aus. »Ich habe etwas dagegen. Also was soll Ihre Frage?«

»Sie weigern sich also, mir Auskunft zu geben?«

»Ihre Logik ist umwerfend, Sonny.«

»Sonny?« polterte Bidworthy zitternd vor Wut. »Wissen Sie eigentlich, daß Sie mit einem Colonel sprechen?«

»Überlassen Sie das mir«, sagte Shelton und winkte ab. Mit eiskaltem Ausdruck wandte er sich wieder dem Fahrer zu. »Fahren Sie weiter. Es tut mir leid, daß wir Sie aufgehalten haben.«

»Machen Sie sich nichts daraus«, meinte der Fahrer mit äußerster Höflichkeit. »Ich werde Ihnen eines Tages den gleichen Gefallen tun.«

Mit dieser rätselhaften Bemerkung ließ er sein Vehikel vorwärts rollen. Die Patrouille teilte sich, um ihm den Weg freizugeben. Der Bus hupte laut, fuhr die Straße entlang und verschwand bald in der Ferne.

»Beim Schwarzen Loch!« fluchte Bidworthy und starrte ihm mit dunkelrotem Kopf nach. »Auf diesem Planeten gibt es mehr Idioten als sonstwo in diesem Teil der...«

»Beruhigen Sie sich, Sergeant-Major«, riet Shelton. »Ich fühle genauso wie Sie, aber ich nehme Rücksicht auf meine Arterien. Es ist sinnlos, wegen diesen Verrückten an einem Herzinfarkt zu sterben. Dadurch werden unsere Probleme nicht gelöst.«

»Vielleicht, Sir, aber...«

»Wir sehen uns hier einer sehr komischen Situation ausgesetzt«, fuhr Shelton fort. »Wir müssen herausfinden, worin genau sie besteht und wie wir mit ihr fertig werden. Das wird wahrscheinlich eine neue Taktik erfordern. Bislang hat die Patrouille nichts erreicht. Wir verschwenden nur unsere Zeit. Wir müssen wirksamere Methoden ausarbeiten, mit denen wir mit den hiesigen Machthabern in Kontakt kommen können. Lassen Sie die Leute zum Schiff zurückkehren, Sergeant-Major.«

»Jawohl, Sir!« Bidworthy salutierte, schwang herum, schlug die Hacken aneinander und öffnete seinen riesigen Mund. »Paaaatrouille! Reeeechts *um*!«

Die Konferenz dauerte den halben Tag und die ganze Nacht bis zum frühen Morgen. Während dieser Stunden voller Diskussionen passierte recht viel Verkehr, meistens Busse, die Straße, aber niemand blieb stehen, um das monströse Raumschiff zu betrachten, und niemand kam ihm nahe, um ein freundliches Wort mit der Crew zu wechseln. Die seltsamen Bewohner dieser Welt schienen mit einer besonderen Form geistiger Blindheit behaftet zu sein, waren anscheinend unfähig, etwas zu sehen, bis man sie direkt mit der Nase darauf stieß. Doch selbst dann blinzelten sie nur verständnislos.

Ein Fahrzeug, das gegen Mittag vorbeikam, war ein Lastwagen auf zwei Dutzend Gummibällen, voll beladen mit Mädchen, die farbige Kopftücher trugen. Die Mädchen sangen etwas von einem ›kleinen Kuß, bevor wir auseinandergehn, mein Schatz‹. Ein halbes Dutzend Männer, die in der Nähe der Schleuse standen, wurden plötzlich sehr lebhaft, pfiffen, winkten und schrien. Aber ihre Bemühungen zeigten keinen Erfolg, denn die Mädchen sangen ohne Unterbrechung weiter und winkten auch nicht zurück.

Wie um das Unglück der Liebeshungrigen noch zu vergrößern, steckte Bidworthy seinen Kopf zur Tür herein und bellte: »Wenn ihr Affen über soviel Energien verfügt, lassen sich bestimmt noch ein paar schmutzige Aufgaben für euch finden!« Bevor er sich wieder zurückzog, gab er ihnen noch eine.

Im Innern des Schiffes saßen die Führungskräfte an einem hufeisenförmigen Tisch im neben der Zentrale gelegenen Kartenraum und debattierten über die Situation. Die meisten von ihnen waren damit beschäftigt, mit äußerstem Nachdruck das zu wiederholen, was sie schon die ganze Nacht über gesagt hatten, denn im Grunde wußten sie nichts Neues.

»Captain Grayder«, fragte der Botschafter der Erde, »ist es völlig sicher, daß dieser Planet nach der letzten Emigrationsphase vor dreihundert Jahren nicht mehr von irdischen Schiffen besucht worden ist?«

»Völlig, Euer Exzellenz. Ein solcher Besuch wäre mit Sicherheit in den Aufzeichnungen vermerkt.«

»Von einem irdischen Schiff, sicher. Aber was ist mit anderen? Ich spüre es in meinen Knochen, daß diese Leute irgendwann einmal bei einem Besuch eines Raumschiffes schwer hereingefallen sind. Seitdem haben sie etwas gegen Besuche aus dem All. Vielleicht kam es zu Reibereien, als unerwünschte Raumfahrer sich hier niederlassen wollten. Oder sie wurden von Piraten ausgeplündert. Oder auch von skrupellosen Händlern hereingelegt.«

»Das ist völlig unmöglich, Euer Exzellenz«, erklärte Grayder. »Den Aussiedlern stand eine so große Anzahl von Welten zur Verfügung, daß heute jede davon unterbesiedelt ist, nur zu einem Hundertstel entwickelt und völlig unfähig, selbst Raumschiffe irgendeiner Art zu bauen. Die theoretischen Grundlagen mögen vorhanden sein, aber es fehlt an den Fertigungsstätten.«

»Ja, das ist die offizielle Version.«

»Alle Raumschiffe mit Blieder-Antrieb werden im Sonnensystem gebaut, als irdische Schiffe registriert und in die Karteien aufgenommen. Die einzigen anderen Raumschiffe sind achtzig oder neunzig veraltete Raketen, die zu einem Schrottpreis vom

Epsilon-System angekauft wurden, um die Fährdienste zwischen ihren vierzehn eng beieinanderliegenden Planeten zu übernehmen. Solche ausgemusterten Raketen könnten dieses Sonnensystem selbst in hundert Jahren nicht erreichen.«

»Nein, natürlich nicht.«

»Nicht registrierte Schiffe mit solch einer Reichweite gibt es nicht«, versicherte Grayder. »Und aus dem gleichen Grund existieren auch keine Raumpiraten. Ein Blieder-Antrieb kostet so viel, daß ein Möchtegern-Pirat erst einmal Milliardär sein müßte, um überhaupt Raumpirat werden zu können.«

»Dann«, meinte der Botschafter bedeutungsschwanger, »müssen wir zu meiner ersten Theorie zurückkehren – daß die Bewohner dieses Planeten wegen irgendwelcher Umwelteinflüsse und der Inzucht alle verrückt geworden sind.«

»Für diese Theorie spricht sehr vieles«, warf Colonel Shelton ein. »Sie hätten die Passagiere des Busses sehen müssen, den ich durchsucht habe. Da war ein Leichenbeschauer, der zwei verschiedene Schuhe trug, der eine braun, der andere gelb. Ein mondgesichtiger Bursche trug einen Hut aus Rasierpinselborsten. Ihm fehlte nur noch eine Wasserpfeife – und wahrscheinlich bekommt er die dort, wo er hingefahren ist.«

»Wohin fuhr er denn?«

»Das weiß ich nicht, Euer Exzellenz. Sie verweigerten die Auskunft.«

»Nun, das ist eine wertvolle Erweiterung unseres Wissens«, bemerkte der Botschafter mit einem ironischen Seitenblick. »Die Vermutung, ein uns unbekanntes Individuum erhält an einem uns unbekannten Ort zu unbekannten Zwecken einen unbestimmten Gegenstand, stellt wahrhaft eine wertvolle Bereicherung unserer Kenntnisse dar.«

Shelton zog sich zurück und wünschte, er hätte den Dicken oder noch besser die verrückte Welt des Dicken niemals erblickt.

»Irgendwo muß es eine Hauptstadt, einen Regierungssitz, einen Ort, wo die Verantwortlichen dieser Welt die Fäden in der Hand halten, doch geben«, meinte der Botschafter. »Wir müssen diesen Ort finden, bevor wir diese Welt übernehmen und die Verwaltung nach den neuesten Erkenntnissen und unseren Ansprüchen reorganisieren können. Schon die nötigen Verwaltungsanlagen sorgen dafür, daß eine Hauptstadt groß und nicht normal oder unscheinbar ist. Sie verleihen ihr Bedeutung und heben sie über das Mittelmaß hinaus, und sie sollte aus der Luft leicht ausfindig zu machen sein. Wir müssen danach suchen – in der Tat hätten wir von Anfang an die Hauptstadt suchen müssen. Wir haben auch die Hauptstädte anderer Planeten ohne Schwierigkeiten gefunden. Weshalb gelingt uns das denn hier nicht?«

»Sehen Sie doch selbst, Euer Exzellenz.« Captain Grayder legte einen Stapel Fotos auf den Tisch. »Bei unserem Anflug haben wir die beiden Hemisphären dieses Planeten gründlich fotografiert. Nirgendwo ist eine größere Stadt zu entdecken. Es gibt auch keine Anzeichen dafür, daß eine Stadt im Verhältnis zu den sie umgebenden ländlichen Gebieten größere Ausmaße besitzt als alle anderen auch.«

»Ich habe kein allzugroßes Vertrauen in Fotos, besonders wenn sie aus großer Entfernung aufgenommen worden sind. Das menschliche Auge sieht mehr. Wir haben vier Rettungsbeiboote, mit denen wir den Planeten von Pol zu Pol absuchen können. Warum benutzen wir sie nicht?«

»Weil sie nicht zu solchen Zwecken geschaffen sind, Euer Exzellenz.«

»Macht das etwas aus, solange wir mit ihnen brauchbare Ergebnisse erzielen?«

»Sie sind für den Flug im freien All erbaut und können nur in einer Höhe von vierzig Kilometern über der Planetenoberfläche manövrieren. Gewöhnliche, altmodische Raketen, die nur im Notfall verwendet werden können. Bei einer Geschwindigkeit von vierhundert Meilen pro Stunde werden wir keine vernünftigen Oberflächenaufnahmen machen können. Wenn man versucht, die Beiboote langsamer fliegen zu lassen, ruiniert man ihre Triebwerke, schränkt man ihre Reichweite ein, verursacht man eine enorme Treibstoffverschwendung und muß schwere Unfälle verantworten, zu denen es wahrscheinlich kommen wird, noch bevor das erste Foto geschossen worden ist.«

»Dann wird es höchste Zeit, daß wir Schiffe mit Blieder-Antrieb ausstatten.«

»Da stimme ich mit Ihnen völlig überein, Euer Exzellenz. Aber der kleinste Bliederantrieb hat eine – auf die Gravitation der Erde bezogene – Masse von mehr als dreihundert Tonnen – viel zu schwer für so kleine Boote.« Grayder packte die Fotos wieder in einen Aktenumschlag zurück. »Was wir brauchen, ist ein altes, propellergetriebenes Flugzeug. Damit kann man etwas vollbringen, zu dem wir nicht in der Lage sind – nämlich langsam zu fliegen.«

»Da könnten Sie genausogut ein Fahrrad benutzen«, bemerkte der sich übergangen fühlende Botschafter.

»Wir haben ein Fahrrad«, meinte Grayder. »Der Zehnte Ingenieur Harrison besitzt eins.«

»Und hat es mit an Bord gebracht?«

»Er nimmt es überall mit hin. Man munkelt sogar, daß er damit schläft.«

»Ein Raumfahrer verhätschelt sein Fahrrad!« Der Botschafter schnaubte vernehmlich durch die Nase. »Bereitet es dem Mann besonderes Vergnügen, im All einmal ordentlich in die Pedale zu treten?«

»Das weiß ich nicht, Euer Exzellenz.«

»Hm... Schicken Sie diesen Harrison zu mir. Wir werden einen Verrückten mit einem anderen Verrückten fangen.«

Grayder blinzelte ungläubig, begab sich zur Sprechanlage und schaltete sie ein. »Der Zehnte Ingenieur Harrison hat sich sofort im Kartenraum einzufinden!«

Nach zehn Minuten tauchte Harrison auf. Er war die Dreiviertelmeile vom Antriebsraum am Heck zum Kartenraum am Bug gelaufen, ein dünner, drahtiger Mann mit dunklen, affenartigen Augen und so weit abstehenden Ohren, daß sie beim Fahrradfahren einen nicht zu unterschätzenden Luftwiderstand erzeugen mußten. Der Botschafter betrachtete ihn mit der Neugier eines Zoologen, der soeben eine rosafarbene Giraffe entdeckt hat.

»Mister, wenn ich recht verstanden habe, besitzen Sie ein Fahrrad.«

Harrison war sofort auf der Hut. »Die Vorschriften besagen nichts dagegen, Sir, und daher...«

»Zum Teufel mit den Vorschriften!« Der Botschafter machte eine ungeduldige Handbewegung. »Wir stecken mitten in einer ganz verrückten Situation und müssen verrückte Methoden anwenden, um aus ihr herauszukommen.«

»Ich verstehe, Sir.«

»Ich möchte, daß Sie etwas für mich tun. Holen Sie Ihr Fahrrad heraus, fahren Sie zur Stadt, suchen Sie den Bürgermeister, Sheriff, den Ersten Vorsitzenden oder den Kalifen oder wie immer er sich nennen mag, und laden Sie ihn offiziell zu einem Abendessen ein. Er soll alle Würdenträger seines Stabes mitbringen. Die Ehefrauen natürlich auch.«

»Jawohl, Sir.«

»Kein Garderobenzwang«, fügte der Botschafter hinzu.

Harrison spitzte ein Ohr und schien das andere abzuwinkeln. »Wie bitte, Sir?«

»Sie können anziehen, was sie wollen.«

»Ah ja, jetzt habe ich verstanden. Soll ich sofort aufbrechen, Sir?«

»Sofort. Kehren Sie so schnell wie möglich zurück und übermitteln Sie mir die Antwort.«

Nachlässig salutierend verließ Harrison den Kartenraum. Seine Exzellenz setzte sich wieder, machte es sich bequem und ignorierte die Blicke der anderen.

»So einfach ist das!« meinte er schließlich. Er zog eine lange Zigarre hervor und biß sorgfältig ein Ende ab. »Wenn wir ihren Geist nicht packen können, versuchen wir es über ihre Mägen.« Er warf Grayder einen wissenden Blick zu. »Captain, Sie sorgen dafür, daß es genug zu trinken gibt. Starke Alkoholika. Venusianischen Cognac oder etwas ähnlich Umwerfendes. Geben wir ihnen eine Stunde vor einem wohlgefüllten Tisch, und sie werden wie ein Wasserfall reden. Wahrscheinlich werden sie den Mund die ganze Nacht über nicht zubekommen.« Er zündete die Zigarre an und paffte genießerisch. »Das ist die altbewährte und erfolgreichste Technik der Diplomatie – die Verführung des Geistes durch einen wohlgefüllten Magen. Das zieht immer. Sie werden ja sehen!«

Der Zehnte Ingenieur Harrison trat in die Pedale und erreichte schließlich die ersten Straßen der Stadt, die an beiden Seiten von kleinen Häusern mit hübschen Vorder- und Hintergärtchen gesäumt war. Eine etwas dickliche, aber freundlich aussehende Frau war gerade mit dem Schneiden einer Hecke beschäftigt. Er stieg neben ihr ab und lüftete höflich seine Mütze.

»'tschuldigung, Madam, ich suche den gewichtigsten Mann der Stadt.«

Sie drehte sich um, schenkte ihm einen beiläufigen Blick und deutete mit der Gartenschere nach Süden. »Das ist Jeff Baines. Die erste Straße rechts, dann die zweite links. Ein kleines Delikatessengeschäft.«

»Danke!«

Er fuhr weiter und hörte das *Klipp-klapp* hinter sich verklingen. Die erste Straße rechts. Er fuhr um einen langen, tiefliegenden Lastwagen mit Gummibällen, der an der Ecke parkte. Die zweite links. Drei Kinder deuteten auf ihn und warnten ihn laut schreiend, daß sein Hinterrad sich im Kreise drehe. Er fand das Delikatessengeschäft, lehnte sein Rad an den Bordstein und gab ihm einen ermunternden Klaps, bevor er hineinging und sich Jeff Baines betrachtete.

Und es gab viel zu sehen. Jeff hatte ein vierfaches Kinn, einen Nacken von sechzig Zentimetern und einen Bauch, der einen halben Meter hervorragte. Ein gewöhnlicher Sterblicher hätte sich aus einem Hosenbein von ihm bequem einen ganzen Anzug schneidern lassen können. Er wog zumindest drei Zentner und war mit Sicherheit der *gewichtigste* Mann der Stadt.

»Wollen Sie was Bestimmtes?« fragte Jeff. Seine Stimme klang wie eine Herde Büffel im Galopp.

»Eigentlich nicht.« Der Zehnte Ingenieur Harrison warf den reichhaltigen Nahrungsmitteln einen Blick zu und kam zu dem Schluß, daß die Nahrungsmittel, die am Abend noch nicht verkauft waren, bestimmt nicht als Hundefutter verwertet würden. »Ich suche eine bestimmte Person.«

»Sind Sie sicher? Ich meide solche Menschen gewöhnlich – aber jeder nach seinem Geschmack.« Er nagte an seiner riesigen Lippe, während er einen Moment lang nachdachte, und schlug dann vor: »Versuchen Sie es mit Sid Wilcock drüben auf der Dane Avenue. Er ist wirklich immer sehr bestimmt.«

»So habe ich das nicht gemeint«, sagte Harrison. »Ich wollte sagen, ich suche nach jemand besonderem.«

»Warum zum Teufel haben Sie das denn nicht sofort gesagt?« Jeff Baines dachte über das neue Problem nach und kam schließlich zu dem Schluß: »Tod Green sollte Ihren Erwartungen genügen. Sie finden ihn in dem Schuhgeschäft am Ende dieser Straße. Er ist wirklich etwas sehr Besonderes, ein ausgekochtes Schlitzohr!«

»Sie verstehen mich falsch«, erklärte Harrison. »Ich suche einen bedeutenden Mann, den ich zu einem Abendessen einladen kann.«

Jeff Baines nahm auf einem Stuhl Platz, der gänzlich von Nahrungsmitteln eingeschlossen war, und sah ihn von unten bis oben an. »Ja, das ist schon schwieriger. Wie sehen denn Ihre Ansprüche aus? Wollen Sie sich mit ihm dabei unterhalten? Muß er gute Manieren haben? Vielleicht reicht schon jemand, der eine Serviette besitzt? Und außerdem laden Sie ihm damit ein Ob auf.«

»Ein was?«

»Das versteht doch jedes Kind. Man legt doch nur ein Ob auf, wo man ein anderes damit tilgen kann, nicht wahr?«

»Ja?« Harrisons Mund stand weit offen, während er über das Problem nachdachte, wie und wem man ein Ob auflegt.

»Sie wissen das also nicht?« Baines massierte sein Vierfachkinn, seufzte und deutete Harrison auf die Brust. »Ist das eine Uniform, die Sie da tragen?«

»Ja.«

»Eine wirklich echte, bequeme, allgemein übliche Uniform?«

»Natürlich.«

»Aha!« sagte Baines. »So wollen Sie mich also hereinlegen, indem Sie ganz allein kommen. Wenn eine ganze Gruppe auf einmal hereingekommen wäre, die gleich angekleidet ist, hätte ich sofort gewußt, daß es sich um eine Uniform handelt. Das ist ja der Sinn einer Uniform – alle sehen gleich aus. Nicht wahr?«

»Ich glaube schon«, bejahte Harrison, der darüber noch nie nachgedacht hatte.

»Also kommen Sie von diesem Schiff. Darauf hätte ich auch sofort kommen können. Aber heute bin ich ein bißchen schwer von Begriff. Ich hatte auch nicht erwartet, nur einen davon zu sehen, der auf einem fußgetriebenen Gefährt durch die Straßen schleicht. Das erklärt das doch, oder?«

»Ja«, sagte Harrison und warf einen Blick nach draußen, um sich zu überzeugen, daß kein hinterhältiger Gegner sein Fahrrad geraubt hatte, während er hier in ein Gespräch verwickelt war. Aber der Drahtesel stand noch dort. »Das erklärt es.«

»In Ordnung, kommen wir zur Sache – weshalb sind Sie hierhergekommen?«

»Das versuche ich Ihnen doch die ganze Zeit zu erklären. Man hat mich geschickt, um ...«

»Man hat Sie geschickt?« Jeffs Augen wurden um eine Spur größer. »Wollen Sie sagen, daß Sie sich *wirklich* schicken ließen?«

Harrison starrte ihn an. »Natürlich. Warum auch nicht?«

»Oh, jetzt verstehe ich«, meinte Jeff Baines, dessen verwirrte Gesichtszüge sich plötzlich aufhellten. »Sie wollen mich mit Ihrer seltsamen Ausdrucksweise völlig durcheinanderbringen. Sie meinen also, Sie haben jemandem einen Ob aufgelegt?«

»Was ist ein Ob?« fragte Harrison verzweifelt.

»Er weiß es wirklich nicht.« Baines schickte ein Stoßgebet gen Himmel. »Noch nicht einmal das weiß er!« Er seufzte resignierend. »Sind Sie vielleicht zufällig hungrig?«

»Ja, könnte man schon sagen.«

»Okay, ich könnte Ihnen erklären, was ein Ob ist, aber ich weiß noch was Besseres – ich werde es Ihnen zeigen.« Er erhob sich mit Müh und Not vom Stuhl und watschelte schnaufend zur Hintertür. »Weiß auch nicht, was mich dazu bringt, einem Uniformierten etwas Erziehung beizubringen. Wahrscheinlich nur, weil ich Langeweile habe. Los, kommen Sie schon.«

Gehorsam folgte Harrison dem anderen, blieb kurz stehen, um seinem Fahrrad aufmunternd zuzunicken, und trabte dann durch die Hintertür in den Hof.

Jeff Baines deutete auf einen Stapel Kisten. »Konservendosen.« Er deutete auf einen Vorratsschuppen. »Bringen Sie das Zeug dorthin und stapeln Sie es auf. Die Kisten bleiben draußen. Es liegt an Ihnen, ob Sie das tun wollen oder nicht. Hier herrscht schließlich Freiheit, nicht wahr?« Er schlenderte zurück in den Laden.

Der alleingelassene Harrison kratzte sich am Ohr und dachte nach. Er hatte den Eindruck, einem ganz schlechten Scherz aufgesessen zu sein. Der Kandidat Harrison qualifiziert sich für die Aufnahme ins Affenhaus. Aber wenn dieses Spiel dem Dicken zugute kam, mußte er erfahren, worin es bestand, um den Trick dabei in Zukunft selbst anwenden zu können. Aus Erfahrung wird man klug.

Also machte er sich an die Arbeit. Nach zwanzig Minuten harten Schuftens war er fertig und ging zum Laden zurück.

»Sie haben soeben etwas für mich getan«, erklärte Baines. »Das bedeutet, daß Sie mir ein Ob aufgelegt haben. Ich werde Ihnen für Ihre Arbeit nicht danken, das ist nicht nötig. Ich muß dieses Ob nur wieder loswerden.

»Welches Ob?«

»Obligation. Eine Verpflichtung. Warum soll man ein langes Wort benutzen, wenn ein kurzes es auch tut? Ein Ob ist eine Verpflichtung. Ich übertrage sie folgendermaßen: Seth Warburton – der Inhaber des übernächsten Geschäftes – ist mir ein halbes Dutzend Obs schuldig. Ich werde mein Ob an Sie los und erleichtere ihn um eins an mich, indem ich dafür sorgen werde, daß Sie bei ihm etwas zu essen bekommen.« Er schrieb etwas auf ein Blatt Papier. »Geben Sie ihm das.«

Harrison las mit weitaufgerissenen Augen die krakelige Schrift: »Gib diesem Trottel was zu essen. Jeff Baines.«

Völlig verdattert verließ er das Delikatessengeschäft, blieb neben dem Fahrrad stehen und betrachtete den Zettel erneut. ›Trottel‹ stand dort. Ihm fielen eine ganze Reihe von Crewmitgliedern ein, die dem Dicken wegen diesem Ausdruck die Faust unters Kinn gesetzt hätten. Dann wandte er seine Aufmerksamkeit dem Lokal zwei Häuser weiter zu. Auf einem innen gardinenverhangenen Fenster prangten zwei großbuchstabige Worte: *Seths Imbißstube.*

Der Hunger verhalf ihm zum nötigen Mut. Er entschloß sich, Seths Lokal zu betreten und hielt dabei den Zettel so fest umkrampft, als stünde sein Todesurteil darauf. Drinnen fand er eine lange Theke, viel Dampf und das Klappern von Geschirr. Er suchte sich einen Platz an einem Tisch mit Marmorplatte, an dem bereits eine grauäugige Brünette Platz genommen hatte.

»Gestatten Sie?« fragte er höflich, als er sich auf den Stuhl niederließ.

»Was soll ich gestatten?« Sie betrachtete seine Ohren, als ob sie fürchtete, sie könnten jeden Moment von allein losfliegen. »Babys, Hunde, Ehen zwischen ungleichaltrigen Partnern oder Spaziergänge im Regen?«

»Gestatten Sie, daß ich hier Platz nehme?«

»Wenn ich was dagegen habe, muß ich mich woanders hinsetzen. Das hat die Freiheit nun mal so an sich, nicht wahr?«

»Ja«, sagte Harrison. »Sicher.« Er zappelte unruhig hin und her und fühlte sich wie ein Schachspieler, der schon beim ersten Zug einen Bauer verloren hat. Er suchte fieberhaft nach einem Gesprächsthema, als prompt ein schmalgesichtiger Mann in einem weißen Kittel ihm ein Tablett mit einem gebratenen Hähnchen und drei ihm unbekannten Gemüsesorten auf den Tisch knallte.

Dieser Anblick brachte ihn völlig aus der Fassung. Er konnte sich nicht mehr daran erinnern, wie lange es her war, daß er zum letzten Mal ein gebratenes Hähnchen gesehen und seit wieviel Monaten er Gemüse nur in pulverisierter Form zu sich genommen hatte.

»Nun?« fragte der Kellner, der seinen erstaunten Blick auf den Teller mißverstand, »paßt Ihnen irgendwas nicht?«

»Doch.« Harrison gab ihm den Zettel. »Doch, ganz bestimmt.«

Der Kellner warf einen Blick auf den Zettel und rief seinem hinter dem Dampf der Theke unsichtbaren Kollegen zu: »Du kannst eins von Jeffs Obs ausstreichen.« Dann ging er und zerriß den Zettel in kleine Fetzen.

»Das war aber ein schneller Tausch«, kommentierte die Brünette mit einem Blick auf seinen Teller. »Er will Ihnen ein Nahrungsmittel-Ob aufladen, und Sie geben es gleich zurück. Nun sind Sie quitt. Ich muß Teller waschen, um meines loszuwerden, oder eins abtragen, das Seth irgendwo anders schuldig ist.«

»Ich habe ziemlich viele Konservenbüchsen dafür aufgestapelt.« Harrison ergriff Messer und Gabel. Das Wasser lief ihm im Munde zusammen. Auf dem Schiff gab es weder Messer noch Gabeln. Man brauchte sie nicht für konzentrierte Nahrung und Pillen. »Hier gibt es keine große Auswahl, oder? Man muß nehmen, was einem vorgesetzt wird.«

»Nicht, wenn Seth Ihnen ein Ob schuldet«, erklärte sie. »In diesem Fall muß er das beste Menü vorsetzen, das er zustande bringen kann. Sie hätten es ihm besser sofort gegeben, dann bräuchten Sie das jetzt nicht zu essen und könnten sich Ihre Klagen sparen.«

»Ich beklage mich doch gar nicht.«

»Das ist aber Ihr gutes Recht. So ist die Freiheit nun mal, nicht wahr?« Sie zögerte ein wenig, fuhr dann aber fort: »Es kommt nicht oft vor, daß ich Seth ein Ob voraus bin, aber wenn das einmal der Fall ist, rufe ich nach Ananaseis, und er kommt sofort damit angelaufen. Wenn *er mir* ein Ob voraus ist, muß *ich* eben angelaufen kommen.« Ihre grauen Augen verdunkelten sich in plötzlichem Argwohn. »Sie hören mir zu, als ob das alles etwas völlig Neues für Sie sei«, fügte sie hinzu. »Sind Sie fremd hier?«

Er nickte mit vollem Mund. Als er das Hähnchenfleisch hinuntergeschlungen hatte, brachte er endlich heraus: »Ich komme von diesem Raumschiff.«

»O Gott!« Sie erschauderte. »Ein Antigand! Das hätte ich nicht gedacht. Mann, Sie sehen fast menschlich aus!«

»Auf diese Ähnlichkeit bin ich auch sehr stolz.« Mit dem vollen Magen war auch seine Schlagfertigkeit zurückgekehrt. Er kaute, schluckte und blickte sich um. Der weißgekleidete Ober kam sofort.

»Was gibt es zu trinken?« fragte Harrison.

»Dith, Doppeldith, Shemak oder Kaffee.«

»Kaffee. Stark und schwarz.«

»Shemak ist besser«, riet die Brünette, als der Kellner schon wieder fort war. »Aber warum sollte ich Ihnen das sagen?«

Der Kaffee wurde in einem riesigen Glas gebracht. »Da Seth Ihnen ein Ob abarbeiten muß, haben Sie die Wahl«, sagte der Ober und stellte den Krug auf den Tisch. »Was wollen Sie zum Nachtisch – Apfelkuchen, frisches Yimpik, gemahlenen Tafelsufer oder Melonen in Sirup?«

»Ananaseis.«

»Oh.« Der Kellner blinzelte, warf der Brünetten einen anklagenden Blick zu, ging und brachte das Gewünschte.

Harrison schob es über den Tisch. »Für Sie. Guten Appetit.«

»Das gehört doch Ihnen!«

»Selbst wenn ich wollte, könnte ich nichts mehr essen.« Er verzehrte die letzte Hähnchenkeule, rührte den Kaffee um und begann Frieden mit sich und der Welt zu empfinden. »Ich kriege wirklich nichts mehr rein.« Er deutete mit dem Messer einladend auf das Dessert. »Kommen Sie schon, seien Sie mal nett und denken Sie nicht an die schlanke Linie.«

»Nein.« Standfest schob sie das Ananaseis zu ihm zurück. »Wenn ich das esse, schulde ich Ihnen ein Ob.«

»Na und?«

»Ich lasse mir aber nicht von Fremden Obs auflegen.«

»Da haben Sie auch wieder recht. Sehr vernünftig von Ihnen. Fremde haben manchmal sehr seltsame Ambitionen.«

»Sie kommen anscheinend viel herum«, stimmte sie zu. »Nur verstehe ich nicht, welche seltsamen Ambitionen Sie meinen.«

»Geschirrspülen!«

»Bitte?«

»Das war zynisch gemeint«, erklärte er. »Wenn Sie das Ob unbedingt abtragen wollen, können Sie das haben. Ich brauche nur eine Auskunft. Sagen Sie mir nur, wo ich hier den besten Käse bekommen kann.«

»Das ist einfach. Im Geschäft von Alec Peters, hinten in der Tenth Street.« Damit zog sie den Teller wieder an sich heran.

»Danke. Ich hatte schon geglaubt, hier wären alle taub oder würden nur blödsinnige Antworten geben.«

Er nagte den letzten Knochen ab und lehnte sich entspannt zurück. Nach dem ungewohnt reichhaltigen Mahl arbeitete sein Gehirn wie geschmiert, denn nach einer Minute angestrengten Nachdenkens bewölkte sich sein Gesicht in einem plötzlichen Argwohn. »Besitzt dieser Peters wirklich einen Käseladen?« fragte er.

»Natürlich.« Mit einem Seufzer des Vergnügens schob die Brünette den leeren Teller zurück.

Er tat einen tiefen Atemzug. »Ich suche den Bürgermeister«, erklärte er dann.

»Wer ist das?«

»Die Nummer eins. Der große Boß. Der Sheriff, der Kalif oder wie immer er sich auch nennen mag.«

»Ich weiß immer noch nicht, wen Sie eigentlich suchen«, meinte sie verwirrt.

»Der Mann, der diese Stadt leitet. Der führende Bürger.«

»Drücken Sie sich doch ein wenig deutlicher aus«, schlug sie vor. Sie wollte ihm wirklich helfen. »Wen oder was soll dieser Bürger führen?«

»Sie und Seth und alle anderen.« Mit einer weitausholenden Geste deutete er auf die benachbarten Häuser.

»*Wohin* soll der uns führen?« fragte sie stirnrunzelnd.

»Wo auch immer Sie sich hinbegeben.«

Geschlagen gab sie auf und winkte den weißgekleideten Kellner herbei.

»Matt, gehen wir irgendwo hin?«

»Woher soll ich das wissen?«

»Nun, dann frage doch mal Seth.«

Er nickte. Als er zurückkam, sagte er: »Seth meint, er ginge um sechs Uhr nach Hause. Was geht Sie das überhaupt an?«

»Führt ihn jemand dorthin?« wollte sie wissen.

»Seien Sie doch nicht albern!« sagte Matt. »Er kennt den Weg genau und ist außerdem stocknüchtern.«

»Hören Sie mal«, warf Harrison ein, »ich verstehe nicht, wieso es dabei so große Schwierigkeiten geben soll. Sagen Sie mir nur, wo ich einen Beamten finden kann. Einen Beamten, verstehen Sie? Den Polizeichef, den Schatzmeister, den Leichenbeschauer oder auch nur den Friedensrichter.«

»Was ist das – ein Beamter?« fragte Matt, völlig verwirrt.

»Und was ist ein Friedensrichter?« fügte die Brünette hinzu.

Seine Gedanken machten ein paar Ausfälle und drehten sich dann wieder im Kreise. Er brauchte eine Weile, um sie wieder in den Griff zu bekommen und es auf eine andere Art zu versuchen.

»Stellen Sie sich mal vor«, sagte er zu Matt, »das Lokal fängt Feuer. Was würden Sie dann tun?«

»Öl in die Flammen gießen«, erwiderte Matt und machte kein

Hehl daraus, daß er Harrison für geistesgestört hielt. Mit dem Blick eines Mannes, der seine Zeit nicht mit entlaufenen Irren verschwenden will, kehrte er zur Theke zurück.

»Er würde es natürlich löschen«, erklärte die Brünette. »Was haben Sie denn erwartet?«

»Und wenn er das allein nicht kann?«

»Dann würde er andere herbeirufen, die ihm dabei helfen.«

»Und die würden das auch tun?«

»Natürlich«, versicherte sie und betrachtete ihn mitleidig. »Das ist doch eine sehr gute Gelegenheit, ziemlich viele Obs aufladen zu können, nicht wahr?«

»Ja, das glaube ich auch.« Er begann sich allmählich selbst schon für verrückt zu halten, machte aber noch einen letzten Versuch. »Wenn das Feuer zu mächtig für Seth und seine Helfer ist – was dann?«

»Dann würde Seth die Feuerwehr rufen.«

Das Gefühl, beschränkt zu sein, wurde von dem eines starken Triumphes verdrängt.

»Also gibt es hier eine Feuerwehr! Das habe ich gemeint, als ich nach einem Beamten gefragt habe. Genau danach suche ich. Schnell, sagen Sie mir, wo ich die Feuerwache finden kann!«

»Am Ende der Zwölften Straße. Sie können Sie gar nicht verfehlen.«

»Danke.« Eilig stand er auf. »Vielleicht sehen wir uns mal wieder!« Er eilte hinaus, schwang sich auf sein Fahrrad und bog auch schon um die Kurve.

Die Feuerwache war recht groß. Zu ihr gehörten vier Leiterwagen, ein Löschwagen und zwei Pumpenwagen, die alle von dem hier üblichen Prinzip der Gummi-Bälle angetrieben wurden. Als er hineinging, lief ihm ein kleines Männchen mit viel zu weiten Hosen über den Weg.

»Suchen Sie jemanden?« fragte der Kleine.

»Den Feuerwehrhauptmann«, sagte Harrison.

»Wer soll das denn sein?«

Harrison bereitete sich auf das Schlimmste vor und wählte sorgfältig seine Worte – so, als ob er mit einem kleinen Kind reden würde. »Hören Sie, Mister, das hier ist doch eine Feuerwache. Irgend jemand steht ihr vor. Jemand organisiert alles, füllt die Formulare aus, drückt die Knöpfe, schreibt Empfehlungen, beansprucht allen Ruhm für sich und legt die Verantwortung für mißlungene Einsätze auf andere und hat hier allgemein das Sagen. Er ist der wichtigste Mann der Feuerwache, und jeder muß ihn eigentlich kennen.« Mit der Fingerspitze tippte er dem anderen auf die Brust. »Und mit diesem Mann muß ich sprechen, auch wenn das das Letzte sein sollte, was ich in meinem Leben noch tun werde.«

»Hier ist keiner wichtiger als der andere. Wie soll das überhaupt möglich sein? Wenn Sie mich fragen – ich halte Sie für verrückt.«

»Das dürfen Sie gerne von mir denken, aber ich habe doch gesagt, daß ich...«

Eine schrille Klingel kreischte auf und schnitt ihm mitten im Satz das Wort ab. Zwanzig Mann erschienen wie aus dem Nichts, stiegen auf den Leiterwagen und auf einen Pumpenwagen und brausten davon.

Die flachen, breiten Helme waren das einzige Erkennungsmerkmal der Feuerwehrleute. Abgesehen davon trugen sie, was sie wollten, und übertrafen sich dabei vor verrückten Einfällen. Der Mann mit den viel zu weiten Hosen, der den Pumpenwagen mit kühnem Sprung bestiegen hatte, kam neben einem Dickwanst zu stehen, der eine in allen Farben des Regenbogens schillernde Schärpe um sein grellgelbes Hemd gebunden hatte. Ein Spätankömmling mit beinahe kuhglockengroßen Ohrringen wollte auf den losfahrenden Wagen springen, verfehlte aber sein Ziel und beobachtete mißmutig, wie das Gefährt um die Ecke verschwand. Seufzend nahm er den Helm ab.

»Das kann auch nur einem Pechvogel wie mir passieren«, meinte er zu dem gaffenden Harrison. »Der beste Notruf des Jahres. Eine große Brauerei. Je eher wir dort ankommen, desto mehr Obs wird es geben.« Er leckte die Lippen bei dem Gedanken an das viele Bier und ließ sich auf einen zusammengerollten Schlauch sinken. »Na ja, vielleicht tut das meiner Gesundheit ganz gut.«

»Hören Sie«, fragte Harrison, »wovon bestreiten Sie eigentlich Ihren Lebensunterhalt?«

»Das ist vielleicht eine dumme Frage! Das sehen Sie doch. Ich bin bei der Feuerwehr.«

»Das weiß ich auch. Ich meine, wer bezahlt Sie eigentlich?«

»Mich bezahlen?«

»Gibt Ihnen Geld für Ihre Arbeitsleistung.«

»Was reden Sie denn für einen Quatsch. Was ist Geld?«

Harrison massierte sich die Stirn, um die Durchblutung des Gehirns zu fördern. *Was ist Geld?* Mann! Er mußte es auf eine andere Art und Weise versuchen.

»Angenommen, Ihre Frau braucht einen neuen Mantel – woher bekommt sie den?«

»Ganz einfach, Sie geht in einen Laden, der mit Feuerobs belastet ist und läßt einen oder zwei dafür streichen.«

»Und wenn noch nie ein Kleidergeschäft gebrannt hat?«

»Sie sind aber dumm, Kumpel. Wo zum Teufel kommen Sie eigentlich her?« Die Ohrläppchen des Feuerwehrmannes schwangen bei jeder Bewegung mit. »Fast alle Läden haben Feuerobs«, erklärte er dann. »Wenn Sie vernünftig sind, hinterlegen sie jeden Monat soundso viel als Versicherung. Nur für den Fall, daß es mal brennt, verstehen Sie? Wenn wir ein Guthaben an Obs haben und irgendwo löschen müssen, dauert es wieder eine Weile, bis wir sie abtragen können. Wir übertreiben es nicht, haben aber auch keine Schulden. Und das abgebrannte Geschäft bleibt weiterhin zahlungsfähig. Das ist doch völlig klar, oder?«

»Das schon, aber...«

»Jetzt hab ich's«, unterbrach der Feuerwehrmann ihn und kniff die Augen zusammen. »Sie kommen von diesem Raumschiff. Sie sind ein Antigand.«

»Ich bin ein Terraner«, sagte Harrison mit der angemessenen Würde. »Außerdem waren all die Menschen, die diesen Planeten als erste besiedelt haben, Terraner.«

»Wollen Sie mir eine Geschichtslektion erteilen?« Er lachte heiser. »Da liegen Sie aber falsch. Fünf Prozent der Erstsiedler waren Marsianer.«

»Auch die Marsianer stammen von terranischen Siedlern ab«, widersprach Harrison.

»Na und? Das liegt aber schon verdammt lange zurück. Die

Dinge wandeln sich, falls Sie das noch nicht gehört haben sollten. Wir haben keine Terraner oder Marsianer auf dieser Welt – außer denen, die ungebeten hier gelandet sind. Wir sind alle Gands. Und ihr hochnasiges Pack seid Antigands.«

»Wir sind überhaupt keine Antis! Wie kommen Sie darauf?«

»Meiob!« sagte der Feuerwehrmann und schien plötzlich entschlossen zu sein, die Unterhaltung nicht fortzusetzen. Er legte den Helm beiseite und spuckte auf den Fußboden.

»Bitte?«

»Haben Sie mich nicht verstanden? Trollen Sie sich!«

Harrison gab auf und befolgte den Rat. Mißgelaunt strampelte er zum Schiff zurück.

Seine Exzellenz betrachtete ihn mit strengem Blick. »Da sind Sie ja endlich, Mister. Wie viele Gäste haben wir zu erwarten, und wann wollen sie kommen?«

»Keine, Sir!« sagte Harrison und fühlte sich plötzlich völlig fehl am Platze.

»Keine?« Der Botschafter zog verärgert die Augenbrauen hoch. »Wollen Sie damit sagen, daß sie meine Einladung abgelehnt haben?«

»Nein, Sir.«

Der Botschafter schwieg einen Moment lang. »Heraus mit der Sprache, Mister. Stehen Sie doch nicht so da, als habe Ihr Drahtesel soeben einem Motorroller das Leben geschenkt. Sie behaupten, man habe meine Einladung zwar nicht ausgeschlagen, aber trotzdem werde niemand kommen. Wie soll ich das verstehen?«

»Ich habe niemanden gefragt.«

»Sie haben also niemanden gefragt!« Er drehte sich um und sagte zu Grayder; Shelton und den anderen: »Er hat niemanden gefragt!« Dann wandte er seine Aufmerksamkeit wieder Harison zu. »Ich vermute, Sie haben vergessen zu fragen, oder? Von der Freiheit und der Macht des Menschen über die Maschine berauscht, sind Sie einfach mit der umwerfenden Geschwindigkeit von fünfundzwanzig Stundenkilometern durch die Stadt gerast, haben Verwirrung unter den Eingeborenen hervorgerufen, ihre Verkehrsgesetze zu Hauf mißachtet und Menschenleben gefährdet, da Sie sich noch nicht einmal die Mühe gemacht haben, mit Ihrer Klingel ein Warnzeichen zu geben...«

»Ich habe keine Klingel am Fahrrad, Sir«, stellte Harrison richtig, der sich all dieser Greueltaten zu unrecht angeklagt fühlte, »sondern eine Trillerpfeife, die durch die Schwungkraft des Hinterrades betätigt werden kann.«

»Aha!« sagte der Botschafter mit dem Tonfall eines Mannes, von dem alle Hoffnung gewichen ist. Er nahm wieder Platz und schlug sich mit der flachen Hand mehrmals gegen die Stirn. »Der eine holt sich eine Wasserpfeife.« Er machte eine erbarmenswerte Handbewegung. »Und *der da* besitzt eine Trillerpfeife.«

»Ich habe sie selbst konstruiert, Sir«, erklärte Harrison bereitwillig.

»Dessen bin ich mir sicher. Ich kann es mir genau vorstellen. Genau das habe ich auch von Ihnen erwartet.« Der Botschafter versuchte, sich zusammenzunehmen. »Hören Sie, Mister, darf ich eine vertrauliche Frage stellen, die nur Sie und mich etwas angeht?« Er beugte sich vor und brüllte dem Ingenieur die Frage so laut ins Ohr, daß sie mehrmals in dem kleinen Raum widerhallte. »*Warum* haben Sie niemanden gefragt?«

»Ich konnte keinen finden, den ich einladen konnte, Sir. Ich habe wirklich mein Bestes gegeben, aber die Leute schienen einfach nicht zu verstehen, wovon ich eigentlich sprach. Oder sie gaben vor, es nicht zu verstehen.«

»Hmmm...« Seine Exzellenz blickte aus dem Bullauge und dann zur Uhr. »Es wird schon dunkel. Die Dämmerung naht. Heute können wir nichts mehr unternehmen.« Er räusperte sich verhalten. »Wieder ein Tag zum Teufel. Wir befinden uns nun schon zwei Tage hier und sind noch keinen Schritt weitergekommen.« Er ließ sein kritisches Auge auf Harrison ruhen. »Nun gut, Mister, wenn wir so oder so unsere Zeit verschwenden, können wir uns Ihre Geschichte auch zur Gänze anhören. Erzählen Sie uns genau, was geschehen ist, und lassen Sie keine Einzelheit aus. So können wir uns vielleicht einen Reim darauf machen.«

Harrison berichtete und endete mit den Worten: »Ich glaube, ich hätte mich wochenlang mit den Leuten dort unterhalten können, ohne etwas aus ihnen herauszubekommen. Ihre Gehirne sind einfach von Osten nach Westen orientiert, während meins wie ein Kompaß von Süden nach Norden zeigt. Man kann mit Ihnen bis zum Jüngsten Tag reden, sich wirklich schön unterhalten, und keiner weiß, wovon der andere eigentlich spricht.«

»Ja, diesen Eindruck habe ich auch«, kommentierte der Botschafter trocken und drehte sich zu Captain Grayder um. »Sie sind schon viel herumgekommen und haben während Ihres Dienstes schon viele Welten gesehen. Was halten Sie davon – wenn Sie überhaupt eine Meinung haben?«

»Ein semantisches Problem«, erwiderte Grayder vorsichtig, der von den mannigfaltigsten Umständen gezwungen wurde, sich mit diesem Problem zu beschäftigen. »Auf jeder Welt, die man lange genug unberührt gelassen hat, kommt man mit semantischen Problemen in Konflikt, auch wenn diese Welten sich nicht soweit entwickelt haben, um wirklich fremd zu erscheinen.« Er setzte eine bedeutungsschwangere Pause. »Der erste Bursche, den wir auf Basileus trafen, sagte im herzlichsten Ton und besten Englisch: ›Komm, Junge, schnall doch gleich ab!‹«

»Ja? Und was hat das zu bedeuten?«

»Kommen Sie herein, ziehen Sie sich die Schuhe aus und machen Sie es sich gemütlich. In anderen Worten: Willkommen! Das habe ich damals sofort begriffen, Euer Exzellenz. Es fiel mir besonders leicht, da ich ja ein Experte auf dem Gebiet der Semantik bin.« Grayder warf einen nachdenklichen Blick auf Harrison und fuhr fort: »Hier scheinen sich die Dinge zu weit größeren Extremen entwickelt zu haben. Die Sprache bleibt fließend, enthält aber genug bekannte Ausdrücke, die sich dahingehend verändert haben, daß sie nun eine neue Bedeutung besitzen. Ältere Sprachformen wurden durch neue ersetzt. Natürlich ist der lokale Dialekt hier besonders ausgeprägt.«

»Ein Wort wie ›Meiob‹ zählt wohl dazu«, warf Seine Exzellenz ein. »Ein seltsamer Begriff ohne bekannte irdische Wurzel. Ich mag die Art nicht, wie sie ihn benutzen. Das klingt irgendwie beleidigend. Augenscheinlich steht es in irgendeinem Zusammenhang mit diesen Obs, die sie verteilen. Es bedeutet wohl ›Meine Obligation‹, ›Meine Verpflichtung‹ oder so etwas, aber diese Bedeutung stört mich irgendwie.«

»Es besteht noch ein weiterer Zusammenhang, Sir«, meldete sich Harrison zu Wort. Er zögerte, aber als er bemerkte, daß die anderen gespannt lauschten, fuhr er kühn fort. »Als ich zurückfuhr, traf ich wieder die Dame, die mir den Weg zu Baines Laden beschrieben hat. Sie fragte mich, ob ich ihn angetroffen hätte, und ich sagte: ja, danke. Wir plauderten ein wenig. Ich fragte sie, was ›Meiob‹ bedeutete. Sie sagte, es habe neben ›Meine Obligation‹ noch eine zweite Bedeutung.« Er schwieg.

»Reden Sie schon weiter«, forderte der Botschafter ihn auf. »Nach den Kommentaren, die ich durch den Luftschacht zum Blieder-Antriebsraum vernommen habe, kann ich einiges verkraften.«

»Nun«, sagte Harrison gedehnt, »meine Obligation, meine Sache. Das geht allein *mich* etwas an. Kümmern Sie sich nicht darum.« Er faßte Mut. »Nun, klipp und klar heißt es: ›Rutsch mir den Buckel runter.‹ «

»Aha!« Seine Exzellenz lief rot an. »Also das haben sie mir die ganze Zeit gesagt.«

»Ich fürchte ja, Sir.«

»Anscheinend müssen diese Burschen noch eine ganze Menge lernen.« Mit plötzlichem, völlig undiplomatischem Zorn schlug er mit der flachen Hand auf den Kartentisch. »Und ich werde ihnen die Flötentöne schon beibringen!«

»Jawohl, Sir!« stimmte Harrison zu, dem die Lage allmählich zu brenzlig wurde. Am liebsten hätte er sich sofort verzogen. »Darf ich jetzt gehen und mich um mein Fahrrad kümmern?«

»Raus hier!« brüllte der Botschafter. Er wedelte mit der Hand in der Luft und blickte dann Captain Grayder fest an. »Fahrrad! Besitzt jemand auf diesem Schiff auch noch eine Steinschleuder?«

»Das bezweifle ich, Euer Exzellenz, aber wenn Sie wünschen, werde ich selbstverständlich Nachforschungen anstellen.«

»Sie Depp!« schnaubte Seine Exzellenz. »Wie viele Idioten laufen auf diesem Schiff eigentlich frei herum?«

Die nächste Konferenz wurde auf den folgenden Morgen festgesetzt und fand in der gebotenen Kürze statt. Seine Exzellenz nahm Platz, räusperte sich, richtete sich zu voller Größe auf und ließ finstere Blicke umherschweifen.

»Überdenken wir die Situation noch einmal. Wir wissen, daß die eselhaften Bewohner dieses Planeten sich Gands nennen, auf ihre terranische Abstammung nicht besonders stolz sind und uns beharrlich als Antigands bezeichnen. Das impliziert eine Erziehung, aus der eine feindliche Haltung Terra gegenüber resultiert. Von Kind an wurde ihnen eingetrichtert, daß, sobald wir erst mal auf der Bildfläche erscheinen würden, wir gegen alles sind, wo sie für sind.«

»Und wir haben nicht die geringste Ahnung, wofür sie eigentlich sind«, warf Colonel Shelton höchst überflüssigerweise ein, nur um noch einmal klarzustellen, daß er anwesend war und sich auch Gedanken über dieses Problem gemacht hatte.

»Unserer in dieser Hinsicht höchst mangelhaften Kenntnisse bin ich mir durchaus bewußt«, wies der Botschafter ihn zurecht. »Wir stehen einer Verschwörung des Schweigens über ihre eigentlichen Ziele gegenüber. Irgendwie müssen wir eine Bresche schlagen.« Er räusperte sich erneut und fuhr fort: »Ihr eigentümliches, nicht auf Geld basierendes Wirtschaftssystem scheint meines Erachtens nur zu funktionieren, weil der Planet ihnen alles, was sie brauchen, im Überfluß bietet. Sobald die Überbevölkerung eine Nahrungsmittelknappheit herbeiführt, wird es wie ein Kartenhaus zusammenfallen. Dieses ökonomische System scheint auf einer ausgesprochenen Zusammenarbeitshaltung, dem Privateigentum, einer Moral, wie man sie bei uns nur im Kindergarten findet, und einem retardierten Kreditwesen zu basieren. Damit ist es im Prinzip noch viel verrückter als das Nahrungsmittel-Bank-System, das auf den vier äußeren Planeten des Epsilon-Systems vorherrscht.«

»Aber es funktioniert«, warf Grayder spitzfindig ein.

»Gewissermaßen, ja. Das Fahrrad des Ingenieurs mit den furchtbar abstehenden Ohren funktioniert auch – wie er selbst! Ein motorisiertes Gefährt würde ihm eine Menge Anstrengungen ersparen!« Äußerst zufrieden mit dieser Analogie, dachte der Botschafter ein paar Sekunden lang darüber nach. »Dieses hier vorherrschende Wirtschaftssystem – wenn man es überhaupt System nennen kann – ist zweifellos das Endresultat einer aufs Geratewohl verlaufenen Entwicklung der ersten Siedler. Von dem unseren unterscheidet es sich sozusagen wie ein Fahrrad von einem Motorrad. Das wissen die Bewohner dieser Welt auch, aber sie dulden keine Motorisierung, da sie eben dreihundert Jahre hinter der Zeit zurückhinken. Sie haben Angst vor Veränderungen, Verbesserungen – wie die meisten rückständigen Menschen. Außerdem liegt bei einigen von ihnen ein hartnäckiges Interesse vor, die Dinge so zu belassen, wie sie im Moment nun einmal sind.« Er schnaubte laut, um seine Verachtung zu demonstrieren. »Sie wollen mit uns nicht zusammenarbeiten, weil sie einfach ungestört weiterleben wollen!«

Sein autoritärer Blick wanderte rund um den Tisch und schien jeden zum Widerspruch aufzufordern, daß seine Erklärung auch nicht besser sei als eine jede andere. Doch die Männer waren zu diszipliniert, um in diese Falle zu tappen. Da keiner einen Kommentar abgeben wollte, fuhr er fort: »Sobald wir die Sache erst einmal wirklich in die Hand genommen haben, wartet eine sehr schwere Aufgabe auf uns. Wir müssen ihr gesamtes Erziehungssystem überprüfen und alle Terra-feindlichen Punkte ausmerzen, ihnen die Tatsachen des Lebens vor Augen halten. Die Aufgabe, Vorurteile gegen Terra abzubauen, haben wir jedoch schon auf vielen anderen Planeten gelöst, wenngleich sie dort leichter gewesen sein dürften, als es hier der Fall ist.«

»Das kriegen wir schon hin«, versprach jemand.

Den Einwurf ignorierend, kam der Botschafter zum Schluß. »Aber all dies liegt in der Zukunft. Nun müssen wir unsere Aufmerksamkeit dem gegenwärtigen Problem zuwenden! Wir müssen herausfinden, wo die Fäden der Macht verlaufen und wer sie in den Händen hält. Dieses Problem mussen wir lösen, bevor wir ein weiteres in Angriff nehmen können. Aber wie?« Er lehnte sich zurück. »Strengen Sie gefälligst Ihren Verstand an, meine Herren, und bringen Sie mir ein paar vernünftige Vorschläge.«

Captain Grayder erhob sich, mit einem schweren, in Leder eingebundenen Buch in der Hand. »Euer Exzellenz, ich glaube nicht, daß wir uns den Kopf über neue Pläne, wie solch ein Kontakt zu bewerkstellen ist, zerbrechen müssen. Es scheint, als ob der nächste Zug ohne uns stattfindet.«

»Wie meinen Sie das?«

»In meiner Mannschaft befinden sich eine Menge alter Weltraum-Hasen. Jeder einzelne von ihnen ist ein wahrer Gladiator des Weltraumrechts.« Er deutete auf das Buch. »Sie kennen die offiziellen Vorschriften, die während Raumflügen Geltung haben, genauso gut wie ich. Manchmal glaube ich sogar, sie kennen sie noch besser.«

»Na und?«

Grayder schlug das Buch auf. »Paragraph 127 besagt, daß eine Mannschaft unter Kriegsrecht steht, wenn sie sich auf einem feindlichen Planeten befindet. Auf einem nicht-feindlichen Planeten gelten die gleichen Bestimmungen, wie sie für Friedenszeiten Vorrang haben.«

»Weiter!«

»Paragraph 131 A bestimmt, daß die Mannschaft – bis auf ein paar Mann, die den Betrieb an Bord aufrechterhalten müssen – zu Friedenszeiten sofort nach Entladen der Fracht oder spätestens zweiundsiebzig Stunden nach Ankunft – immer die kürzere Frist zählt – Anspruch auf Landurlaub erhält.« Er blickte auf. Als niemand etwas erwiderte, fuhr er fort: »Gegen Mittag werden die Jungs sich für den Landurlaub fertig gemacht haben und gehen wollen. Sollte ich es ihnen verbieten, wird es mit Sicherheit zu Tumulten kommen.«

»Ehrlich?« sagte der Botschafter mit einem hinterhältigen Grinsen. »Und wenn wir behaupten, diese Welt sei feindlich? Dann haben wir sie ganz nett geleimt, oder?«

Grayder schlug ungeduldig in dem Buch nach und erklärte: »Paragraph 148 besagt, daß ein Planet als feindlich anzusehen ist, wenn er sich den Bewohnern des Reiches mit Gewalt und systematisch widersetzt.« Er blätterte um. »Gewalt wird definiert als eine Handlung, die eine körperliche Verletzung hervorrufen kann, ob sie nun eintritt oder nicht.«

»Damit stimme ich nicht überein.« Der Botschafter bemerkte, wie die anderen die Stirn runzelten. »Eine Welt kann auch als feindlich bezeichnet werden, wenn sie sich psychologischer Gewalt bedient. Dieser Planet ist doch ein ausgezeichnetes Beispiel dafür. Man kann ihn doch beim besten Willen nicht als freundlich einstufen!«

»Im Weltraumrecht gibt es die Bezeichnung ›freundliche Welt‹ nicht«, informierte ihn Grayder. »Alle Planeten fallen in eine dieser beiden Klassifizierungen: feindlich oder nicht feindlich.« Er schlug das Buch mit lautem Knall zu. »Sie können es ja selbst nachlesen.«

»Wir sind ja schöne Narren, wenn wir und die Mannschaft uns von einem Buch beherrschen lassen«, widersprach Seine Exzellenz. »Werfen Sie es aus der Schleuse oder in den Konverter. Wie Sie wollen. Nur – sorgen Sie dafür, daß Sie es loswerden – und sofort danach vergessen.«

»Ich bitte um Entschuldigung, Euer Exzellenz, aber das ist mir leider unmöglich.« Er schlug die erste Seite auf. »Die Grundparagraphen 1 A, 1 B und 1 C bestimmen eindeutig: Ob im All oder auf einem Planeten, die Mannschaft eines Raumschiffs untersteht unmittelbar dem Kommando des Kapitäns oder seines Stellvertreters, der den Richtlinien des Raumgesetzes folgen muß und einzig und allein dem Raum-Komitee auf Terra verantwortlich ist. Das betrifft auch alle Truppen, Offiziere oder Zivilreisende an Bord eines Raumschiffes, egal, ob es sich im All oder auf einem Planeten befindet und unberücksichtigt der Stellung oder des Ranges der betreffenden Personen. Als Stellvertreter ist ein Schiffsoffizier zu verstehen, der die Aufgaben und Pflichten eines direkten Vorgesetzten übernehmen kann, wenn dieser dazu nicht in der Lage ist.«

»Und das bedeutet, daß Sie der Herr im Hause sind«, sagte der Botschafter verstimmt. »Wer etwas dagegen hat, wird des Schiffes verwiesen.«

»Mit dem größten Respekt, Euer Exzellenz – Sie haben des Pudels Kern erfaßt. Ich kann auch nichts dafür – Vorschriften sind Vorschriften. Und das wissen die Männer genauso gut!« Grayder schlug das Buch zu und schob es beiseite. »Zehn zu eins, daß die Männer heute mittag ausgehen wollen. Wahrscheinlich werfen sie sich gerade in ihre Ausgangsmontur, schmieren Pomade in die Haare und so weiter. Sie werden Ihr Gesuch auf dem Dienstweg stellen, und ich kann mich unmöglich widersetzen. Sie werden den Ersten Maat bitten, mir die Ausgangspapiere vorzulegen. Das einzige, was ich tun kann, wäre, ein paar Namen zu streichen und diese Männer mit Aufgaben im Schiff zu betreuen, aber ich kann der gesamten Truppe den Ausgang auf keinen Fall verweigern.«

»Es dürfte nicht einmal allzu schlecht für uns sein, wenn die Jungs sich ein wenig in der Stadt austoben«, warf Colonel Shelton ein; ihm war selbst sehr daran gelegen. »In dieses Kaff kommt mal richtig Leben, wenn die Flotte im Hafen liegt. Dutzende von Kontakten werden geknüpft. Und genau das wollen wir doch, oder?«

»Wir wollen die führenden Köpfe dieses Planeten finden«, wies ihn der Botschafter zurecht. »Ich kann mir nicht vorstellen, daß sie sich die Nase pudern, sich in ihre besten Kleider werfen und unsere liebeshungrigen, krawallschlagenden Jungs mit offenen Armen in Empfang nehmen.« Er verzog das Gesicht zu einer spöttischen Grimasse. »Wir müssen eine Nadel im Heuhaufen finden, und für diesen Auftrag ist eine Bande herumjohlender Niedriger Ränge denkbar ungeeignet.«

»Ich stimme völlig mit Ihnen überein, Euer Exzellenz«, warf Grayder ein, »aber wir müssen alle Chancen nutzen. Und wenn die Leute wirklich ausgehen wollen, habe ich nicht genug Vollmachten, sie daran zu hindern. Nur eins könnte mir helfen, das zu unterbinden.«

»Und was ist das?«

»Beweise, die es mir ermögichen, diesen Planeten als im Sinne der Raumgesetze feindlich einzustufen.«

»Nun, könnten wir das nicht irgendwie arrangieren?« Ohne auf die Antwort zu warten, fuhr der Botschafter mit neuem Eifer fort: »In jeder Mannschaft steckt ein unheilbarer Unruhestifter. Finden Sie den Ihren, laden Sie ihn zu ein paar doppelstöckigen venusianischen Cognacs ein und erzählen Sie ihm, daß er sofort Ausgang bekommt – Sie aber bezweifeln, daß er ihn genießen wird, weil diese Gands uns am liebsten von hinten sehen. Dann werfen Sie ihn aus der Schleuse. Sobald er mit einem blauen Auge zurückkommt und vor seinen Kameraden beschreibt, auf welch unfaire Art und Weise die Planetenbewohner ihn doch in die Mangel genommen haben, erklären Sie diese Welt für feindselig.« Er wedelte mit der Hand. »Und Sie sind am Ziel. Körperliche Gewalt. Alles laut Vorschrift.«

»Paragraph 148 A besagt aber, daß Gewalt gegen uns systematisch organisiert worden sein muß und Reibereien mit Mannschaftsmitgliedern nicht dazu ausreichen, eine Welt als feindselig zu bezeichnen.«

Mit zornesrotem Gesicht wandte der Botschafter sich an den zivilen Verwaltungsbeamten: »Wenn Sie zurück auf Terra sind – falls Sie überhaupt noch mal dorthin zurückkommen –, können Sie Ihren Vorgesetzten berichten, wie die Raumfahrt behindert, ja fast gelähmt wird von Bürokraten, die ihr höchstes Ziel darin sehen, Bücher zu verfassen.«

Bevor der Verwaltungsangestellte sich eine passende Antwort überlegen konnte, die vom Botschafter nicht als beleidigend angesehen werden konnte, klopfte es an der Tür. Der Erste Maat Morgan kam herein, salutierte schlampig und reichte Captain Grayder ein Blatt Papier.

»Die erste Ausgangsliste, Sir. Wenn Sie bitte unterzeichnen wollen?«

Vierhundertundzwanzig Mann strömten am frühen Nachmittag in die Stadt. Sie näherten sich ihr in der üblichen Art von Männern, die die Lichter schon zu lange nicht mehr aufflammen sahen – fröhlich und erwartungsvoll zu zweit oder dritt oder in Grüppchen von sechs bis zehn Mann.

Gleed hatte sich Harrison angeschlossen. Die beiden fielen etwas auf: Nicht nur, daß Gleed der einzige Sergeant und Harrison der einzige Zehnte Ingenieur mit Ausgang waren, beide trugen als einzige Zivilkleidung. Gleed vermißte die Uniform, und Harrison fühlte sich ohne Fahrrad nackt. Diese beiden bescheidenen Züge gaben ihnen genug Gemeinsamkeiten, um sich wenigstens für einen Tag zusammenzuschließen.

»Heute wird's ganz toll«, erklärte Gleed mit immensem Enthusiasmus. »Ich habe schon viele gute Ausgänge miterlebt, aber diesmal wird's was ganz besonderes. Auf allen anderen Planeten hatten die Jungs immer das gleiche Problem: Was benutzen wir als Geld. Sie schritten daher wie eine Kompanie Nikoläuse, schwer beladen mit allem möglichem Tauschmaterial. Fast immer waren neun Zehntel davon nutzlos, und sie mußten es karrenweise wieder zurück an Bord bringen.«

»Auf Persephone«, berichtete Harrison wehmütig, »bot mir

ein langbeiniger Milik einen zwanzigkarätigen lupenreinen erstklassigen Diamanten für mein Fahrrad.«

»Gottchen, und du hast nicht getauscht?«

»Warum auch? Ich hätte sechzehn Lichtjahre weit reisen müssen, um ein anderes zu bekommen.«

»Du hättest es aber doch ein Weilchen auch ohne Fahrrad aushalten können.«

»Ich kann es auch ohne einen Diamanten aushalten. Auf einem Diamanten kann man nicht umherfahren.«

»Aber du kannst niemandem ein Fahrrad für den Preis eines Mondkreuzers verkaufen.«

»Natürlich kann ich das. Ich habe doch gerade gesagt, daß dieser langbeinige Milik mir einen eiergroßen Diamanten dafür geboten hat.«

»Was für eine Schande! Du hättest ohne weiteres zweihunderttausend oder sogar zweihundertfünfzigtausend Kredit für diesen Diamanten bekommen, wenn er wirklich lupenrein war.« Sergeant Gleed leckte sich die Lippen bei dem Gedanken an so viel Geld, das sein Gefährte dummerweise in den Wind geschlagen hatte. »Kredits, und die nicht zu knapp – genau das liebe ich. Und das macht diesen Landurlaub auch so prima. Bei jedem anderen Urlaub hat Grayder uns einen Vortrag gehalten, wie man sich anständig benimmt und dem Ansehen eines Raumfahrers gerecht wird. Aber nun hat er über Kredits geredet.«

»Darauf hat ihn bestimmt der Botschafter gebracht.«

»Egal wer, mir gefällt's«, sagte Gleed. »Zehn Kredits, eine Flasche Cognac und doppelten Landurlaub für jeden, der einen erwachsenen, vernünftigen und aussagewilligen Gand – egal, ob männlich oder weiblich – ins Schiff lockt.«

»Das Geld muß man sich erst einmal verdienen.«

»Und hundert Kredits für den, der Name und Adresse des Bürgermeisters dieser Stadt erfährt. Tausend Kredits für den, der Name und genaue geographische Lage der Hauptstadt dieses Planeten austüftelt.« Er pfiff fröhlich und fügte dann hinzu: »Irgend jemandem wird es schon gelingen – aber nicht Bidworthy. Er bringt aus diesen Leuten nichts heraus. Ich weiß es, ich war dabei, als er es versuchte.«

Er hörte auf zu reden und beobachtete statt dessen eine große, schlanke Blondine, die an ihm vorbeischritt. Harrison zog ihn am Arm.

»Hier ist Baines Laden, du weißt schon, ich habe dir ja davon erzählt. Gehen wir hinein!«

»Oh, sicher.« Gleed folgte widerwillig. Er blickte immer noch dem Mädchen nach.

»Guten Tag«, sagte Harrison fröhlich.

»Stimmt nicht«, widersprach Jeff Baines. »Das Geschäft geht schlecht. Heute findet ein Semifinalspiel statt, und die halbe Stadt ist auf den Beinen. Die Leute denken erst wieder an ihre Mägen, wenn ich schon geschlossen habe. Und Morgen drängeln sie alle, und ich komme nicht nach, sie schnell genug zu bedienen.«

»Wie kann das Geschäft schlecht gehen, wenn Sie noch nicht einmal Geld für Ihre Waren nehmen?« fragte Gleed und baute auf die Informationen auf, die er von Harrison bekommen hatte.

Jeff musterte ihn mit seinen großen, kugelrunden Augen von Kopf bis Fuß. Dann wandte er sich zu Harrison. »Noch so ein Depp von eurem Schiff. Wovon spricht er überhaupt?«

»Von Geld«, erklärte Harrison. »Material, das wir benutzen, um unsere Handelsbeziehungen zu vereinfachen. Es wird gedruckt. Stellen Sie sich niedergeschriebene Obs von verschiedenen Werten vor.«

»Jetzt weiß ich schon mehr«, maulte Baines. »Nämlich, daß man Leuten, die ihre Obs niederschreiben, nicht vertrauen kann – weil sie sich gegenseitig auch nicht vertrauen.« Er watschelte zu seinem hohen Stuhl und ließ sich darauf nieder. Sein Atem ging schnell und gequält. »Und das bestätigt auch die Lehren unserer Schulbücher – ein Antigand würde sogar seine verwitwete Mutter beschwindeln.«

»Ihre Schulbücher sagen nicht die Wahrheit«, versicherte Harrison.

»Vielleicht.« Jeff sah keine Notwendigkeit, diesen Streitpunkt auszudiskutieren. »Aber wir gehen auf Nummer Sicher, bis wir Genaues wissen.« Er blickte sie an. »Was wollt ihr überhaupt?«

»Einen Rat«, warf Gleed schnell ein. »Wir haben Urlaub. Wo werden uns hier das beste Essen und die besten Vergnügungen geboten?«

»Wie lange bleiben Sie?«

»Bis morgen abend.«

»Zu kurz.« Jeff schüttelte bedauernd den Kopf. »Sie würden zwei Tage brauchen, um genug Obs zu verteilen, für die Sie Ihre Vergnügungen erhalten. Außerdem würden sich ziemlich viele unserer Jungs von Antigands keine Obs aufladen lassen. Sie sind ziemlich eigensinnig, verstehen Sie?«

»Hören Sie«, sagte Harrison, »wo bekommen wir denn wenigstens etwas zu essen?«

»Hm, da kann ich euch auch nicht weiterhelfen«, meinte Jeff und rieb nachdenklich über sein Vielfachkinn. »Es gibt da manche Möglichkeiten, aber ich wüßte keine. Ich will nichts von euch, also könnt ihr keine Obs benutzen, die mir zustehen.«

»Haben Sie denn überhaupt keinen Vorschlag?«

»Wenn ihr Bürger der Stadt wäret, sähe alles schon anders aus. Dann bekämt ihr alles, was ihr wollt, und könntet die Obs irgendwann einmal abarbeiten, wenn sich gerade eine günstige Gelegenheit ergibt. Aber ich wüßte keinen, der einem Antigand Kredit gibt, der heute hier und morgen dort ist.«

»Vertrauen Sie nicht allzusehr darauf, daß wir morgen schon wieder weg sind«, riet Gleed. »Wenn ein Botschafter des Reiches mitgeschickt wird, bedeutet das, daß die Terraner auf lange Zeit hierbleiben werden.«

»Wer sagt das?«

»Das Reich. Und ihr seid doch ein Teil davon, oder nicht?«

»Nee«, sagte Jeff. »Wir gehören zu niemandem und gar nichts und wollen auch niemandem gehören. Keiner wird uns dazu veranlassen, Teil von irgend etwas zu sein.«

Gleed lehnte sich auf die Theke und betrachtete geistesabwesend eine Dose mit Schweinefleisch. »Wenn ich keine Uniform trage und nicht im Dienst bin, sympathisiere ich mit Ihnen, obwohl ich das eigentlich nicht sagen sollte. Ich würde es auch nicht mögen, wenn Bürokraten von einer anderen Welt über meinen Körper und meine Seele das Sagen haben. Aber auf euch werden wirklich harte Zeiten zukommen, wenn ihr etwas gegen uns unternehmen wollt. So sieht es nun einmal aus.«

»Nicht bei dem, was wir besitzen«, widersprach Jeff. Er sah dabei mächtig selbstbewußt aus.

»Soviel besitzt ihr doch gar nicht«, widersprach Gleed. Es klang mehr wie ein freundschaftlicher Rat denn als offene Kritik. Er drehte sich zu Harrison um. »Nicht wahr?«

»So scheint es«, bekräftigte Harrison.

»Laßt euch nicht von Vorurteilen täuschen«, riet Jeff. »Wir besitzen mehr als ihr vermutet.«

»Was denn?«

»Nun, zuerst einmal besitzen wir die stärkste Waffe, die je ein menschliches Gehirn erdacht hat. Wir sind Gands, versteht ihr? Also brauchen wir keine Raumschiffe und Waffen und solche Spielereien. Wir haben etwas Besseres, etwas wirksameres, gegen das es keine Verteidigung gibt.«

»Das möchte ich gerne sehen«, sagte Gleed herausfordernd. Die Konstruktionshinweise über eine neue und außergewöhnlich starke Waffe waren bestimmt viel mehr wert als die Adresse des Bürgermeisters. Vielleicht war Grayder von der Wichtigkeit dieser Entdeckung so beeindruckt, daß er ihm die fünftausend Kredits Belohnung gewährte. »Aber natürlich kann ich von Ihnen nicht erwarten, daß Sie militärische Geheimnisse preisgeben«, fügte er äußerst sarkastisch hinzu.

»Daran ist gar nichts Geheimnisvolles«, erwiderte Jeff überraschenderweise. »Sie können sie umsonst haben, wann immer Sie wollen. Jeder Gand würde Sie Ihnen geben, wenn Sie nur danach fragen. Wollen Sie wissen, warum?«

»Darauf können Sie sich verlassen!«

»Weil sie nur in eine Richtung arbeitet. Wir können sie gegen Sie benutzen – aber Sie nicht gegen uns!«

»So etwas gibt es nicht. Man kann jede Waffe ihrem ursprünglichen Besitzer entwenden und sie dann gegen ihn richten, wenn man weiß, wie sie funktioniert.«

»Sind Sie da ganz sicher?«

»Völlig!« sagte Gleed ohne Zögern. »Ich diene nun schon seit zwanzig Jahren bei den Raumtruppen, und während so langer Zeit muß man sich zwangsläufig mit Waffen aller Art – vom Pfeil und Bogen bis zur H-Bombe – beschäftigen. Sie wollen mich hereinlegen, aber da beißen Sie sich die Zähne aus. Es gibt keine Waffe, die nur in einer Richtung arbeitet.«

»Streite doch nicht mit ihm«, riet Harrison seinem Gefährten.

»Du kannst ihn nicht überzeugen, wenn du es ihm nicht schwarz auf weiß beweist.«

»Wir werden sehen.« Jeff Baines grinste schief. »Ich habe Ihnen doch gesagt, daß ich Ihnen unsere Wunderwaffe zeige, wenn Sie sie wirklich sehen wollen. Warum bitten Sie mich nicht darum?«

»Okay, ich bitte Sie darum«, brummte Gleed ohne allzugroße Begeisterung. Eine Waffe, die man auf Wunsch zu sehen bekam – und für die man noch nicht einmal ein Ob aufladen mußte – konnte so mächtig wirklich nicht sein. Die fünftausend Kredits in seiner Vorstellung schmolzen zu fünf zusammen und verschwanden dann ganz. »Geben Sie sie mir, ich will sie ausprobieren.«

Jeff schwang sich schwerfällig auf seinem Stuhl herum, griff ins Regal, holte eine kleine, glitzernde Medaille daraus hervor und legte sie auf den Tisch.

»Sie dürfen sie behalten«, sagte er. »Möge sie Ihnen viel Gutes bringen.«

Gleed betrachtete sie und drehte sie zwischen den Fingern. Eine längliche Plakette, die aus einem an Elfenbein erinnernden Material bestand. Eine Seite war poliert und leer, auf der anderen stand in gradlinigen Buchstaben:

F – I W N

Gleed schaute verwirrt auf. »Nennen Sie das eine Waffe?«

»Ja sicher.«

»Das verstehe ich nicht.« Er schob das Ding zu Harrison hinüber. »Sie etwa?«

»Nein.« Harrison warf einen Blick darauf und wandte sich dann an Baines. »Was hat dieses F – I W N zu bedeuten?«

»Initialen«, erklärte Baines. »Sozusagen ein Slang. Jeder weiß, was gemeint ist. Das Motto unserer Welt. Sie finden es überall, wenn Sie nur richtig schauen.«

»Hie und da habe ich es tatsächlich schon gesehen, ihm aber keine Bedeutung beigemessen und mir auch keine Gedanken darüber gemacht. Ich erinnere mich nun, daß mir diese Aufschrift fast überall begegnet ist, auch in Seths Imbißstube und auf der Feuerwache.«

»Es stand auch auf dem Bus, aus dem wir die Menschen nicht

herausbekommen konnten«, fügte Gleed hinzu. »Die Buchstaben haben aber keine Bedeutung für mich.«

»O doch«, widersprach Jeff. *»Freiheit – ich will nicht!«*

»Das tötet mich«, sagte Gleed. »Ich bin schon mausetot. Unheimlich!« Er betrachtete Harrison nachdenklich und steckte die Plakette ein. »Etwas Zauberei. Was für eine Waffe!«

»Gesegnet sei Ihre Dummheit«, bemerkte der immer noch äußerst selbstsichere Baines. »Besonders, da Sie nicht wissen, daß Sie am Sicherungshebel herumspielen und der Schuß jeden Moment losgehen kann.«

»Na gut«, nahm Gleed die Herausforderung an. »Erklären Sie mir also, wie dieses Ding funktioniert.«

»Das werde ich nicht«, meinte der Dicke grinsend. Baines schien sich außerordentlich zu freuen.

»Sie sind mir ja eine große Hilfe!« Gleed war sauer, besonders, weil er an die vielen Kredits dachte, die ihm nun doch entgangen waren. »Sie rühmen sich wegen einer Waffe, die nur in eine Richtung funktioniert, geben mir solch ein billiges Ding mit vier Buchstaben darauf und stellen sich dann taub. Aufschneiden kann jeder. Wie wäre es, wenn Sie mal zeigen, was dahintersteckt?«

»Das werde ich nicht tun«, sagte Baines und grinste breiter denn je. Dann drehte er sich zum beobachtenden Harrison um.

In diesem Moment ging Harrison ein Licht auf. Mit weit aufgerissenem Mund zog er die Plakette aus der Tasche und betrachtete sie, als ob er sie noch nie zuvor gesehen hätte.

»Geben Sie sie mir zurück«, verlangte Baines und warf ihm einen vielsagenden Blick zu.

»Das werde ich nicht tun«, antwortete Harrison fest und steckte das Ding in seine Tasche zurück.

»Manche kapieren eben schneller als andere«, kicherte Baines.

Gleed, der sich angesprochen fühlte, streckte die Hand aus. »Zeig mir dieses Ding noch mal.«

»Das werde ich nicht tun«, gab Harrison zurück und blickte ihm fest in die Augen.

»He, was soll das denn..« Gleeds protestierende Stimme erstarb. Er stand einen Moment lang einfach da und starrte ins

Leere, während sein Verstand die kühnsten Luftsprünge vollführte. »Mein Gott«, flüsterte er dann.

»Genau«, sagte Baines. »Der kann Ihnen jetzt auch nicht weiterhelfen. Sie waren schwer von Begriff.«

Während die vielfältigsten Ideen Gleed durch den Kopf schossen, flüsterte er seinem Begleiter heiser zu: »Komm, verschwinden wir von hier. Ich muß nachdenken. In Ruhe und aller Stille nachdenken.«

Sie fanden einen winzigen Park mit Stühlen und Bänken und einem kleinen Springbrunnen, um den ein paar Kinder herumtobten. Sie suchten einen Platz, von dem aus sie die exotischen, fremden und farbenprächtigen Blumen gut sehen konnten, setzten sich und dachten eine Weile nach.

»Für einen einzelnen bedeutete es das Märtyrertum, aber für eine ganze Welt...«, brachte Gleed nach einer Weile hervor. Seine Stimme zitterte, und er mußte um seine Fassung ringen, bevor er weitersprechen konnte. »Wenn man sich mal alle Implikationen dabei genau überlegt, dann könnte man verrückt werden.«

Harrison schwieg.

»Stell dir doch nur mal vor«, fuhr Gleed fort, »wir kehren zum Schiff zurück, und dieses schnaubende Rhinozeros Bidworthy gibt mir einen Befehl. Und ich blicke ihn gelassen an und sage einfach: ›Das werde ich nicht tun!‹ Entweder fällt er tot um, oder er sperrt mich in den Knast.«

»Das täte dir mal ganz gut.«

»Moment mal, ich bin noch nicht fertig. Jetzt stecke ich zwar im Knast, aber die Arbeit muß immer noch getan werden. Also sucht Bidworthy sich einen anderen. Dieses Opfer, ein Mitverschworener, blickt ihn nur kaltschnäuzig an und sagt: ›Das werde ich nicht tun!‹ Er fliegt auch in den Knast, und ich habe Gesellschaft. Bidworthy versucht es noch einmal. Und noch einmal. In unsere Arrestzellen passen maximal zwanzig Mann. Also weichen sie auf die Ingenieursmesse aus.«

»Laß die Messe aus dem Spiel«, verlangte Harrison.

»Sie benutzen also die Ingenieursmesse als Gefängnisraum«, fuhr Gleed geistesabwesend fort. Abgesehen davon lag ihm wirklich nichts daran, die Ingenieure schlecht zu machen. »Ziemlich bald ist auch die gerammelt voll mit Dienstverweigerern. Bidworthy schickt die Jungs immer noch der Reihe nach in den Knast – wenn ihm mittlerweile nicht ein paar Adern im Hirn geplatzt sind. Also kommen jetzt die Schlafsäle der Maschinisten an die Reihe.«

»Warum hackst du ununterbrochen auf meinen Kumpels herum?«

»Auch die werden bis unter die Decke mit Befehlsverweigerern vollgestopft.« Gleed begann diese sadistische Vorstellung zu genießen. »Und dann muß Bidworthy sich Eimer und Besen holen und auf den Knien das Deck schrubben, während Grayder, Shelton und die anderen uns bewachen. Inzwischen wird Sein Luftikus, der Botschafter, schon in der Kombüse damit beschäftigt sein, uns ein schmackhaftes Mahl zu bereiten. Vielleicht helfen ihm diese Jasager von Federfuchsern dabei.« Er stellte sich dieses Bild genüßlich vor und flüsterte dann: »Heiliger Himmel!«

Ein bunter Ball purzelte ihm direkt vor die Füße. Er bückte sich und hob ihn auf. Sofort kam ein vielleicht siebenjähriger Junge herbeigerannt und sah ihn ernst an.

»Gib mir bitte den Ball zurück!«

»Das werde ich nicht tun!« sagte Gleed und hielt den Ball fest. Wenn er erwartet hatte, Tränen, Enttäuschung oder Wut zu sehen, wurde er enttäuscht. Das Kind zuckte nur enttäuscht die Achseln und ging davon.

»Hier hast du ihn, Kleiner«, rief er und warf dem Jungen den Ball zu.

»Danke schön!« Der Kleine ergriff ihn und lief davon.

»Was würde geschehen«, grübelte Harrison, »wenn jeder Bürger des Reiches, von Prometheus bis nach Kaldor Vier, in dieser gesamten Raumsphäre von achtzehnhundert Lichtjahren Durchmesser, seine Einkommenssteuererklärung bekommt, sie zerreißt und sagt: ›Ich werde nicht bezahlen.‹ *Was* würde dann geschehen?«

»Wir bräuchten ein zweites Universum für die Strafgefangenen und ein drittes für die Wärter.«

»Reinstes Chaos würde herrschen«, fuhr Harrison fort. Er

deutete auf den Brunnen und die Kinder, die dort spielten. »Aber hier herrscht kein Chaos. Jedenfalls sehe ich keins. Das bedeutet, daß die Leute hier in ihren Verweigerungen nicht übertreiben. Sie wenden es äußerst vorsichtig und nur auf einer gewissen Basis an. Wie diese Basis allerdings aussehen könnte – davon habe ich keine Ahnung.«

»Ich auch nicht.«

Ein älterer Herr blieb neben ihnen stehen, betrachtete sie zweifelnd und entschloß sich, lieber ein Kind um Auskunft zu fragen. »Wo fährt der Bus nach Martinstown ab?«

»Ecke Achte Straße«, sagte der Kleine. »Jede volle Stunde. Aber man legt Ihnen Handschellen an, bevor der Bus losfährt.«

»Handschellen?« Der ältere Herr runzelte die Stirn. »Weshalb denn das?«

»Die Straße führt an diesem Raumschiff vorbei. Die Antigands könnten versuchen, Sie aus dem Bus zu zerren.«

»O ja, natürlich.« Der Mann kam zurück, blickte wieder zu Gleed und Harrison hinüber und bemerkte im Vorbeigehen: »Diese Antigands – eine wahre Plage!«

»Ganz bestimmt«, versicherte Gleed. »Wir sagen fortwährend, sie sollen verschwinden, aber sie antworten beharrlich: ›Das werden wir nicht tun.‹ Schrecklich.«

Der alte Mann stutzte, blickte sich um, warf ihnen einen letzten zweifelnden Blick zu und ging seines Weges.

»Er hat dich am Akzent erkannt«, bemerkte Harrison. »Gott sei Dank war an meinem nichts auszusetzen, als ich in Seths Imbißstube ein Mittagessen zu mir genommen habe.«

Gleed blickte ihn mit plötzlichem Interesse an. »Wo du einmal gegessen hast, wirst du auch wieder etwas bekommen. Komm schon, wir können es doch wenigstens versuchen. Was haben wir schon zu verlieren?«

»Unsere Geduld«, meinte Harrison und erhob sich. »Na gut, gehen wir zu Seths Lokal. Wenn wir dort nichts bekommen, müssen wir es eben anderswo versuchen. Klappt auch das nicht, kehren wir zum Raumschiff zurück, bevor wir Hungers sterben.«

»Genau das beabsichtigen die doch«, sagte Gleed und verzog wütend das Gesicht. »Aber nur über meine Leiche.«

»Wir sind doch keine Kannibalen«, bemerkte Harrison trokken.

Matt kam mit einer Serviette über den Arm an ihren Tisch. »Ich bediene keine Antigands«, sagte er.

»Aber Sie haben mich doch auch das letzte Mal bedient«, widersprach Harrison.

»Ein Fehler. Damals wußte ich noch nicht, daß Sie von dem Schiff stammen. Aber nun kenne ich Sie!« Er wischte mit der Serviette über eine Tischecke. »Ich bediene keine Antigands«, wiederholte er.

»Können wir irgendwo anders ein Mittagessen bekommen?«

»Nur, wenn ein anderer Lokalbesitzer ein Ob auf Sie lädt. Das wird jedoch keiner tun, der noch alle seine Sinne beieinander hat. Vielleicht haben Sie Glück, daß jemand den gleichen Fehler begeht wie ich.« Er wischte noch einmal über die Ecke. »Mir passiert er nicht noch einmal.«

»Dafür begehen Sie jetzt einen anderen«, sagte Gleed mit harter, autoritärer Stimme. Er stieß Harrison an. »Gib acht!« Dann zog er einen winzigen Blaster aus seiner Seitentasche und zielte gegen Matts Magen. »Normalerweise würden meine Vorgesetzten mir Schwierigkeiten machen, aber die haben jetzt ganz andere Dinge im Kopf. Die sind sowieso sauer auf euch.« Er winkte mit der Waffe. »Los, bringen Sie uns sofort zwei Menüs!«

»Das werde ich nicht tun«, sagte Matt, schob das Kinn vor und ignorierte die Waffe.

Gleed schob den Sicherungsbolzen mit hörbarem Klicken beiseite. »Überlegen Sie sich das gut«, meinte er. »Ich schieße sie glatt zusammen.«

»Ich werde es nicht tun.«

Gleed schob die Waffe ernüchtert in die Tasche zurück. »Nur ein Scherz«, erklärte er. »Sie war nicht geladen.«

»Ob sie geladen war oder nicht, macht keinen Unterschied«, versicherte Matt. »Ich bediene keine Antigands, und dabei bleibt es.«

»Und wenn ich Sie nun über den Haufen geschossen hätte?« fragte Gleed.

»Dann hätte ich Sie erst recht nicht mehr bedient. Ein Toter ist für niemanden mehr von Nutzen. Es ist an der Zeit, daß ihr Antigands einmal lernt, vernünftig zu denken.«

Damit ging er von dannen.

»Da ist etwas dran«, bemerkte Harrison bedrückt. »Eine Leiche ist zu gar nichts mehr von Nutzen. Du hättest damit nichts erreicht.«

»Rede doch nicht so naseweis daher! Wenn hier erst einmal ein paar Tote herumliegen, dürften die anderen sich wesentlich aufgeschlossener zeigen.«

»Du denkst noch immer mit rein terranischer Logik«, widersprach Harrison. »Das ist ein Fehler. Diese Leute sind keine Terraner, egal, woher sie stammen. Sie sind Gands.« Er überlegte kurz. »Ich habe zwar keine Ahnung, was der Name Gand eigentlich bedeuten soll, aber ich glaube, es handelt sich um irgendwelche Fanatiker. Bei der Großen Explosion hat Terra solche Querköpfe millionenweise auf andere Planeten geschickt. Denk doch nur mal an diese völlig Verrückten auf Hygeia.«

»Ich war einmal dort.« Gleed nickte versonnen. »Zuerst habe ich mich ja bemüht, nicht hinzuschauen, aber dann konnte ich nicht mehr wegsehen. Nicht einmal ein Feigenblatt haben sie sich vorgebunden! Und uns hielten sie für pervers, weil wir Kleidung trugen. Schließlich mußten auch wir die Kleider ablegen. Kannst du dir vorstellen, was ich am Leibe hatte, als wir schließlich wieder starteten?«

»Eine stramme Haltung?«

»Das und eine Erkennungsmarke aus Silber, wie sie jeder Raumfahrer tragen muß. Und drei Streifen, die ich mir mit Fettstift auf den linken Arm gemalt hatte, damit auch jeder wußte, daß er einen Sergeanten vor sich hatte. Ich sah auch genauso aus wie ein Sergeant – furchtbar!«

»Das kann ich mir gut vorstellen. Ich war auch mal eine Woche dort.«

»Wir hatten einen Konteradmiral an Bord«, fuhr Gleed fort. »Mit seiner lausigen Körperhaltung sah er aus wie ein ausgeleierter Hosenträger. Im Adamskostüm zollte ihm keiner den nötigen Respekt. Diese Hygeianer zitierten ihn als Beispiel dafür, daß sie in einer wirklichen Demokratie lebten, während wir uns mit einer verwässerten zufriedengeben müßten.« Er kicherte. »Ich bin mir gar nicht mehr so sicher, ob sie nicht doch recht hatten.«

»Nach der Erschaffung des Reiches sind schon seltsame Lehrsätze entstanden«, meditierte Harrison. »In erster Linie der, daß Terra immer recht behält und sich die sechzehnhundertzweiundvierzig anderen Planeten fortwährend irren.«

»He, das klingt nach Aufruhr!«

Harrison gab keine Antwort. Gleed blickte ihn nachdenklich an, wurde aber dann von einer Brünetten abgelenkt, die das Lokal soeben betreten hatte.

»Klasse«, schwärmte er. »Nicht zu jung, nicht zu alt. Nicht zu dick, nicht zu dünn. Genau richtig.«

»Ich kenne Sie«, sagte Harrison und winkte sie herbei.

Sie kam leichtfüßig durch den Raum und nahm an ihrem Tisch Platz. Harrison stellte sie vor.

»Das ist ein Freund von mir. Sergeant Gleed.«

»Arthur«, korrigierte Gleed, der den Blick nicht von ihr wenden konnte.

»Ich heiße Elissa«, sagte sie. »Aber was soll das sein – ein Sergeant?«

»Das ist eine Art übergeordneter Untergebener«, erklärte Gleed. »Ich gebe die Befehle von oben an die Jungs weiter, die sie dann ausführen müssen.«

Sie blickte ihn aus großen Augen an. »Sie meinen, Ihre Leute lassen sich herumkommandieren?«

»Natürlich. Warum auch nicht?«

»Das klingt für mich völlig verrückt.« Sie schaute zu Harrison hinüber. »Ihren Namen werde ich wohl nie erfahren, wie?«

»James«, beeilte er sich, das Versäumte nachzuholen. »Aber diesen Namen mag ich nicht so sehr. Ich ziehe Jim vor.«

»Nun, dann soll es bei Jim bleiben.« Sie blickte zur Theke und den anderen Tischen hinüber. »Ist Matt schon an Ihrem Tisch gewesen?«

»Ja. Er weigert sich, uns zu bedienen.«

Sie zuckte ihre wohlgeformten Achseln. »Das ist sein gutes Recht. Jeder hat das Recht, sich zu weigern. So ist es nun einmal mit der Freiheit, nicht wahr?«

»Wir nennen das Meuterei«, sagte Gleed.

»Seien Sie doch nicht kindisch«, erwiderte sie und erhob sich. »Sie warten hier, und ich werde mit Seth sprechen.«

»Das begreife ich einfach nicht«, gestand Gleed ein, als sie außer Hörweite war. »Dieser Fettkloß in dem Delikatessengeschäft hat doch behauptet, die Taktik dieser Leute bestehe darin, uns so lange die kalte Schulter zu zeigen, bis wir hier verschwinden. Aber dieses Mädchen benimmt sich verdammt freundlich. Sie ist... sie ist...« Er suchte nach dem passenden Wort. »Ja«, meinte er, »sie ist irgendwie ungandisch.«

»Nein, keineswegs«, widersprach Harrison. »Sie macht von ihrem Recht, ›Das werde ich nicht tun‹ zu sagen, häufig Gebrauch.«

»Zum Teufel, ja! Daran hatte ich gar nicht gedacht. Sie können den Grad ihrer Sturheit so einrichten, wie es ihnen paßt.«

»Natürlich«, bestätigte er flüsternd. »Dort kommt sie übrigens!«

Sie nahm wieder Platz, brachte ihr Haar in Ordnung und sagte: »Seth wird uns persönlich bedienen.«

»Noch ein Verräter«, bemerkte Gleed grinsend.

»Aber nur unter einer Bedingung«, fuhr sie fort. »Ihr beide müßt warten, bis er sich mit euch unterhalten hat, bevor ihr wieder geht.«

»Ein gutes Geschäft«, meinte Harrison. Doch plötzlich kamen ihm Bedenken. »Heißt das, daß Sie mehrere Obs für uns drei abarbeiten müssen?«

»Nein, nur einen für mich selbst.«

»Wieso denn das?«

»Seth hat seine eigenen Vorstellungen. Er ist über die Antigands nicht glücklicher als alle anderen hier.«

»Und nun?«

»Sein Missionarstrieb. Er ist nicht ganz mit der Idee einverstanden, allen Antigands die kalte Schulter zu zeigen, sondern meint, so solle man sich nur den Sturen, Dummen und Unverbesserlichen gegenüber benehmen.« Sie lächelte Gleed an, daß er eine Gänsehaut bekam. »Seth glaubt, daß alle intelligenten Antigands gerne Gands wären.«

»Was ist ein Gand überhaupt?« fragte Harrison.

»Natürlich ein Bewohner dieser Welt.«

»Nein, ich meine, woher leitet sich dieser Name ab?«

»Von Gandhi«, sagte sie.

»Wer zum Teufel soll denn das sein?« fragte Harrison verwirrt und runzelte die Stirn.

»Ein uralter Terraner. Der, der *Die Waffe* erfunden hat.«

»Habe nie von ihm gehört.«

»Das überrascht mich nicht«, meinte sie.

»Wieso?« Er fühlte sich irritiert. »Hören Sie, heute erhalten wir Terraner eine genauso gute Erziehung wie...«

»Beruhigen Sie sich, Jim.« Sie sprach das ›i‹ gedehnt und verlieh dem Namen damit viel mehr Wärme. »Ich meine damit nur, daß Ihre Geschichtsbücher Gandhi unter Garantie nicht erwähnen. Er könnte Ihnen ein schlechtes Beispiel sein, verstehen Sie? Sie können doch nicht erwarten, etwas zu wissen, was Sie niemals lernen durften.«

»Ich kann nicht glauben, daß die terranischen Geschichtsbücher zensiert sind«, widersprach er.

»Es ist Ihr gutes Recht, diese Vorstellung abzulehnen. Wir leben doch in Freiheit, nicht wahr?«

»Bis zu einem gewissen Grade, ja. Aber ein Mensch hat auch Pflichten, die er erfüllen muß.«

»Ja?« Sie zog die schön geschwungenen Augenbrauen hoch. »Wer bestimmt diese Pflichten? Er selbst, oder ein anderer?«

»Meistens seine Vorgesetzten.«

»Kein Mensch ist mehr wert als ein anderer. Und keiner hat das Recht, über die Pflichten eines anderen zu bestimmen.« Sie machte eine kurze Pause und sah ihn erwartungsvoll an. »Wenn auf Terra jemand solch eine Macht hat, dann nur, weil die übrigen nichts dagegen tun. Sie fürchten die Freiheit und ziehen es vor, gegängelt zu werden. Sie mögen es geradezu, herumkommandiert zu werden. Was für Waschlappen!«

»Ich sollte Ihnen eigentlich gar nicht zuhören!« protestierte Gleed mit hochrotem Gesicht. »Sie sind so frech, wie Sie hübsch sind.«

»Haben Sie etwa Angst vor Ihren eigenen Gedanken?« warf sie ein und überhörte das Kompliment geflissentlich.

Er wurde noch roter im Gesicht. »Ganz und gar nicht. Aber ich...« Er verstummte, als Seth mit den schwerbeladenen Tellern ankam und sie auf den Tisch stellte.

»Bis gleich!« erinnerte ihn Seth. Er war mittelgroß, schlank und hatte scharfe, hin- und herflitzende Augen. »Muß noch mit Ihnen sprechen.«

Als sie zu Ende gegessen hatten, gesellte sich Seth zu ihnen. Er zog einen Stuhl heran, wischte das Kondenswasser von seinem Gesicht und betrachtete sie nachdenklich.

»Wieviel wissen die beiden?«

»Genug, um darüber sprechen zu können«, warf Elissa ein. »Sie denken gerade darüber nach, wie Pflichten definiert werden und wer sie erfüllen muß.«

»Aus einem guten Grund«, meinte Harrison. »Niemand kann sich ihnen entziehen.«

»Wie meinen Sie das?« fragte Seth.

»Die Wirtschaft dieser Welt beruht auf einem seltsamen System wechselseitiger Obligationen. Wie kann jemand auch nur ein Ob abarbeiten, wenn er sich nicht bewußt ist, daß er die Pflicht dazu hat?«

»Die Pflicht hat damit nichts zu tun«, sagte Seth. »Und wenn doch, würde ein jeder das sehr schnell begreifen. Ein unerträglicher Gedanke, daß ihn jemand daran erinnern müßte, ganz geschweige davon, herumkommandiert zu werden.«

»Manche Burschen werden sich doch sicher auf die faule Haut legen«, vermutete Gleed. »Und niemand kann sie daran hindern, wenn ich die Sache richtig sehe.« Er blickte Seth eindringlich an, bevor er fortfuhr: »Wie werden Sie mit einem Bürger fertig, der kein Gewissen hat?«

»Ganz einfach.«

»Erzähle ihnen doch die Geschichte vom faulen Jack.«

»Eine Kindergeschichte«, erklärte Seth. »All unsere Kinder kennen sie auswendig. Eine klassische Fabel, wie... wie...« Er runzelte die Stirn. »Ich kann mich nicht mehr so gut an die terranischen Fabeln erinnern, die die ersten Kolonisten mitgebracht haben.«

»Wie Hans im Glück«, meinte Harrison.

»Genau.« Seth nahm den Begriff dankbar auf. »Richtig. Ein Märchen.« Er fuhr sich über die Lippen. »Dieser faule Jack kam als Kind von Terra hierher«, erzählte er weiter. »Er wuchs auf dieser neuen Welt auf, studierte unser Wirtschaftssystem und kam sich mächtig clever vor. Also entschloß er sich, Nassauer zu werden.

»Was ist ein Nassauer?« fragte Gleed dazwischen.

»Jemand, der Obs annimmt und nichts tut, um sie abzuarbeiten oder selbst welche zu vergeben. Er nimmt alles für sich in Anspruch, leistet aber selbst nichts.«

»Jetzt verstehe ich. Ich kenne selbst einen oder zwei von dieser Sorte.«

»Bis zum sechzehnten Lebensjahr kam Jack damit durch. Er war ja noch ein Kind. Und alle Kinder versuchen in gewisser Weise zu schummeln. Das erwarten und dulden wir auch. Aber als er sechzehn war, saß er dick in der Tinte.«

»Wieso?« fragte Harrison, obwohl er sein Interesse an dieser Geschichte eigentlich verbergen wollte.

»Er zog durch die Stadt und akzeptierte Obs haufenweise. Mahlzeiten, Kleider, einfach alles, was ihm in den Sinn kam. Aber die Stadt war nicht sehr groß. Überhaupt gibt es auf diesem Planeten keine großen Städte. Sie sind alle so klein, daß jeder jeden kennt – und wir sprechen viel miteinander. Nach drei oder vier Monaten wußte die ganze Stadt, daß Jack ein ausgemachter Nassauer war.«

»Erzählen Sie weiter!« forderte Harrison ungeduldig.

»Dann versiegten alle Quellen«, sagte Seth. »Wo immer er auch hinkam, antwortete man ihm: ›Das werde ich nicht tun!‹ Das ist wahre Freiheit, nicht wahr? Er bekam keine Mahlzeiten mehr, keine Kleider, keine Unterhaltung, keine Gesellschaft. Gar nichts. Schon bald war er furchtbar hungrig und brach eines Nachts in einem Lebensmittelgeschäft ein, um nach sieben Tagen endlich wieder einmal essen zu können.«

»Was hat man dagegen getan?«

»Überhaupt nichts.«

»Aber das ermutigte ihn doch nur noch, oder?«

»Wie sollte es?« fragte Seth und lächelte dünn. »Er hatte nichts davon. Am nächsten Tag war sein Bauch wieder leer, und er mußte erneut stehlen. Und am nächsten Tag auch. Und am darauffolgenden. Die Leute wurden mißtrauisch, schlossen ihre Läden ab und bewachten sie. Es wurde Jack immer schwerer gemacht. Schließlich konnte er nirgendwo mehr stehlen, so daß es für ihn einfacher war, die Stadt zu verlassen und sein Glück anderswo zu probieren. Also zog der faule Jack von dannen.«

»Und machte irgendwo anders weiter«, warf Harrison ein.

»Die Ergebnisse blieben gleich«, berichtete Seth. »Er zog zur dritten Stadt, zur vierten, zur fünften, zur zwanzigsten. Er war einfach zu stur, um die richtigen Schlüsse zu ziehen.«

»Wieso?« widersprach Harrison. »Er bekam doch, was er wollte, indem er einfach von einer Stadt in die andere zog.«

»Nein, eben nicht. Wie ich schon sagte, sind unsere Städte ziemlich klein. Und die Bewohner unseres Planeten reisen viel. In der zweiten Stadt mußte Jack das Risiko auf sich nehmen, von jemandem aus der ersten erkannt zu werden, der ihn sofort verraten hätte. Von Stadt zu Stadt wurde es schlimmer. In der zwanzigsten konnte er von Bewohnern der neunzehn anderen erkannt werden.« Seth lehnte sich vor. »Siebenundzwanzig Städte ging das so gut«, erklärte er mit Nachdruck.

»Und?«

»Er blieb zwei Wochen in der fünfundzwanzigsten, eine in der sechsundzwanzigsten und nur einen Tag in der siebenundzwanzigsten. Das war der Anfang vom Ende.«

»Was hat er dann getan?«

»Er zog in die Wildnis, versuchte, von Wurzeln und Beeren zu leben. Dann verschwand er – bis ihn eines Tages ein paar Spaziergänger an einem Baum baumelnd fanden. Er trug nur noch Fetzen am Leibe und war völlig ausgehungert. Die Einsamkeit und Entbehrung hatten ihn getötet. Tja, das war das Ende vom faulen Jack, dem Nassauer. Er war noch nicht einmal zwanzig geworden.«

»Auf Terra«, sagte Gleed, »hängen wir die Leute nicht, nur weil sie faul sind.«

»Das haben wir auch nicht getan«, meinte Seth. »Aber bei uns kann ein jeder Selbstmord verüben.« Er warf ihm einen kurzen Blick zu. »Sie brauchen sich keine unnötigen Sorgen zu machen«, fuhr er fort. »Solange ich lebe, mußten solche drastischen

Maßnahmen nicht mehr ergriffen werden. Zumindest weiß ich nichts davon. Die Leute betrachten ihre Obs als wirtschaftliche Notwendigkeiten und nicht als Pflichten, die sie erfüllen müssen. Niemand gibt Befehle, keiner schubst einen anderen herum. Man muß aber wissen, wie das Leben auf diesem Planeten abläuft. Die Leute spielen ehrlich – oder leiden. Und niemand leidet gern, noch nicht einmal ein ausgemachter Dummkopf.«

»Ja, ich glaube, da haben Sie recht«, warf Harrison nachdenklich ein.

»Ich habe ganz bestimmt recht!« versicherte Seth. »Aber eigentlich wollte ich mit Ihnen über etwas viel Wichtigeres sprechen: Was für ein Lebensziel verfolgt ihr beide wirklich?«

»Raumfahrer zu sein, ohne in Stücke zerrissen zu werden«, gab Gleed ohne Zögern zurück.

»Ich auch«, bestätigte Harrison.

»Das habe ich mir schon gedacht. Sie wären keine Raumfahrer, wenn Sie das nicht so gewollt hätten. Aber Sie können den Raumtruppen nicht für ewig angehören. Alle guten Dinge enden einmal. Was wollen Sie dann tun?«

»Daran habe ich noch nicht gedacht.« Harrison rutschte unbehaglich auf seinem Stuhl hin und her.

»Eines Tages werden Sie aber daran denken müssen«, meinte Seth. »Auf wie lange sind Sie noch verpflichtet?«

»Auf viereinhalb Erdenjahre.«

Seths Blick wanderte zu Gleed.

»Noch drei Erdenjahre.«

»Das ist nicht lange«, bemerkte Seth. »Ich habe auch nicht erwartet, daß Sie noch viel Zeit zur Verfügung haben. Es trifft fast immer zu, daß die Besatzung eines Raumschiffes, das so weit in den Raum vordringt, aus alten Hasen besteht, deren Dienstzeit bald abgelaufen ist. Die Erfahrensten bekommen immer die schwierigsten Aufgaben. Gehe ich recht in der Vermutung, daß der Tag der Landung auf der Erde für viele Besatzungsmitglieder gleichbedeutend mit der Entlassung aus der Raumflotte sein wird?«

»Bei mir wird das so sein«, bestätigte Gleed und fühlte sich recht unglücklich bei diesem Gedanken.

»Je älter man wird, desto schneller verstreicht die Zeit. Aber zum Zeitpunkt Ihrer Entlassung werden Sie immer noch verhältnismäßig jung sein.«

Gleed lächelte ihn dankbar an.

»Ich vermute, daß Sie dann ein Raumschiff kaufen und den Kosmos auf eigene Faust durchstreifen werden?«

»Das ist unmöglich«, widersprach Gleed entschieden. »Ein schwerreicher Mann kann sich im günstigsten Falle ein interplanetarisches Raumschiff kaufen. Zwischen den Planeten einer Sonne umherzugondeln macht bestimmt keine Freude, wenn man gewohnt ist, mit Blieder-Kraft die Galaxis zu durchstreifen. Selbst das kleinste Blieder-Raumschiff ist zu teuer, um von einem gewöhnlichen Sterblichen erworben werden zu können. Nur Regierungen können sich solche Raumer leisten.«

»Verstehen Sie unter ›Regierung‹ eine Gemeinde?«

»In etwa, ja.«

»Nun, was wollen Sie also tun, nachdem die Tage, da Sie den Weltraum durchstreift haben, endgültig vorüber sind?«

»Ich bin leider nicht wie dieser Segelohrentyp dort.« Gleed deutete mit dem Daumen auf Harrison. »Ich bin ein Soldat und kein Techniker. Also ist meine Auswahl beschränkt, weil es mir an Qualifikation fehlt.« Er rieb nachdenklich sein Kinn. »Ich wurde auf einer Farm geboren und großgezogen und weiß immer noch genug über die Landwirtschaft. Vielleicht werde ich mir eine eigene Farm kaufen und mich häuslich niederlassen.«

»Glauben Sie wirklich, daß Sie das schaffen werden?« fragte Seth, der den Raumfahrer genau betrachtete.

»Ja, auf Falder oder Hygeai oder Nortons Rosarotem Himmel oder einem anderen unterentwickelten Planeten. Nicht auf Terra, dafür reichen meine Ersparnisse nicht aus. Ich habe mir nicht einmal halb so viel zusammengespart, um mir auf der Erde eine Farm kaufen zu können.«

»Das heißt, Sie haben nicht genug Obs erwirtschaftet?«

»Ja«, stimmte Gleed düster zu. »Und werde es auch nicht, selbst wenn ich spare, bis mein Bart einen Meter lang ist.«

»Das ist also Terras Belohnung für Ihre treuen Dienste: wenn Ihr Eure Wünsche nicht erfüllen könnt, haut doch ab – was geht uns das an?«

»Seien Sie doch still!«

»Das werde ich nicht«, sagte Seth und beugte sich vor. »Was glauben Sie, weshalb sind zweihunderttausend Gands auf diesen Planeten ausgewandert, die Doukhobors nach Hygeia, die Quäker nach Centauri B? Und all die anderen Auswanderer auf ihre Planeten nach Wunsch? Weil Terras Belohnung für seine guten Bürger immer nur aus dem Befehl bestand, die Schnauze zu halten oder abzuhauen. Also sind wir gegangen.«

»Das war das Beste, was wir tun konnten«, warf Elissa ein. »Laut unseren Geschichtsbüchern war Terra so überbevölkert, daß der Planet bald aus allen Nähten platzte. Wir wanderten aus und erleichterten den Druck.«

»Zum Thema zurück«, erinnerte Seth und wandte sich wieder an Gleed. »Sie wollen also eine Farm. Auf Terra werden Sie die aber nicht bekommen. Terra sagt: ›Nein! Verschwinde doch!‹ Also müssen Sie sich irgendwo anders umsehen.« Er wartete, um seine Worte besser einwirken zu lassen, und fuhr dann fort: »Hier können Sie eine bekommen.« Er schnippte mit den Fingern. »Einfach so.«

»Sie können mich doch nicht hereinlegen«, sagte Gleed mit dem Gesichtsausdruck eines Menschen, der sich nur allzugern hereinlegen lassen möchte. »Wo liegt der Haken dabei?«

»Auf diesem Planeten gehört jeder Grund und Boden dem, der ihn beansprucht und bearbeitet. Jeder nimmt nur so viel, wie er wirklich gebrauchen kann. Sie brauchen sich nur nach einem brachliegenden Fleckchen Erde umzuschauen, wovon es wirklich genug gibt, und das Land kultivieren. Von da an gehört es Ihnen, und zwar so lange, bis Sie es aufgeben und fortziehen. Dann kann es ein anderer nehmen.«

»Bei den zischenden Meteoritenschweifen!« sagte Gleed ungläubig.

»Außerdem brauchen Sie sich nur lange genug umschauen und etwas Glück haben«, fuhr Seth fort, »um ein Stück Land zu finden, das schon von jemandem bearbeitet worden ist, der es aber wegen Tod, Krankheit oder aus anderen Gründen aufgeben mußte. Vielleicht hat er etwas Besseres gefunden und ist einfach fortgezogen. In diesem Fall könnten Sie einen fertigen Bauernhof beanspruchen, mit Melkmaschinen, Scheunen und allem, was dazugehört. Und alles würde Ihnen allein gehören.«

»Was würde ich dem ehemaligen Besitzer schulden?« fragte Gleed.

»Gar nichts, keinen einzigen Ob. Warum auch? Wenn er noch lebt, ist er aus freiem Willen fortgezogen, weil er etwas Besseres gefunden hat. Er kann nicht zweimal daran profitieren.«

»Das ergibt keinen Sinn für mich. Irgendeinen Haken muß diese Sache doch haben. Entweder muß ich blankes Geld oder ziemlich viele Obs dafür auf den Tisch legen.«

»In gewisser Hinsicht ja. Sie bauen eine Farm. Ein paar Nachbarn helfen Ihnen bei den Bauarbeiten und laden eine Menge Obs dabei auf Sie ab. Der Schreiner verlangt für sich und seine Familie kostenlose Molkereiprodukte für die nächsten paar Jahre. Sie gewähren ihm das und werden dadurch Obs los. Dann beliefern Sie ihn weiter und laden ihm Obs *auf*. Wenn dann jemand kommt, dem Sie noch Obs schuldig sind, muß er sie für Sie abtragen. Und so verfahren Sie mit allen, die Ihnen das Rohmaterial zur Verfügung stellen, das Saatgut und die Maschinen, oder für Sie geschuftet haben.«

»Aber nicht alle werden Milch und Kartoffeln wollen«, warf Gleed ein.

»Tut mir leid, ich weiß nicht, was Sie mit Kartoffeln meinen. Ich habe dieses Wort noch nie gehört.«

»Wie kann ich meine Obs an den loswerden, der seine Nahrungsmittel schon von anderen Farmen erhält?«

»Ganz einfach«, sagte Seth. »Ein Klempner beliefert Sie mit Butterfässern. Er will keine Nahrungsmittel, weil er sie aus anderen Quellen bezieht oder seine Frau und drei Töchter viel zu viel Gewicht auf die Waage bringen und abnehmen wollen. Allein der Gedanke an Ihr Gemüse versetzt sie schon in helle Panik.

Aber der Schneider oder der Schuster des Klempners haben ihm ein paar Obs aufgeladen, die er nicht loswerden kann. Also überträgt er sie an Sie. Und sobald Sie dazu in der Lage sind, liefern Sie an den Schneider oder Schuster so viel Nahrungsmittel, daß dadurch diese Obs abgetragen werden. So werden Sie Ihre und der Klempner seine los.« Er lächelte freundlich und schloß: »Und alle sind glücklich!«

Gleed überdachte die Angelegenheit mit gerunzelter Stirn.

»Sie wollen mich bestechen«, meinte er. »Das sollten Sie in Zukunft unterlassen. Einen Raumfahrer aufzuwiegeln ist ein schweres Vergehen. Verrat, um genau zu sein. Und Terra geht mit Verrätern sehr scharf ins Gericht.«

»So ein Quatsch!« sagte Seth und schnaubte verächtlich. »Hier herrschen die Gesetze von Gand.«

»Sie müssen sich nur sagen«, schlug Elissa mit süßer, überredender Stimme vor, »daß Sie zurück zum Schiff müssen, daß das Ihre Pflicht sei. Weder Terra noch das Raumschiff kommt ohne Sie aus.« Sie schob sich eine Haarlocke aus der Stirn. »Dann denken Sie an Ihre Freiheit und sagen: ›Das werde ich nicht tun!‹ «

»Man würde mir die Haut bei lebendigem Leib abziehen. Bidworthy würde höchstpersönlich dafür sorgen.«

»Das glaube ich nicht«, widersprach Seth. »Dieser Bidworthy – er scheint alles andere als ein freundlicher Mensch zu sein – steht zusammen mit Ihnen und der gesamten Mannschaft an einem gemeinsamen Scheideweg. Die Straße trennt sich vor ihm. Er muß die eine oder die andere Abzweigung nehmen, es gibt keine dritte Alternative. Entweder wird er früher oder später nach Hause fliegen und sich vor Wut in den Hintern beißen, oder er fährt hier irgendwo mit einem Lastwagen herum und liefert Ihre Milch aus – weil er tief im Innern genau das schon immer tun wollte.«

»Sie kennen ihn nicht so gut wie ich«, murmelte Gleed. »In seinem Schädel sitzt keine Seele, sondern ein rostiges Trümmerstück.«

»Komisch«, bemerkte Harrison. »Bis heute habe ich das von dir auch immer geglaubt.«

»Heute habe ich auch keinen Dienst«, sagte Gleed, als ob das alles erklären würde. »Mein wahres Ich kommt nur zum Vorschein, wenn ich mich entspanne und nicht im Dienst bin.« Er stand auf und schob das Kinn vor. »Aber ich bin jetzt wieder im Dienst. Jetzt sofort!«

»Sie haben bis morgen abend Urlaub!« widersprach Harrison.

»Das mag schon sein. Aber ich kehre trotzdem sofort zurück.«

Elissa öffnete den Mund, schloß ihn aber wieder, als Seth ihr einen Wink gab. Schweigend beobachteten sie, wie Gleed hinausmarschierte.

»Ein gutes Zeichen«, bemerkte Seth erstaunlich selbstsicher. »Wir haben ihn an der schwächsten Stelle getroffen.« Er kicherte verhalten und drehte sich zu Harrison um. »Nun, was ist denn Ihr Lebensziel?«

»Danke für die Mahlzeit. Ich brauchte sie dringend, und sie hat mir sehr gut geschmeckt.« Mit sichtlicher Verlegenheit erhob er sich und deutete auf die Tür. »Ich muß ihn aufhalten. Wenn er zum Schiff zurückkehrt, werde ich das auch tun.«

Wieder gab Seth dem Mädchen einen Wink. Sie schwieg, während Harrison sich einen Weg hinaus bahnte und die Tür leise hinter sich schloß.

»Schafe«, sagte Elissa. Aus irgendeinem Grund schien sie enttäuscht zu sein. »Der eine läuft dem anderen hinterher. Wie die Schafe!«

»Nicht ganz«, widersprach Seth. »Diese Menschen werden von den gleichen Gedanken und Emotionen geleitet, genau wie unsere Vorväter, die beileibe keine Schafsköpfe waren.« Er drehte sich in seinem Stuhl um und winkte Matt herbei. »Bring uns zwei Shemaks!« Zu Elissa gewandt sagte er grinsend: »Ich glaube, daß es sich für die Schiffsleitung nicht auszahlt, noch allzulange hierzubleiben.«

»Fanshaw, Folsom, Fuller, Garson, Gleed, Gregory, Haines, Harrison, Hope...« bellte es aus dem Lautsprechersystem des Raumschiffes, bis schließlich das ganze Alphabet heruntergerasselt war.

Aber nur ein dünnes Rinnsal von Männern floß durch die Schleusen und Gänge auf den vorderen Kartenraum zu. In kleinen Gruppen blieben sie vor der Tür stehen und unterhielten sich gedämpft. Das Echo hallte dunkel den Gang hinab.

»...sagten immer nur dieses komische Wort zu uns, Meiob. Nach einer Weile war ich es völlig leid...«

»Ihr hättet euch aufteilen sollen. Das hat bei uns auch geklappt. Die Leutchen in den Vorstädten hatten überhaupt keine Ahnung davon, wie ein Terraner wirklich aussieht. Ich bin einfach in ein Lokal gegangen und habe mich hingesetzt.«

»Hast du das von Meakin schon gehört? Er hat ein leckes Dach repariert, eine Flasche mit doppeltem Dith dafür bekommen und sich restlos vollaufen lassen. Er war stockbesoffen, als wir ihn gefunden haben. Mußten ihn zum Schiff zurücktragen.«

»Manche haben das Glück für sich gepachtet. Überall wo wir hinkamen, zeigte man uns nur die kalte Schulter. Das macht einen völlig fertig.«

»Ihr hättet euch eben trennen sollen!«

»Die halbe Mannschaft muß noch besoffen in irgendwelchen Gossen liegen. Es fehlen immer noch welche.«

»Grayder wird vor Wut zerplatzen. Wenn er das gewußt hätte, er hätte die neuen Urlaubslisten heute morgen doch nie unterschrieben.«

Dann und wann steckte der Erste Maat Morgan den Kopf aus der Tür zum Kartenraum und brüllte den Namen eines Mannes, der über Lautsprecher aufgerufen worden war. Meistens bekam er keine Antwort.

»Harrison!« schrie er nun.

Mit verwirrtem Gesichtsausdruck stolperte Harrison hinein. Captain Grayder saß hinter einem Schreibtisch und starrte mit finsterer Miene auf eine Liste, die er vor sich liegen hatte. Colonel Shelton stand steif und mit perfekter Haltung neben ihm, dahinter Major Hame. Beide zogen sie ein Gesicht, als müßten sie den üblen Geruch eines Abfalltanks ertragen, den ein Klempner gerade auf ein Leck untersuchte.

Seine Exzellenz wanderte in stetem Schritt vor dem Schreibtisch auf und ab und murmelte etwas Unverständliches in seinen Bart. »Nach fünf Tagen läßt die Moral schon nach«, verstand Harrison, der vom Botschafter scharf angeblickt wurde. »Ach, Sie sind das, Mister. Wann sind Sie vom Urlaub zurückgekehrt?«

»Gestern abend, Sir.«

»Vor der Zeit, wie? Komisch. Hatten Sie einen Platten?«

»Nein, Sir, ich habe mein Fahrrad gar nicht mitgenommen.«

»Auch gut«, brummte der Botschafter. »Wenn Sie das getan hätten, wären Sie jetzt schon tausend Meilen weit weg und immer noch am Strampeln.«

»Wieso, Sir?«

»Wieso? Er fragt *mich* nach dem Grund! Genau das will ich von *Ihnen* wissen – wieso!« Er brummte wieder etwas Unverständliches. »Sind Sie allein oder mit Begleitung in die Stadt gegangen?« fragte er dann.

»Zusammen mit Sergeant Gleed, Sir.«

»Rufen Sie ihn herbei!« befahl der Botschafter dem Ersten Maat. Morgan öffnete die Tür und brüllte: »Gleed!«

Keine Antwort.

Er versuchte es noch einmal, wieder ohne Ergebnis. Dann versuchte er es erneut über das Lautsprechersystem, aber Gleed meldete sich nicht.

»Steht er in den Listen?«

Grayder schaute nach. »Er ist heute morgen zurückgekommen. Vierundzwanzig Stunden vor der Zeit. Vielleicht hat er sich mit den Leuten, die ihren Urlaub heute morgen antraten, noch einmal auf den Weg gemacht und sich nicht abgemeldet. Das wäre ein doppeltes Vergehen.«

»Vergehen hin, Vergehen her, wenn er sich nicht an Bord befindet, muß er draußen sein.«

»Ja, Euer Exzellenz«, seufzte Captain Grayder müde.

»GLEED!« brüllte Morgan draußen. Dann steckte er den Kopf zur Tür herein und sagte: »Euer Exzellenz, einer der Männer behauptet, Sergeant Gleed sei nicht an Bord. Er habe ihn vor kurzem noch in der Stadt gesehen.«

»Schicken Sie ihn herein«, befahl der Botschafter mit herrischer Geste. »Sie, Harrison, bleiben noch hier«, donnerte er. »Und hören Sie auf, mit den Ohren zu wackeln. Ich bin noch lange nicht mit Ihnen fertig.«

Ein hochgewachsener Soldat mit ausgesprochenem Affengesicht kam herein und blinzelte erschrocken. Mit einer Massierung von so vielen hohen Tieren hatte er nicht gerechnet.

»Was wissen Sie von Sergeant Gleed?« erkundigte sich der Botschafter.

Der Soldat fuhr sich mit der Zunge über die Lippen. Ihm tat es jetzt schon leid, daß er seinen Vorgesetzten erwähnt hatte. Er blinzelte heftig. »Es ist so, Euer Ehren, ich...«

»Sagen Sie ›Sir‹ zu mir!«

»Jawohl, Sir.« Er blinzelte erneut. »Ich ging heute morgen mit der zweiten Urlaubsgruppe hinaus und kam vor ein paar Stunden zurück, weil mein Magen rebellierte. Auf dem Heimweg traf ich Sergeant Gleed und unterhielt mich mit ihm.«

»Wo? Wann?«

»In der Stadt, Sir. Er saß in einem dieser großen Überlandbusse. Das kam mir schon ein wenig komisch vor.«

»Kommen Sie zum Kern der Sache, Mann! Was hat er Ihnen gesagt?«

»Nicht viel, Sir. Er schien wegen irgendeiner Frau ziemlich aufgekratzt zu sein. Sprach von einer jungen Witwe, die zweihundert Morgen Land bepflanzen mußte. Jemand hatte ihm von ihr erzählt, und er meinte, er wolle sie sich einmal anschauen.« Er zögerte etwas, trat ein paar Schritte zurück und fügte hinzu: »Und er sagte, daß Sie ihn entweder in Handschellen oder nie mehr wiedersehen würden.«

»Einer *Ihrer* Männer«, sagte der Botschafter vorwurfsvoll zu Colonel Shelton. »Ein wohlausgebildetes Mitglied der kämpfenden Truppe mit langer Dienstzeit. Er kann seine drei Streifen und die Pension dabei verlieren!« Seine Aufmerksamkeit wandte sich wieder dem Informanten zu. »Hat er nicht genauer gesagt, wo er hinfahren wollte?«

»Nein, Sir. Ich habe ihn zwar danach gefragt, aber er grinste nur und sagte: ›Meiob!‹ Dann kehrte ich zum Schiff zurück.«

»In Ordnung. Sie dürfen gehen.« Seine Exzellenz wartete, bis der Informant die Tür hinter sich ins Schloß gezogen hatte, und drehte sich dann zu Harrison um. »Sie waren unter den Leuten, die bei der Urlaubszuteilung zuerst an die Reihe kamen.«

»Ja, Sir.«

»Ich will Ihnen mal was sagen, Mister. Vierhundertundzwanzig Männer sind in die Stadt gegangen. Und nur zweihundert kamen wieder zurück. Von denen waren vierzig über alle Maßen betrunken. Zehn davon schrien im Chor ununterbrochen: ›Das werde ich nicht tun!‹ Zweifellos werden sie diesen Satz so lange brüllen, bis sie wieder nüchtern sind.« Er starrte Harrison an, als ob dieser dafür persönlich verantwortlich sei, und fuhr dann fort: »Mit dieser Sache stimmt doch irgend etwas nicht. Ich kann verstehen, daß die Leute sich vollaufen lassen, es gibt immer ein paar, die ihren ersten Urlaubstag so verbringen. Aber von den zweihundert Mann, die zurückgekommen sind, traf die Hälfte frühzeitig hier ein, genau wie Sie auch. Alle gaben die gleichen Gründe dafür an: In der Stadt behandelte man sie äußerst unfreundlich, jeder zeigte ihnen die kalte Schulter, bis sie genug davon hatten.«

Harrison schwieg.

»Nun widersprechen sich diese beiden Aussagen aber völlig«, erklärte der Botschafter drohend. »Die Hälfte der Männer behauptet, daß die Leute in der Stadt so unfreundlich seien, daß sie lieber zum Schiff zurückgekommen sind. Die andere Hälfte stößt dort auf so viel Gastfreundschaft, daß sie sich entweder völlig betranken oder aber, wenn sie nüchtern geblieben sind, desertierten. Ich verlange eine Erklärung! Irgendeine muß es doch geben. Sie waren zweimal in dieser Stadt. Was halten Sie davon?«

»Alles hängt davon ab, ob man als Terraner erkannt wird oder nicht«, sagte Harrison vorsichtig. »Und ob man Gands trifft, die einen lieber überzeugen, oder solche, die einem lieber die kalte Schulter zeigen.« Er überlegte einen Moment lang. »Die Uniform verrät uns.«

»Wollen Sie damit sagen, daß diese Leute allergisch gegen eine Uniform reagieren?«

»Mehr oder weniger, Sir.«

»Haben Sie eine Ahnung, weshalb?«

»Genau kann ich das auch nicht sagen, Sir, dazu weiß ich noch zu wenig von ihnen. Ich vermute, daß man ihnen beigebracht hat, Uniformen mit dem Terranischen Regime zu assoziieren, dem ihre Vorfahren entkommen sind.«

»Niemand ist *entkommen*!« schnaubte der Botschafter. »Sie haben sich der terranischen Erfindungen, Techniken und Herstellungsmethoden bedient, um sich an einen Ort abzusetzen, wo sie mehr Ellbogenfreiheit haben.« Er blickte Harrison düster an. »Trägt keiner von ihnen eine Uniform?«

»Ich habe zumindest keine als solche erkannt. Sie scheinen größtes Vergnügen daraus zu ziehen, ihre Individualität dadurch zu betonen, möglichst farbenprächtige, voneinander unterschiedliche Kleidung zu tragen. Vom Pferdeschwanz bis zu rosaroten Stiefeln ist mir alles begegnet. Verrückte Kleidung ist bei den Gands zur Norm geworden. Aber eine Uniform zu tragen halten sie für wirklich verrückt – erniedrigend und untragbar für sie.«

»Sie bezeichnen sie als Gands. Wo haben Sie diese Bezeichnung aufgeschnappt?«

Harrison berichtete ihm von dem Gespräch mit Elissa. In seiner Vorstellung konnte er sie jetzt deutlich vor sich sehen. Und auch Seths Lokal mit den Tischen und dem Dampf, der hinter der Theke hochstieg. Und er erinnerte sich auch an die Gerüche, die ihm das Wasser im Munde zusammenlaufen ließen. Als er diese Szene so vor sich sah, erschien sie ihm etwas Grundsätzliches zu enthalten, das er an Bord des Schiffes nicht finden würde.

»Und diese Person«, schloß er, »erfand das, was sie als *Die Waffe* bezeichnen.«

»Hm. Und die Gands haben behauptet, er sei terranischer Abstammung? Wie sieht er aus? Haben Sie ein Foto oder ein Denkmal gesehen?«

»Sie stellen keine Denkmäler auf, Sir. Sie behaupten, daß kein Mensch wichtiger als der andere sei.«

»Blödsinn!« schnappte der Botschafter, der diesen Standpunkt instinktiv ablehnte. »Haben Sie daran gedacht, zu fragen, in welcher Periode der menschlichen Geschichte diese... diese *Waffe* entwickelt worden ist?«

»Nein, Sir«, gestand Harrison ein. »Das hielt ich nicht für wichtig.«

»Das hielten Sie nicht für wichtig! Manche von euch niedrigen Rängen sind so langsam, daß sie nicht einmal einen Callistrianer im Winterschlaf fangen könnten. Ich will Ihre Fähigkeiten als Raumfahrer nicht kritisieren, aber von der Intelligenz her gesehen sind Sie alle völlige Versager.«

»Tut mir leid, Sir«, sagte Harrison.

*Tut mir leid? Du feige Laus!* flüsterte etwas tief in seinem Verstand. Warum, zum Teufel, soll dir das leid tun? *Er ist nur ein schrecklicher Dickwanst, der noch nicht einmal ein Ob abarbeiten könnte. Er ist auch nicht besser als du. Diese Siedler auf Hygeia kämen sogar zu dem Schluß, daß du viel mehr wert bist als er, weil er solch einen Fettwanst mit sich herumschleppt.*

*Und dennoch starrst du auf seine Wampe und sagst »Sir« und »Es tut mir leid«. Wenn er versuchen würde, mit deinem Fahrrad zu fahren, käme er keine zehn Meter weit. Spucke ihm doch vor die Füße und sage: »Das werde ich nicht tun!« Du hast doch keine Angst, oder?*

*»Nein!«* sagte Harrison laut und deutlich.

Captain Crayder blickte auf. »Wenn Sie eine Frage schon beantworten, bevor Sie überhaupt gestellt ist, sollten Sie besser den Schiffspsychiater aufsuchen. Oder haben wir einen Telepathen an Bord?«

»Ich habe nachgedacht«, erklärte Harrison.

»Das werde ich zu schätzen wissen«, bemerkte Seine Exzellenz. Aus den Wandregalen holte er eine Reihe dicker Nachschlagewerke und begann darin herumzublättern. »Denken Sie bei jeder Gelegenheit, und es wird zur Gewohnheit werden. Von Mal zu Mal wird es Ihnen leichter fallen. Es mag sogar der Tag kommen, an dem Sie denken, ohne Schmerzen dabei zu empfinden.«

Er stellte die Bücher zurück, holte zwei andere hervor und drehte sich zu Major Hame um, der zufällig gerade hinter ihm stand. »Stehen Sie nicht herum wie eine Wachsfigur in einem Militärmuseum. Helfen Sie mir lieber beim Durchforsten dieses immensen Wissensberges. Ich suche einen Gandhi. Er muß vor dreihundert bis eintausend Jahren auf der Erde gelebt haben.«

Hame bewegte sich und holte weitere Schwarten aus dem Regal. Colonel Shelton tat es ihm gleich, während Captain Grayder am Schreibtisch sitzen blieb und über die Deserteure nachgrübelte.

»Ah, hier ist er! Lebte vor vierhundertundsiebzig Jahren.« Seine Exzellenz fuhr mit seinem plumpen Zeigefinger über eine Spalte. »Gandhi, manchmal auch Bapu oder Vater genannt, ein Hindu. Politiker und Philosoph. Widersetzte sich den Behörden nach dem Prinzip des passiven Widerstandes. Seine letzten Anhänger verschwanden bei der Großen Explosion, dürften aber noch auf einem abgelegenen, uns unbekannten Planeten existieren.«

»Ganz offensichtlich gibt es sie noch«, bemerkte Captain Grayder trocken.

»Passiver Widerstand«, wiederholte der Botschafter und zog die Augenbrauen hoch. Er schien über etwas völlig Unmögliches nachzudenken. »Das kann man doch nicht zu einer gesellschaftlichen Grundlage machen! So etwas funktioniert einfach nicht.«

»Doch«, bemerkte Harrison und vergaß das übliche ›Sir‹.

»Wollen Sie mir widersprechen, Mister?«

»Ich stelle nur Tatsachen fest.«

»Euer Exzellenz«, begann Grayder, »ich würde vorschlagen...«

»Überlassen Sie das mir!« Mit tiefrotem Gesicht winkte der Botschafter ab. Sein Blick verweilte ärgerlich auf Harrison. »Sie sind alles andere als ein Experte für Staatsökonomie. Hoffentlich bekommen Sie das in Ihren Dickschädel hinein! Ein Mann Ihres Kalibers läßt sich von oberflächlichen Erscheinungen täuschen.«

»Es funktioniert«, beharrte Harrison und fragte sich, woher seine plötzliche Sturheit eigentlich kam.

»Auch Ihr närrisches Fahrrad funktioniert. Sie haben eine... eine Fahrrad-Mentalität!«

Irgend etwas machte *klick*, und eine Stimme, die seiner eigenen sehr ähnlich war, sagte: »Unsinn!« Erstaunt über dieses Wort wackelte er erst einmal mit den Ohren.

»Was war das, Mister?«

»Unsinn!« wiederholte er. Was geschehen ist, kann man nicht mehr ungeschehen machen.

Diesmal kam Captain Grayder dem dunkelrot angelaufenen Botschafter zuvor. Er erhob sich und spielte seine eigene Autorität aus. »Ohne Berücksichtigung Ihres Urlaubs – wenn Ihnen überhaupt noch welcher zusteht – belege ich Sie bis auf weiteres mit Schiffsarrest. Und jetzt hinaus!«

Harrison gehorchte. In seinem Gehirn wirbelten die Gedanken wild durcheinander, aber er verspürte ein seltsames Gefühl der Befriedigung. Draußen starrte ihn der erste Maat Morgan düster an.

»Wenn ihr hier alle fünf Minuten hineinmarschiert, dauert es wochenlang, bis ich mit den Listen fertig bin!« knurrte er mürrisch. Dann formte er mit den Händen einen Trichter um den Mund und brüllte: »Hope! Hope!«

Keine Antwort.

»Hope ist aus der Armee ausgetreten!« bemerkte ein Witzbold.

»Wie komisch!« schnauzte Morgan. »Seht doch, wie ich lache!« grollte Morgan und versuchte es mit dem nächsten Namen. »Hyland! Hyland!«

Keine Antwort.

Vier weitere öde, lange Tage verstrichen. Insgesamt lag das Schlachtschiff jetzt schon neun Tage in der Furche, die es bei der Landung gerissen hatte.

An Bord gab es Ärger. Die Mannschaften der dritten und vierten Urlaubsliste, die bislang zurückgestellt worden waren, wurden langsam ungeduldig.

»Morgan hat ihm die Liste heute morgen zum dritten Mal vorgelegt. Ohne Ergebnis. Grayder gestand zwar ein, daß diese Welt nicht als feindselig eingestuft werden kann und wir unseren Ausgang bekommen werden, aber...«

»Mist, warum hält er sich nicht an die Vorschriften? Die Weltraumkommission könnte ihn deshalb kreuzigen.«

»Wieder die gleiche Entschuldigung. Er behauptet, er verweigere den Urlaub nicht, sondern schiebe ihn bloß auf. Eine dumme Ausrede, nicht wahr? Er sagte, der Urlaub würde sofort bewilligt werden, sobald die vermißten Männer sich hier wieder eingefunden hätten.«

»Da kann er lange warten. Verdammt, das ist doch nur eine faule Ausrede. Er will uns hereinlegen.«

Diese Beschwerde war mehr als berechtigt. Das wochen-, monate- oder jahrelange Leben in der Enge einer ständig erzitternden Röhre verlangte von Zeit zu Zeit eine gewisse Erleichterung. Die Männer mußten einmal frische Luft schnappen, Erdboden unter den Füßen spüren, einen weit entfernten Horizont und ein paar Frauen sehen, Abwechslungen und neue Gesichter.

»Er mußte das Urlaubsverbot auch gerade dann erteilen, als wir herausgefunden hatten, wie man mit den Gands am besten zurechtkommt. Zivil tragen und sich wie Gands benehmen – das ist das Geheimnis. Sogar die Jungs von der ersten Urlaubsliste wollen es jetzt noch einmal versuchen.«

»Grayder ist das Risiko zu hoch. Er hat schon zu viele Männer verloren. Wenn wieder nur die Hälfte der Urlauber zurückkehrt, hat er nicht einmal mehr genug Leute, um zur Erde zurückfliegen zu können. Wir müßten für immer hierbleiben. Wie gefällt dir denn das?«

»Ich würde mich nicht beklagen.«

»Er könnte diese Federfuchser ausbilden. Es wird sowieso Zeit, daß diese Burschen mal anständige Arbeit leisten.«

»Die Ausbildung dauert drei Jahre. Das müßtest du doch eigentlich selbst wissen.«

Harrison kam mit einem kleinen Umschlag vorbei. Drei Kameraden fielen sofort über ihn her.

»Schaut doch mal, wer da kommt. Jetzt muß er auch an Bord bleiben – genau wie wir.«

»Ein gutes Gefühl«, grinste Harrison. »Ich weiß wenigstens, wieso ich Ausgangssperre habe – im Gegensatz zu euch!«

»Das wird nicht mehr lange dauern, darauf kannst du dich verlassen. Wir wollen hier nicht auf ewig herumhängen. Schon bald werden wir etwas dagegen unternehmen.«

»Was denn?«

»Darüber denken wir noch nach«, meinte der eine ausweichend. Er wollte sich nicht festlegen. »Was hast du denn da?« fragte er und deutete auf den Umschlag. »Die heutige Post?«

»Genau«, sagte Harrison.

»Schon gut, ich will ja gar nicht neugierig sein. Ich dachte nur, es sei die Dienstanweisung für heute. Ihr Burschen aus dem Maschinenraum bekommt sie ja immer zuerst.«

»Es ist wirklich Post!« sagte Harrison.

»Komm schon, wer soll sie denn bis zu diesem abgelegenen Ort zustellen?«

»Das ist meine Sache.«

»Wer hat sie dir denn gegeben?«

»Worrall brachte den Brief vor einer Stunde aus der Stadt mit. Ein Freund von mir gab ihm den Umschlag. Er bekam ein Mittagessen dafür, ihn herzubringen. So einfach ist das, ein Ob abzuarbeiten.« Er wackelte mit den Ohren. »Daran solltet ihr euch lieber ein gutes Beispiel nehmen.«

»Wieso ist Worrall denn draußen? Hat er irgendwelche Sonderrechte?« fragte einer verärgert.

»Gewissermaßen ja. Er ist verheiratet und hat drei Kinder.«

»Na und?«

»Der Botschafter ist der Meinung, daß man diesen Leuten mehr vertrauen kann als anderen. Sie werden wahrscheinlich nicht so schnell verschwinden wie Unverheiratete, die nichts zu verlieren haben. Also hat er ein paar ausgewählt und in die Stadt geschickt, damit sie nach den Verschwundenen suchen sollen.«

»Haben sie sie gefunden?«

»Nein. Worrall meint, das sei Zeitverschwendung. Da und dort hat er zwar ein paar unserer Jungs aufgetrieben, aber als er sie überreden wollte, zum Schiff zurückzukehren, sagten sie nur: ›Das werden wir nicht tun!‹ Und die Gands sagten alle: ›Meiob!‹ Das war alles.«

»Da muß doch irgendwas dahinterstecken«, sagte einer der Soldaten nachdenklich. »Ich würde mich gern selbst einmal dort umsehen.«

»Genau davor hat Grayder Angst.«

»Wir werden ihm das Fürchten erst beibringen, wenn er uns nicht bald den Urlaub gewährt. Unsere Geduld neigt sich dem Ende zu.«

»Wollt ihr eine Meuterei anzetteln?« fragte Harrison und schüttelte traurig den Kopf. »Ihr schockiert mich!«

Er ging weiter, erreichte seine Kabine und betrachtete zweifelnd den Umschlag.

Vielleicht hatte eine gewisse Frau ihm den Brief geschrieben... Er hoffte es wenigstens, riß den Umschlag auf und sah nach. Er war nicht von Elissa.

Gleed hatte den Brief geschrieben. »Kümmere Dich nicht darum, wo ich nun bin oder was ich gerade tue. Der Brief könnte ja in falsche Hände geraten. Alles, was ich Dir von mir berichten kann, ist, daß ich hier mein Glück gemacht habe und nach einem angemessenen Zeitraum heiraten werde. Der Rest des Briefes betrifft *Dich.*«

»He?« Harrison lehnte sich zurück und hielt das Blatt näher ans Licht.

»Ich habe einen kleinen dicken Burschen gefunden, der einen

leeren Laden hütet. Er sitzt einfach da und wartet. Dann erfuhr ich, daß er sich das Geschäft einfach angeeignet hatte, und zwar im Auftrag einer Firma, die diese Gummibälle herstellt, auf denen die propellergetriebenen Motorräder rollen. Sie suchen noch jemanden, der in diesem Laden eine Verkaufsstelle für ihre Räder leitet. Der kleine Dickwanst hat zwar schon mit vier Bewerbern gesprochen, aber keiner davon verfügte über die nötigen Qualifikationen. Man sucht einen Ingenieur. Der, der den Laden schließlich bekommt, lädt der Stadt ein Funktions-Ob auf, was auch immer das zu bedeuten hat. Auf jeden Fall scheint dieser Posten wie geschaffen für Dich. Sei kein Narr und springe ins Wasser – es ist behaglich warm!«

»Bei den zischenden Meteoritenschwänzen!« sagte Harrison und las weiter: »P. S.: Seth wird Dir die Adresse geben. P. P. S.: Der besagte Laden befindet sich in der Heimatstadt der kleinen Brünetten. Sie will zurückkommen, um in der Nähe ihrer Schwester zu sein. Ich übrigens auch. Diese Schwester ist wirklich eine Wucht!«

Ungläubig las Harrison den Brief erneut, stand dann auf und wanderte rastlos in seiner Kabine auf und ab. Insgesamt zwölfhundert Welten zählten zum Reich. Zehn Prozent davon hatte er mit eigenen Augen gesehen. Kein Raumfahrer würde lange genug leben, um alle zwölfhundert besuchen zu können. Das Korps war in Gruppen eingeteilt, denen jeweils ein eigener Sektor im All zugeteilt war.

Nur vom Hörensagen würde er erfahren, welche andere wundervollen Welten auf ihn warteten. Und diese Schilderungen waren meistens übertrieben. Auf jeden Fall käme es russischem Roulette gleich, sich auf einer unbekannten Welt niederzulassen, nur weil ein Bekannter sie empfohlen hatte. Jeder hatte einen anderen Geschmack. Was dem einen als Himmel erschien, könnte für den anderen die Hölle bedeuten.

Die Wahl der Niederlassung – die schmeichelhafte Umschreibung für den Beginn eines neuen, vom früheren höchst verschiedenen Lebensabschnittes – blieb also auf Terra oder ein paar ihm bekannte Planeten beschränkt. Es boten sich die vierzehn Planeten des Epsilon-Systems an, wenn man die hohe Schwerkraft ertragen konnte. Allerdings fühlte man sich dort nach einigen Wochen wie ein Elefant mit Plattfüßen. Und da war noch Nortons Rosaroter Himmel, wo man in Frieden leben konnte, wenn man es verstand sich bei Septimus Norton einzuschmeicheln und seinem Radscha-Komplex zu huldigen.

Am Rande der Milchstraße gab es noch einen Planeten, der von einem Matriarchat blonder Amazonen beherrscht wurde, eine Welt, die von Drachen bewohnt war, eine, deren Bewohner nur darauf warteten, daß Jesus endlich wieder erscheinen würde, und eine, deren halbintelligente Pflanzenbewohner sich selbst unter der Anleitung der Menschen anbauten und dann abgeerntet wurden. All diese Planeten befanden sich in einem Umkreis von 40 Lichtjahren, konnten aber leicht mit einem Blieder-angetriebenen Raumschiff erreicht werden.

Er selbst hatte mehr als einhundert Planeten besucht – einen Bruchteil aller bekannten Welten. Auf allen gab es menschliches Leben – und somit Gesellschaft, die dem Leben erst die Würze gab. Aber diese Welt – Gand – besaß etwas, das allen anderen fehlte. Er befand sich schon auf ihr. Seine Umgebung lieferte ihm Fakten, aus denen er seine Schlüsse ziehen konnte. Die anderen waren weit entfernt, verloren an Reiz, da sie ihm nicht greifbar erschienen.

Unauffällig schlich er sich in den Blieder-Maschinenraum und putzte und ölte eine Stunde lang sein Fahrrad. Als er zurückkam, wurde es schon dunkel. Er nahm die dünne Plakette aus seiner Tasche, legte sich auf die Pritsche in seiner Kabine und betrachtete die vier Buchstaben.

F – I W N.

Aus dem Lautsprecher erklang ein Räuspern, dann sagte eine Stimme: »Alle Besatzungsmitglieder halten sich morgen früh um acht Uhr für neue Dienstanweisungen bereit.«

»Das werde ich nicht tun«, sagte Harrison und schloß die Augen.

Es war zwanzig nach sieben. Den Raumfahrern kam es nicht wie früher Morgen vor, denn sie hatten ihren Sinn für früh oder spät fast gänzlich verloren. Um ihn wiederzugewinnen, mußten sie erst einmal einen Monat lang auf einem Planeten die Sonne auf- und untergehen sehen.

Der Kartenraum war leer, aber in der Zentrale herrschte reges Treiben. Dort befanden sich Grayder, Shelton, Hame, die Navigatoren Adamson, Werth und Yates und natürlich Seine Exzellenz.

»Ich hätte nie geglaubt, daß solch ein Tag einmal kommen würde«, brummte der letztere und blickte auf eine Sternenkarte, über der ein Navigator schwitzte. »Noch keine zwei Wochen, und wir gestehen unsere Niederlage schon ein.«

»Mit allem Respekt, Euer Exzellenz«, sagte Captain Grayder, »aber ich sehe die Sache ein wenig anders. Man kann nur von einem Feind besiegt werden. Diese Leute sind nicht unsere Feinde. Genau deshalb gehen sie uns durch die Lappen. Wir können diese Welt nicht als feindselig einstufen.«

»Das mag schon sein, aber ich behaupte immer noch, daß uns eine Niederlage beigebracht worden ist. Wie würden Sie es denn sonst nennen?«

»Wir sind durch die sonderbaren Umstände überlistet worden. Dagegen können wir nicht viel tun. Ein Mann schlägt seine Nichten und Neffen doch nicht, nur weil sie nicht mit ihm sprechen wollen.«

»Das ist Ihr Standpunkt als Schiffskommandant. Sie wurden mit einer Situation konfrontiert, die von Ihnen verlangt, zu Ihrer Basis zurückzufliegen und Bericht zu erstatten. Eine Routinesache. Die Raumtruppen folgen nur noch ausgetretenen Routinepfaden.« Der Botschafter blickte die Sternenkarte an, als stelle sie eine obszöne Abbildung dar. »Mein Status unterscheidet sich aber von dem Ihren. Wenn wir starten, bedeutet es für mich eine Niederlage und damit einen Verlust von Würde und Prestige auf Terra. Ich bin noch nicht sicher, ob ich mit Ihnen fliegen werde. Vielleicht wäre es besser, wenn ich auf dieser Welt bliebe, obwohl ich dann weitere Beleidigungen ihrer Einwohner hinnehmen müßte.«

»Ich maße es mir nicht an, Ihnen zu raten, was ich für das Beste halte«, sagte Grayder. »Ich weiß nur eins: Die Truppen und Waffen, die wir mit uns führen, dürfen wir nur einsetzen, um uns gegen Angriffe zu schützen. Wir können gegen diese Gands doch keine Offensive anrollen lassen, weil sie sich nichts zuschulden kommen ließen und wir außerdem zu schwach sind, um alle zwölf Millionen von Ihnen auszulöschen. Dafür bräuchten wir eine ganze Armada. Dieser Kampf würde aber an den Grenzen unseres Einflußgebietes stattfinden und uns die Niederwerfung einer im Prinzip nutzlosen Welt einbringen.«

»Erinnern Sie mich nicht noch daran! Das habe ich schon so lange durchgekaut, daß mir bald schlecht davon wird.«

Grayder zuckte die Achseln. Er war ein Mann der Tat, solange es sich um Aktionen im Weltraum handelte. Politische Schachzüge auf Planeten fielen nicht in seinen Aufgabenbereich. Bald kam der Moment, da er sich wieder in sein Metier zurückziehen konnte, und er freute sich schon darauf. Für ihn bedeutete Gand nur eine kurze Stippvisite, wie er sie zu Hunderten schon erlebt hatte und noch erleben würde.

»Euer Exzellenz, wenn Sie ernsthafte Zweifel daran hegen, ob Sie nun mit uns kommen, würde ich Sie bitten, sich möglichst schnell zu entscheiden. Morgan hat mir einen Hinweis gegeben. Wenn ich die dritte Urlaubsliste nicht bis zehn Uhr gebilligt habe, werden die Männer die Sache selbst in die Hand nehmen und einfach abmarschieren.«

»Unerlaubte Entfernung von der Truppe bringt ihnen doch ziemlich viel Ärger ein, nicht wahr?«

»So schlimm ist es auch wieder nicht«, erwiderte Captain Grayder. »Sie würden meine Zurückhaltung ausnutzen. Da ich den Urlaub nicht offiziell untersagt habe, käme dieses Vergehen keineswegs einer Meuterei gleich. Ich habe die Urlaubsgesuche ja lediglich immer weiter hinausgeschoben. Sie könnten vor die Weltraumkommission bringen, daß ich eindeutig gegen die Vorschriften verstoßen habe. Wenn die Richter auf ihre Argumente eingehen, kommen sie mit einem blauen Auge davon.«

»Die Vorsitzenden der Weltraumbehörde sollten selbst einmal einen längeren Raumflug unternehmen«, gab Seine Exzellenz zurück. »Dabei würden sie neue Erfahrungen gewinnen, die man hinter einem Schreibtisch einfach nicht sammeln kann.« Er sah den Kommandanten mit spöttischer Genugtuung an. »Haben wir damit nicht auch die Möglichkeit, unsere Bürokraten unterwegs von Bord zu jagen? Solch ein ›Unglück‹ käme nicht nur der Raumfahrt, sondern auch der gesamten Menschheit zugute.«

»Dieser Vorschlag könnte von einem Gand stammen«, meinte Grayder nur.

»Die würden daran doch überhaupt nicht denken! Ihre Technik besteht darin, nein zu sagen, nein und abermals nein. Das ist alles. Aber in Anbetracht dessen, was hier geschehen ist, halte ich sie auch für völlig ausreichend.« Der Botschafter faßte seinen Entschluß. »Ich komme mit Ihnen. Diese Haltung verstößt zwar gegen meine Überzeugung, da sie eine Niederlage eingesteht, aber hierzubleiben hieße, dem Reich von überhaupt keinem Nutzen mehr zu sein.«

»Sehr wohl, Euer Exzellenz.« Grayder schlenderte zu einem Bullauge und blickte auf die Stadt hinaus. »Ich habe etwa vierhundert Mann verloren. Einige davon sind desertiert, die anderen werden zurückkommen, wenn ich nur lange genug warte. Sie haben Glück gehabt und es sich irgendwo bequem gemacht, wo sie sich nun betrinken, solange ihnen noch eine volle Flasche vorgesetzt wird. Da sie sowieso bestraft werden, macht es keinen Unterschied, ob sie zehn oder zwanzig Tage verspätet zurückkommen. Dieses Problem tritt bei jeder langen Reise auf. Auf den kürzeren ist es nicht ganz so schlimm.« Er seufzte, da er keines seiner verlorenen Schäfchen zurückkehren sah. »Aber so lange können wir nicht auf sie warten. Nicht auf diesem Planeten.«

»Nein, da bin ich ganz Ihrer Meinung.«

»Wenn wir noch länger hier verweilen, werden wir weitere hundert oder zweihundert Männer verlieren. Dann sind wir nicht einmal mehr in der Lage, das Raumschiff startklar zu bekommen. Die einzige Möglichkeit, wie ich etwaige Tumulte unterdrücken kann, wäre, den Startbefehl zu geben. Von diesem Moment an gelten die Vorschriften, die für den Raumflug anzuwenden sind.«

Der Botschafter lächelte anerkennend.

»Das wird den Raumfahrtanwälten aber einige Sorgen bereiten.«

»Wir starten, sobald wir dazu in der Lage sind«, riet der Botschafter und trat an das Bullauge. Er betrachtete die Straße, auf der drei Gand-Busse ohne Halt am Raumschiff vorbeifuhren. Wütend über eine Geisteshaltung, die einen Berg nicht sah, weil sie ihn nicht sehen wollte, runzelte er die Stirn. Dann bemerkte er ein paar Gestalten, die am Heck des Raumschiffes warteten. Er fuhr zusammen. »Was haben diese Leute dort zu suchen?« fragte er.

Grayder warf einen raschen Blick in die gleiche Richtung, griff zum Mikrofon und brüllte: »Alle Besatzungsmitglieder halten sich sofort zum Start bereit!« Er legte ein paar Schalter um, wechselte die Leitung und fuhr fort: »Wer ist da draußen? Sergeant-Major Bidworthy, ein halbes Dutzend Leute befinden sich an der Hauptschleuse des Schiffes. Holen Sie sie sofort herein, wir werden so schnell wie möglich starten.«

Die vorderen und hinteren Gangways waren schon lange wieder eingezogen worden. Ein schnellschaltender Quartiermeister zog die Schiffsleiter hoch und verhinderte somit, daß Bidworthy und ein paar Möchtegern-Sünder das Schiff verlassen konnten.

Bidworthy stand bereits in der Schleuse, sah sich am Ausstieg gehindert und starrte wütend nach unten. Seine Schnurrbarthaare zitterten nicht nur, nein, sie bebten regelrecht. Fünf von den Deserteuren hatten auf der ersten Urlaubsliste gestanden. Einer von ihnen war ein Truppenmitglied. Ein Truppenmitglied! Das brachte ihn noch mehr in Rage. Der sechste war Harrison mitsamt seinem blankgeputzten Fahrrad.

Bidworthy brüllte ihnen – und dem Truppensoldaten besonders – zu: »Kehrt sofort an Bord zurück! Keine Diskussionen! Wir starten sofort.«

»Hast du das gehört?« fragte einer von ihnen und stieß dem anderen die Ellbogen in die Rippen. »Wir sollen an Bord zurückkehren. Die, die keine sechs Meter hoch springen können, wedeln einfach so lange mit den Armen, bis sie vom Boden abheben.«

»Keine Diskussionen!« bellte Bidworthy erneut. »Ich habe meine Befehle!«

»Er nimmt Befehle an«, sagte der Soldat. »Und das in seinem Alter.«

»Ich verstehe das auch nicht«, bemerkte ein anderer und schüttelte bedauernd den Kopf.

Bidworthy durchsuchte die Schleuse vergeblich nach einem

schweren Gegenstand, den er hinunterwerfen konnte. »Ich warne euch, wenn ihr mich hereinlegen wollt...«

»Spar dir deinen Atem, Biddy«, rief der Soldat hinauf. »Von nun an bin ich ein Gand.« Damit drehte er sich einfach um und ging die Straße entlang. Die vier anderen folgten ihm.

Harrison trat auf ein Pedal und schwang sich auf das Rad. Sofort entwich pfeifend die Luft aus dem Hinterreifen.

»Kommt zurück!« heulte Bidworthy den anderen fünf zu. Unbeholfen zerrte er an der automatischen Rolle der Strickleiter. Im Schiff erklang eine dünne Sirene. Das machte ihn nur noch wütender.

»Haben Sie das gehört?« Mit hochrotem Gesicht beobachtete er, wie Harrison sich in aller Ruhe mit der Luftpumpe an die Arbeit machte. »Wir starten jeden Moment. Zum letzten Mal...«

Wieder jaulte die Sirene, dann folgten ein paar schrille Warntöne in kurzer Folge. Bidworthy sprang zurück, als die Schleuse automatisch geschlossen wurde. Harrison stieg wieder auf sein Fahrrad und radelte los, behielt das Schiff aber im Auge.

Das metallische Monster erzitterte von der Nase bis zum Heck und stieg dann langsam und in völliger Lautlosigkeit in die Luft. Der Anblick hatte etwas Erhebendes an sich. Je höher das Raumschiff stieg, desto schneller wurde es, sah schließlich aus wie ein Spielzeugmodell, dann wie ein Knopf. Dann konnte er es überhaupt nicht mehr ausmachen.

Für einen kurzen Moment verspürte Harrison einen Anflug von Zweifel und Bedauern. Diese Gefühle hielten aber nicht lange an.

Er blickte zur Straße. Die fünf selbsternannten neuen Gands hatten einen Bus angehalten und stiegen gerade ein. Kaum war das Schiff verschwunden, zeigten sich die Gands freundlich und bereit zur Zusammenarbeit. Sie waren eben schnell von Begriff. Harrison beobachtete den Bus, wie er mit den fünf Männern an Bord davonrollte. Aus der anderen Richtung näherte sich ein propellergetriebenes Motorrad und zischte an ihm vorbei.

»Deine Brünette«, hatte Gleed geschrieben. Wie war er nur auf diese Idee gekommen? Hatte sie etwa eine Bemerkung fallenlassen, daß sie nichts gegen seine übergroßen abstehenden Ohren hatte?

Er blickte sich zum letzten Mal um. Das Raumschiff hatte eine zwei Meter tiefe und eine Meile lange Furche im Boden hinterlassen. Zweitausend Terraner waren hier gewesen.

Dann waren 's nur noch achtzehnhundert.

Dann sechzehnhundert.

Dann waren 's nur noch sechs.

Da war es nur noch einer. »Ich«, murmelte er.

Er zuckte gleichmütig die Achseln und trat in die Pedale, radelte gemütlich auf die Stadt zu und sang:

»Da ist der letzte durchgerutscht,
dann war'n sie alle futsch.«

Denn jetzt gab es überhaupt keine Terraner mehr hier.

THEODORE STURGEON

# Baby ist drei

Schließlich bin ich hinein zu diesem Stern. Er war überhaupt nicht alt. Er schaute von seinem Schreibtisch auf, ließ seine Augen kurz über mich huschen und ergriff dann einen Bleistift. »Setz dich dort hin, mein Sohn.«

Ich blieb stehen, wo ich war, bis er wieder aufschaute. »Sagen Sie, wenn ein Zwerg hier hereinkommt, was sagen Sie dann? Setz dich dorthin, Kleiner?« murrte ich.

Er legte den Bleistift wieder weg und stand auf. Er lächelte. Sein Lächeln war so schnell und scharf wie seine Augen. »Ich habe mich geirrt«, sagte er, »aber wie hätte ich wissen können, daß du es nicht gern hast, ›mein Sohn‹ genannt zu werden?«

Das war schon besser, aber ich war noch immer böse. »Ich bin fünfzehn und mag es nun einmal nicht. Und reiben Sie mir das bloß nicht andauernd unter die Nase.« Er lächelte wieder und sagte: okay, und ich ging und setzte mich.

»Wie heißt du?«

»Gerard.«

»Ist das dein Vor- oder Nachname?«

»Beides«, sagte ich.

»Ist das die Wahrheit?«

»Nein«, gab ich zurück. »Und fragen Sie mich auch nicht, wo ich wohne.«

Er legte seinen Bleistift hin. »So kommen wir nicht sehr weit.«

»Das liegt an Ihnen. Worüber regen Sie sich auf? Über meine Gefühle der Feindseligkeit? Sicher bringe ich Ihnen die entgegen. Mit mir stimmt einiges mehr nicht, sonst wäre ich jetzt nicht hier. Stören Sie sich daran?«

»Nein, aber...«

»Worüber machen Sie sich also Sorgen? Wie Sie Ihr Honorar bekommen werden?« Ich nahm einen Tausend-Dollar-Schein aus der Tasche und legte ihn auf den Schreibtisch. »Jetzt brauchen Sie mir also keine Rechnung mehr zu schicken. Behalten Sie das Geld. Sobald Sie es aufgebraucht haben, sagen Sie mir

Bescheid, und ich gebe Ihnen mehr. Sie brauchen meine Adresse also gar nicht. Warten Sie«, sagte ich, als er nach dem Geld griff. »Lassen Sie es liegen. Ich möchte sichergehen, daß wir beide gut miteinander auskommen werden.«

Er faltete die Hände. »Ich mache keine Geschäfte auf diese Art, mein... ich meine, Gerard.«

»Gerry«, verbesserte ich ihn. »Das werden Sie aber müssen, wenn wir ins Geschäft kommen wollen.«

»Weshalb machst du es mir so schwer? Wo hast du die tausend Dollar her?«

»Ich habe ein Preisausschreiben gewonnen. Fünfundzwanzig Worte oder weniger über das Thema, welchen Spaß es macht, seine Unterwäsche mit Sudso zu waschen.« Ich beugte mich vor. »Das ist die Wahrheit.«

»In Ordnung«, sagte er.

Ich war überrascht. Ich glaube, er merkte es, aber er sagte nichts mehr, wartete, daß ich weitersprach.

»Bevor wir anfangen – wenn wir anfangen –«, sagte ich, »muß ich etwas wissen. Das, was ich Ihnen sage, was Sie erfahren, während wir zusammenarbeiten, bleibt das auch zwischen uns, wie bei einem Priester oder einem Rechtsanwalt?«

»Völlig«, sagte er.

»Ganz egal, was Sie auch erfahren?«

»Ganz egal, was ich erfahre.«

Ich beobachtete ihn, als er es sagte, und ich glaubte ihm.

»Nehmen Sie das Geld«, sagte ich. »Sie sind engagiert.«

Er tat es nicht. »Wie du vor einer Minute bemerktest«, sagte er, »liegt die Entscheidung darüber bei mir. Du kannst eine Behandlung nicht kaufen wie eine Tüte Bonbons. Wir müssen zusammenarbeiten. Wenn einer von uns dazu nicht bereit ist, ist es nutzlos. Du kannst nicht einfach zu dem ersten Psychotherapeuten gehen, den du im Telefonbuch gefunden hast, und etwas verlangen, das dir gerade so einfällt, nur weil du dafür bezahlen kannst.«

»Ich habe Ihre Adresse nicht aus dem Telefonbuch, und ich glaube auch nicht, daß Sie mir helfen können«, sagte ich müde. »Ich habe schon ein Dutzend Oberstübchenschnüffler aussortiert, bevor ich darauf kam, es mal mit Ihnen zu versuchen.«

»Danke«, sagte er, und es sah so aus, als ob er über mich lachen wollte, was ich überhaupt nicht mag. »Aussortiert, sagst du? Wie denn das?«

»Man hört und liest so einiges, wissen Sie. Mehr sage ich nicht. Ordnen Sie es also in der Akte mit meiner Adresse ein.«

Er sah mich lange an. Es war das erste Mal, daß er seine Augen länger als nur für einen kurzen Moment auf mir ruhen ließ. Dann ergriff er den Schein.

»Was soll ich zuerst tun?« fragte ich.

»Wie meinst du das?«

»Wie sollen wir anfangen?«

»Wir haben schon angefangen, als du hier hereingekommen bist.«

Da mußte ich lachen. »Okay, ein Pluspunkt für Sie. Bislang haben wir also einen Anfang. Aber ich wußte nicht, wie Sie weitermachen wollten, also konnte ich nicht vor Ihnen dort sein.«

»Das ist sehr interessant«, sagte Stern. »Stellst du dir normalerweise alles im voraus vor?«

»Immer.«

»Und wie oft liegst du richtig?«

»Auch immer. Außer... Aber ich muß Ihnen nichts über Ausnahmen sagen.«

Diesmal grinste er wirklich. »Ich verstehe. Einer meiner Patienten hat geredet.«

»Einer Ihrer Expatienten. Ihre Patienten reden nicht.«

»Darum bitte ich sie auch. Das gilt auch für dich. Was hast du gehört?«

»Daß Sie daraus, was die Leute sagen und tun, wissen, was sie demnächst sagen und tun werden, und daß Sie ihnen das manchmal erlauben und manchmal nicht. Wie haben Sie das gelernt?«

Er dachte eine Minute lang nach. »Ich glaube, ich wurde mit einem Blick für Details geboren, und dann machte ich bei anderen Menschen genug Fehler, um schließlich zu lernen, keine mehr zu begehen. Und wie hast du es gelernt?«

»Wenn Sie mir das beantworten, brauche ich nicht mehr zu kommen«, sagte ich.

»Weißt du es wirklich nicht?«

»Ich wünschte, ich wüßte es. Aber das führt doch zu nichts, nicht wahr?«

Er zuckte die Achseln. »Das kommt darauf an, was du erreichen willst.« Er wartete einen Moment lang, und ich erfaßte wieder die volle Kraft seiner Augen. »An welche blödsinnige Psychologietheorie glaubst du eigentlich?«

»Ich verstehe Sie nicht.«

Stern zog eine Schreibtischschublade auf und holte eine geschwärzte Pfeife heraus. Er schnupperte daran und spielte mit ihr herum, während er mich betrachtete. »Die Psychiatrie greift die Zwiebel des Selbst an, entfernt Schale um Schale, bis sie den Splitter des unbefleckten Egos erreicht. Oder: die Psychiatrie geht wie eine Ölbohrung abwärts, zur Seite und wieder abwärts, bis sie endlich fündig wird und auf ein Feld stößt. Oder: Die Psychiatrie sucht sich eine Handvoll sexueller Motivationen und schüttelt sie auf dem Flipper, der dein Leben darstellt, durcheinander, bis sie beim Abwärtsrollen gegen Erlebnisse prallen. Willst du noch mehr hören?«

Ich mußte lachen. »Die letzte war ziemlich gut.«

»Die letzte war ziemlich schlecht. Alle sind sie schlecht. All diese Umschreibungen versuchen, etwas zu vereinfachen, das von Natur aus sehr komplex ist. Ich gebe dir nur einen einzigen Hinweis: Der einzige, der wirklich weiß, was mit dir nicht stimmt, bist du selbst; keiner außer dir kann eine Heilung ermöglichen, und keiner außer dir weiß, wieso gerade dieser Weg zur Heilung führt. Und hast du ihn erst einmal gefunden, kann keiner außer dir damit etwas anfangen.«

»Und weshalb sind *Sie* hier?«

»Um zuzuhören.«

»Ich brauche nicht jemandem jede Stunde einen ganzen Tageslohn zu zahlen, nur damit er zuhört.«

»Das stimmt. Aber du bist überzeugt, daß ich selektiv zuhöre.«

»Bin ich das?« Ich wußte es selbst nicht. »Na, ich glaube schon. Glauben Sie es auch?«

»Nein, aber das wiederum wirst du mir niemals glauben.«

Ich lachte. Er fragte mich, weshalb, und ich sagte: »Sie sagen nicht mehr mein Sohn zu mir.«

»Zu dir doch nicht.« Er schüttelte langsam den Kopf. Währenddessen beobachtete er mich weiter, so daß seine Augen in Gegenrichtung zur Kopfbewegung in den Höhlen schwangen. »Was willst du also über dich wissen, und wovor hast du Angst, daß ich es den Leuten erzählen könnte?«

»Ich möchte, daß Sie herausfinden, weshalb ich einen Menschen getötet habe«, sagte ich gradeheraus.

Er war kein bißchen geschockt. »Leg dich dort hin.«

Ich erhob mich. »Auf die Couch?«

Er nickte.

Während ich mich selbstbewußt ausstreckte, sagte ich: »Ich fühle mich wie eine Person aus einem Comic-Strip.«

»Was für ein Comic-Strip?«

»Die Menschen darin sehen aus wie Weintraubenstauden«, sagte ich und schaute die Decke dabei an. Sie war hellgrau.

»Und wie lautet seine Überschrift?«

*»Ich habe Koffer voll davon.«*

»Sehr gut«, sagte er leise.

Ich beäugte ihn aufmerksam. Ich wußte, daß er zu der Sorte Menschen gehörte, die nur tief im Innern lachen, wenn sie überhaupt einmal lachen.

»Manchmal schreibe ich so etwas in einem Buch über meine Patienten auf«, sagte er. »Aber bei dir nicht. Wie bist du überhaupt darauf gekommen?« Als ich nicht antwortete, stand er auf und setzte sich auf einen Stuhl hinter mir, wo ich ihn nicht sehen konnte. »Du kannst damit aufhören, mich zu prüfen, mein Sohn. Ich bin gut genug für deine Zwecke.«

Ich biß so hart auf die Zähne, daß ein Backenzahn zu schmerzen begann. Dann entspannte ich mich. Ich entspannte mich völlig, und es war wundervoll. »In Ordnung«, sagte ich, »es tut mir leid.« Er antwortete nicht, aber ich hatte wieder das Gefühl, daß er lachte. Aber nicht über mich.

»Wie alt bist du?« fragte er mich plötzlich.

»Äh, fünfzehn.«

»Äh, fünfzehn«, wiederholte er. »Was bedeutet das ›äh‹?«

»Nichts. Ich bin fünfzehn.«

»Als ich dich nach deinem Alter fragte, hast du gezögert, weil du eine andere Zahl im Gedächtnis hattest. Du hast diese aber verworfen und dafür ›fünfzehn‹ eingesetzt.«

»Gar nichts habe ich! Ich *bin* fünfzehn!«

»Ich habe nicht gesagt, daß du das nicht bist.« Seine Stimme klang immer noch geduldig. »Also, was war das für eine Zahl?«

Ich wurde wieder bös. »Es gibt keine andere Zahl! Was wollen Sie eigentlich? Solange die Wahrheit verdrehen, bis Sie etwas so lange gedreht haben, wie Sie meinen, so müßte es sein?«

Er schwieg.

»Ich bin fünfzehn«, sagte ich trotzig und fügte hinzu: »Ich will nicht erst fünfzehn sein. Das wissen Sie ja. Ich bestehe nicht darauf, daß ich fünfzehn bin.«

Er wartete nur und sagte immer noch nichts.

Ich fühlte mich geschlagen. »Die Zahl war acht.«

»Also bist du acht. Und dein Name?«

»Gerry.« Ich richtete mich auf einem Ellbogen auf und drehte den Kopf, bis ich ihn sehen konnte. Er hatte seine Pfeife auseinandergenommen und blickte gegen das Licht der Schreibtischlampe durch das Mundstück. »Gerry, ohne ein ›äh‹!«

»Schon in Ordnung«, sagte er milde, und ich kam mir richtig dumm vor.

Ich lehnte mich zurück und schloß die Augen.

Acht, dachte ich. Acht.

»Es ist kalt hier«, beschwerte ich mich.

Acht Jahre – alt, naß, kalt, Haß. Ich aß vom Teller des Staates und ich haßte. Ich mochte diese Gedanken nicht und riß die Augen auf. Die Decke war immer noch grau. Es war alles in Ordnung. Hinter mir war Stern mit seiner Pfeife, und auch er war in Ordnung. Ich nahm zwei, drei tiefe Atemzüge und ließ meine Augen dann zufallen. Acht. Acht Jahre alt. Acht und Haß, Jahre und Furcht, alt und kalt. *Verdammt!* Ich wand mich auf der Couch und zitterte und versuchte, die Kälte nicht in mich hineinzulassen. Ich aß vom Teller des...

Ich grunzte, und mit meinem Verstand ließ ich all die Achten und all die Reime und alles, wofür sie standen, dunkel werden. Aber es würde nicht dunkel bleiben. Ich mußte irgend etwas dorthin stellen, also dachte ich mir eine große, leuchtende Acht und ließ sie einfach dort hängen. Aber sie begann, sich zu drehen und aus ihren Löchern kam ein Schimmern. Das war wie in einem dieser Filme, die man durch ein Fernglas gedreht hatte. Ich mußte einfach durch die Löcher blicken, egal ob ich das wollte oder nicht. Das Fernglas kam immer näher, und dann hatte es mich erreicht.

»Acht. Acht Jahre alt und kalt. Kalt wie ein Köter in der Gosse. Die Gosse war neben einem Bahndamm. Das Unkraut des letzten Jahres war ein kratziges Strohlager. Die Erde war rot, und wenn sie nicht schlüpfriger, klebriger Schlamm war, war sie gefroren und hart wie ein Blumentopf. So war sie jetzt, überstäubt mit Rauhreif, kalt wie die Wintersonne über den Hügeln. Des Nachts waren die Lichter warm, und sie waren alle in den Häusern anderer Leute. Tagsüber war auch die Sonne in dem Haus irgendeines anderen und tat mir nichts Gutes.

In diesem Graben lag ich im Sterben. Letzte Nacht war er zum Schlafen genauso gut gewesen wie jeder andere Ort, und heute morgen war er zum Sterben genauso gut wie jeder andere. Ganz genausogut. Acht Jahre alt, der widerlich süße Geschmack von Schweinefett und nassem Brot aus irgendeiner Mülltonne, der Schreck, der einen durchzuckt, wenn man einen Sack stiehlt und plötzlich Schritte vernimmt.

Und ich hörte Schritte. Ich hatte zusammengerollt auf der Seite gelegen. Ich rollte mich auf den Bauch, denn manchmal treten sie einen in den Magen. Ich bedeckte meinen Kopf mit den Armen, und das war alles, was ich tun konnte.

Nach einer Weile öffnete ich die Augen, ohne mich dabei zu bewegen. Ich sah einen großen Schuh. Ein Knöchel steckte in dem Schuh, und daneben war noch einer. Ich lag da und wartete darauf, getreten zu werden. Nicht, daß es mir viel ausmachte, aber es war so verdammt beschämend. All diese Monate war ich allein gewesen, und sie hatten mich nie erwischt, waren nicht einmal in meine Nähe gekommen, und nun das. Ich schämte mich so sehr, daß ich zu weinen begann.

Der Schuh schob sich unter meine Schulter, aber es war kein Tritt. Er wälzte mich herum. Ich war vor Kälte so steif, daß ich wie ein Brett herumfiel. Ich hielt einfach die Arme vor Gesicht und Kopf und lag mit geschlossenen Augen da. Aus irgendeinem Grund hörte ich zu weinen auf. Ich glaube, Menschen weinen nur, wenn es eine Chance gibt, von irgendwoher Hilfe zu erhalten.

Als nichts geschah, öffnete ich die Augen und schob die Unterarme gerade so weit weg, daß ich hochschauen konnte. Über mir stand ein Mann, und er war tausend Meter groß. Er hatte eine verblichene Tuchhose an und eine alte Militärjacke mit großen Schwitzflecken unter den Armen. Sein Gesicht sah zottig aus, wie das eines Halbwüchsigen, der nicht imstande war, sich einen Bart wachsen zu lassen und sich trotzdem nicht rasierte.

»Steh auf«, sagte er.

Ich starrte auf seinen Schuh, aber er wollte mich nicht treten. Ich drückte mich ein wenig in die Höhe und wäre fast sofort wieder zurückgefallen, wenn er mich nicht mit seiner mächtigen Pranke am Rücken gehalten hätte. Ich lag eine Sekunde lang dagegengelehnt, weil ich nicht anders konnte, und war dann wenigstens in der Lage, auf die Knie zu kommen.

»Komm schon«, sagte er. »Gehen wir.«

Ich schwöre, daß ich meine Knochen knacken hörte, aber ich schaffte es. Als ich aufstand, faßte ich einen runden weißen Stein. Ich hob den Stein hoch und mußte nachsehen, ob ich ihn wirklich gepackt hielt, so kalt waren meine Finger. »Hau ab«, sagte ich zu dem Mann, »oder ich schlage dir mit dem Stein die Zähne ein.«

Seine Hand war so schnell unten, daß ich gar nicht mitbekommen habe, wie er einen Finger zwischen den Stein und meine Hand zwängte und ihn dann meinem Griff entwand. Ich beschimpfte ihn, aber er drehte mir nur den Rücken zu und stieg den Bahndamm zu den Schienen hoch. Dann schaute er über die Schulter und sagte: »Kommst du jetzt mit?«

Er hat mich nicht gejagt, also bin ich nicht fortgelaufen. Er hat nicht mit mir geredet, also habe ich mich nicht mit ihm gestritten. Er hat mich nicht geschlagen, also wurde ich auch nicht böse. Ich ging ihm nach. Er wartete auf mich, streckte mir die Hand entgegen, und ich spuckte sie an. Also ging er weiter und wartete oben auf mich, auf den Schienen, wo ich ihn nicht sehen konnte. Ich kroch den Bahndamm hinauf. Blut floß wieder durch die Hände und Füße, und sie fühlten sich an, als hätte ich gerade erst versucht, ein Stachelschwein zu streicheln. Als ich oben ankam, stand der Mann immer noch da und wartete auf mich.

Der Schotter verlief eben, aber als ich nach vorne sah, schien er wie ein Berg zu sein, der immer steiler wird und schließlich ganz über einem zusammenkippt. Das nächste, woran ich mich erinnern konnte, war, daß ich flach auf dem Rücken lag und in den kalten Himmel starrte.

Der Mann kam zu mir und setzte sich auf die Schiene. Er versuchte nicht, mich anzufassen. Ich schnappte ein paar Mal nach Luft und fühlte plötzlich, daß ich wieder in Ordnung kommen würde, wenn ich nur eine Minute lang schlafen könnte. Nur eine winzige Minute lang. Ich schloß die Augen. Der Mann stieß mir seine Finger in die Rippen, und es tat weh.

»Du darfst nicht schlafen«, sagte er.

Ich sah ihn an.

»Du bist steifgefroren und schwach vor Hunger«, sagte er. »Ich will dich mit mir nach Hause nehmen, dort kannst du dich aufwärmen und etwas essen. Aber bis dahin ist es noch ein langer Weg, und allein wirst du es wohl kaum schaffen. Wenn ich dich trage – wird das das Gleiche für dich sein, als wenn du allein gegangen wärst?«

»Was willst du mit mir machen, wenn wir zu Hause sind?«

»Das habe ich doch gerade gesagt.«

»In Ordnung«, willigte ich ein.

Er hob mich hoch und trug mich die Schienen entlang. Hätte er irgendein gottverdammtes anderes Wort gesagt, wäre ich dort liegen geblieben, bis ich erfroren wäre. Außerdem, was hätte er von mir verlangen können? Ich konnte für ihn nicht arbeiten.

Ich dachte nicht mehr daran und döste ein.

Einmal wachte ich auf, als er den Bahndamm verließ und in den Wald vordrang. Obwohl es keinen Pfad gab, schien er genau zu wissen, wo er hinging. Das nächste Mal wachte ich von einem knackenden Geräusch auf. Er trug mich quer über einen gefrorenen Teich, und das Eis gab unter seinen Füßen nach. Trotzdem beeilte er sich kein bißchen. Ich schaute nach unten und sah die weißen Risse, die sich strahlenförmig von seinen Füßen ausweiteten, und es schien überhaupt nicht wichtig zu sein. Ich schlief wieder ein.

Schließlich setzte er mich ab. Wir waren da. ›Da‹ war irgendwo im Innern eines Zimmers. Es war sehr warm. Er stellte mich auf die Füße, und ich rappelte mich schnell auf. Zuerst suchte ich die Tür. Ich sah sie und rannte zu ihr und stellte mich mit dem Rücken an die Wand neben ihr, für den Fall, daß ich abhauen wollte. Dann schaute ich mich um.

Das Zimmer war groß. Eine Wand bestand aus rohem Fels, und die anderen aus Stämmen mit verschmierten Ritzen. Vor der Felswand brannte ein großes Feuer, kein Kamin, eher so etwas wie ein Lagerfeuer. Auf einem Regal an der anderen Seite stand eine alte Autobatterie, die mit Drähten mit zwei gelben Glühbirnen verbunden war. Es gab einen Tisch, einige Truhen und ein paar dreibeinige Stühle. In der Luft hing der Geruch des Holzfeuers und der so wunderbare, herzerwärmende Duft von Süßigkeiten und Brezeln, daß mir sofort das Wasser im Munde zusammenlief.

»Was habe ich denn hier, Baby?« sagte er Mann.

Und der Raum war voller Kinder. Nun, es waren drei, aber irgendwie schienen es mehr zu sein. Da war ein Mädchen in meinem Alter – acht, meine ich – mit blauer Farbe auf den Wangen. Sie hatte eine Staffelei und eine Palette mit vielen Farben und eine Handvoll Pinsel, aber die benutzte sie nicht. Sie schmierte die Farbe einfach mit ihren Händen auf. Dann war da ein kleines Negermädchen von vielleicht fünf Jahren mit großen Augen, das mich unablässig anstarrte. Und in einer hölzernen Wiege, die auf zwei Sägeböcken stand, damit man sie schaukeln konnte, lag ein Baby. Ich glaube, es war etwa drei oder vier Monate alt. Es tat, was Babys nun einmal tun, sabberte, spuckte, wedelte ziellos mit den Händen und strampelte.

Als der Mann sprach, schaute das Mädchen an der Staffelei zuerst mich und dann das Baby an. Das Baby strampelte und sabberte weiter.

»Sein Name ist Gerry«, sagte das Mädchen. »Er ist böse.«

»Worauf ist er böse?« fragte der Mann und schaute zum Baby.

»Auf alles«, sagte das Mädchen. »Auf alles und jeden.«

»Woher kommt er?«

»He, was ist das?« sagte ich, aber niemand schenkte mir Beachtung. Der Mann fuhr fort, Fragen an das Baby zu stellen, und das Mädchen beantwortete sie. Das war das Verrückteste, was ich je gesehen habe.

»Er ist aus dem Erziehungsheim fortgelaufen«, sagte das Mädchen. »Sie gaben ihm genug zu essen, aber niemand kümmerte sich um ihn.«

Genau das hat sie gesagt – »niemand kümmerte sich um ihn«.

Ich öffnete die Tür, und kalte Luft strömte herein. »Du Arsch«, sagte ich zu dem Mann, »du bist von der Schule.«

»Janie, mach die Tür zu«, sagte der Mann. Das Mädchen hinter der Staffelei bewegte sich nicht, aber die Tür schlug mit lautem Knall zu. Ich versuchte, sie wieder zu öffnen, aber sie gab nicht nach. Ich stieß ein Wutgeheul aus und zerrte daran.

»Ich glaube, du solltest in der Ecke stehen«, sagte der Mann. »Stell ihn in die Ecke, Janie.«

Janie schaute mich an. Einer der dreibeinigen Schemel kam auf mich zugeflogen. Er hing mitten in der Luft und drehte sich, dann stieß er mich mit der Sitzfläche an. Ich sprang zurück, doch der Schemel folgte mir. Ich wich zur Seite aus, und das war die Ecke. Der Hocker kam näher. Ich versuchte, ihn auf den Boden zu schlagen und tat mir nur die Hand weh. Ich duckte mich, und er sank herab. Ich stützte eine Hand auf ihn und versuchte, mich über ihn hinwegzuschwingen, aber er fiel zu Boden – und ich mit ihm. Ich rappelte mich hoch und stellte mich zitternd in die Ecke. Der Hocker richtete sich auf und sank vor mir auf den Boden.

»Danke, Janie«, sagte der Mann. Dann drehte er sich zu mir um. »Du bleibst jetzt dort stehen und bist ruhig. Mit dir beschäftige ich mich später. Du hättest nicht so viel Blödsinn machen sollen.« Dann sagte er zu dem Baby: »Hat er irgend etwas, was wir brauchen können?«

Wieder gab das Mädchen die Antwort. »Sicher«, sagte sie. »Er ist derjenige.«

»Nun«, sagte der Mann. »Weißt du was?« Er kam zu mir herüber. »Du kannst hier wohnen bleiben. Ich bin nicht von der Schule, Gerry, und ich werde dich niemals dort abliefern.«

»Puh, Mann.«

»Er haßt dich«, sagte Janie.

»Was kann ich dagegen tun?« wollte er wissen.

Janie wandte ihren Kopf zu der Wiege mit dem Baby. »Gib ihm zu essen.« Der Mann nickte und machte sich am Feuer zu schaffen.

Unterdessen stand das kleine Negermädchen immer noch an seinem Platz und schaute mich aus ihren großen, runden Augen unverschämt an. Janie ging zu ihrer Staffelei zurück, und das Baby lag da wie zuvor, also starrte ich zurück. »Was zum Teufel glotzt du so?« fuhr ich das kleine Negermädchen an.

Sie grinste und sagte: »Gerry ho-ho« – und dann verschwand sie. Ich meine damit, sie verschwand wirklich, wie eine ausgeblasene Kerzenflamme, nur ihre Kleider blieben zurück, wo sie gewesen war. Ihr Kleidchen blähte sich auf und sank in einem kleinen Häuflein auf den Boden. Genauso war es. Sie war verschwunden.

»Gerry hi-hi«, hörte ich dann. Ich schaute auf, und da war sie wieder, splitternackt hingekauert auf einen kleinen Felsvorsprung direkt unter dem Dach. In der gleichen Sekunde sah ich sie wieder verschwinden.

»Gerry ho-ho«, sagte sie. Nun war sie oben auf den Truhen, die als Vorratsregale dienten, genau am entgegengesetzten Ende des Raumes.

»Gerry hi-hi!« Jetzt war sie unter dem Tisch. »Gerry ho-ho!« Diesmal war sie direkt neben mir in der Ecke.

Ich schrie und hatte Angst und versuchte, ihr aus dem Weg zu kommen und stieß den Stuhl um. Ich hatte Angst und schreckte zurück, und dann war das kleine Mädchen verschwunden.

Von seinem Arbeitsplatz neben dem Feuer blickte der Mann über die Schulter. »Kinder, hört mit dem Unsinn auf«, sagte er.

Es wurde ruhig, und dann kam das Mädchen langsam unter dem Bretterregal hervorgekrochen, ging zu ihrem Kleid und zog es an.

»Wie hast du das gemacht?« wollte ich wissen.

»Ho-ho«, sagte sie.

»Das ist einfach«, sagte Janie. »In Wirklichkeit sind es Zwillinge.«

»Oh«, sagte ich. Dann kam aus dem Dunkeln ein zweites Mädchen und stellte sich neben das andere. Sie sahen beide genau gleich aus. Seite an Seite standen sie dort und starrten mich an. Diesmal ließ ich sie starren.

»Sie heißen Bonnie und Beanie«, sagte das Mädchen mit der Staffelei. »Das ist Baby und das« – sie deutete auf den Mann – »das ist Lone. Und ich bin Janie.«

Ich wußte nicht, was ich darauf antworten sollte, also sagte ich: »Ach ja?«

»Wasser, Janie«, sagte Lone und hielt einen Topf hoch. Ich hörte Wasser rauschen, sah aber keins. »Das ist genug«, sagte er dann und hängte den Topf über das Feuer. Er brachte einen gesprungenen chinesischen Teller und gab ihn mir. Er war voller Fleischstücke, Kartoffeln und Möhren, die in einer dicken Fleischbrühe schwammen. »Hier, Gerry. Setz dich.«

Ich schaute den Stuhl an. »Darauf etwa?«

»Natürlich.«

»Ich nicht«, sagte ich. Ich nahm den Teller und lehnte mich gegen die Wand.

»He«, sagte er nach einiger Zeit. »Nicht so schnell. Wir haben alle schon genug von dem Eintopf gegessen. Niemand wird dir was wegnehmen. Iß langsamer!«

Ich aß noch schneller und war fast fertig, als alles wieder hoch kam. Dann prallte aus irgendeinem Grund mein Kopf gegen die Kante des Hockers. Ich ließ Teller und Löffel fallen und sackte zusammen. Ich fühlte mich richtig schlecht.

Lone kam herüber und sah nach mir. »Tut mir leid, mein Junge«, sagte er. »Janie, machst du bitte sauber?«

Direkt unter meinen Augen verschwand die ganze Kotze. Ich gab nichts darum, mir war inzwischen alles egal. Ich fühlte die Hand des Mannes an meinem Nacken; er streichelte mir übers Haar.

»Beanie, hol ihm eine Decke. Und dann gehen wir alle schlafen, er braucht ein bißchen Ruhe.«

Ich fühlte, wie er die Decke um mich schlang und war schon eingeschlafen, bevor er mich auf den Boden gelegt hatte.

Ich weiß nicht, wieviel später es war, als ich aufwachte. Ich wußte nicht, wo ich war, und das erschreckte mich. Ich hob den Kopf und sah die schwache Glut in der Feuerstelle. Lone lag dort ausgestreckt in seinen Kleidern. Janies Staffelei stand in der rötlichen Dunkelheit wie ein großes räuberisches Insekt. Ich sah, wie Baby den Kopf aus der Wiege hob, konnte aber nicht sagen, ob es mich anstarrte oder nicht. Janie lag neben der Tür auf dem Boden, die beiden Zwillinge auf dem alten Tisch. Außer dem leicht auf und ab wackelnden Kopf Babys bewegte sich nichts.

Ich stand auf und sah mich in dem Zimmer um. Nur ein Zimmer, nur eine Tür. Als ich darauf zuschlich und an Janie vorbeikam, öffnete sie die Augen.

»Was ist los?« flüsterte sie.

»Das geht dich nichts an«, antwortete ich. Ich ging zur Tür, als ob nichts wäre, beobachtete sie aber dabei. Sie machte gar nichts. Genau wie beim ersten Mal war die Tür fest verschlossen, und ich kriegte sie nicht auf.

Ich ging zurück zu Janie. Sie schaute mich einfach an und hatte überhaupt keine Angst. »Ich muß mal für kleine Jungs«, sagte ich ihr.

»Ach so«, meinte sie. »Warum hast du das nicht gleich gesagt?‹

Plötzlich grunzte ich und faßte mir an den Bauch. Das Gefühl, das ich hatte, kann ich nicht beschreiben. Ich benahm mich, als ob es weh täte, aber das tat es gar nicht. So ein Gefühl hatte ich noch nie zuvor gehabt.

»Okay«, sagte Janie, »leg dich wieder hin.«

»Aber ich muß...«

»Was mußt du?«

»Nichts.« Das war wahr. Ich mußte gar nicht mehr.

»Nächstes Mal sagst du mir rechtzeitig Bescheid. Mir macht das nichts aus.«

Ich sagte nichts mehr und ging zu meiner Decke zurück.

»Ist das alles?« sagte Stern. Ich lag auf der Couch und betrachtete die graue Decke. »Wie alt bist du?« fragte er.

»Fünfzehn«, sagte ich verträumt. Er wartete, bis für mich die Decke wieder zur Decke wurde und ich auf dem Fußboden eine Brücke sah und Stehlampen und einen Schreibtisch und einen Stuhl, auf dem Stern saß. Ich setzte mich auf und hielt meinen Kopf einen Moment lang fest, dann sah ich Stern an. Er spielte mit seiner Pfeife und schaute zurück.

»Was haben Sie mit mir gemacht?«

»Das habe ich dir doch schon erklärt. Ich mache hier überhaupt nichts. Du tust es.«

»Sie haben mich hypnotisiert.«

»Das habe ich nicht.« Seine Stimme klang ruhig; er sprach die Wahrheit.

»Was war es dann, he? Es war..., als ob ich alles noch einmal von vorn erlebt hätte.«

»Alles?«

»Alles.« Ich erschauderte. »Jede verdammte Einzelheit. Was war das?«

»Jeder fühlt sich danach besser. Jetzt kannst du es dir alles vorstellen, so oft du willst, und jedesmal, wenn du daran denkst, wird es ein bißchen weniger weh tun. Du wirst es ja sehen.«

Zum ersten Mal seit Jahren war ich wieder verblüfft. Ich grübelte darüber nach, und dann fragte ich: »Wenn ich das allein tat, wieso ist es mir dann nicht eher passiert?«

»Weil man jemanden dazu braucht, der einem zuhört.«

»Zuhören? Habe ich geredet?«

»Wie ein Wasserfall.«

»Über alles, was passierte?«

»Wie soll ich das wissen? Ich war ja nicht dabei, nur du.«

»Glauben Sie mir denn das alles? Diese verschwindenden Kinder und der Hocker und so?«

Er zuckte die Achseln. »Es ist nicht meine Aufgabe, zu glauben oder nicht zu glauben. War es Wirklichkeit für dich?«

»Mann, ja, zum Teufel!«

»Nun, allein darauf kommt es an. Wohnst du dort, bei all diesen Leuten?«

Ich biß einen Fingernagel ab, der mich aufgeregt hatte. »Nicht lange. Nicht mehr, seitdem Baby drei war.« Ich sah ihn an. »Sie erinnern mich an Lone.«

»Warum?«

»Das weiß ich nicht. Nein, Sie erinnern mich doch nicht an ihn«, fügte ich plötzlich hinzu. »Ich weiß nicht, warum ich das gesagt habe.« Ich brach abrupt ab.

Die Decke war grau und die Lampen trübe. Ich hörte das

Mundstück der Pfeife gegen seine Zähne klicken. Lange Zeit lag ich da, einfach so.

»Es passiert nichts«, sagte ich ihm.

»Was erwartest du denn?«

»Das es so ist wie vorher.«

»In dir steckt etwas, das hinaus will. Laß es einfach kommen.«

Es war, als ob eine rotierende Trommel in meinem Kopf steckte, und darauf waren Fotos von den Orten und Dingen und Leuten, hinter denen ich her war. Und es erschien, als ob sich die Trommel sehr schnell drehte, so daß ich ein Bild nicht von dem anderen unterscheiden konnte. Ich ließ sie anhalten, und sie stoppte an einer leeren Stelle. Ich setzte sie wieder in Drehung und hielt sie erneut an.

»Es passiert nichts,« sagte ich.

»Baby ist drei«, wiederholte er.

»Ah«, sagte ich, »das.« Ich schloß die Augen.

Das mochte es sein. Macht, Sicht, Nacht, Licht. Ich mochte die Sicht eines Lichts in der Nacht haben. Vielleicht war es das Baby. Vielleicht war es, weil ich in der Nacht wegen dem Licht das Baby sah...

Nacht um Nacht lag ich auf dieser Decke, viele Nächte aber auch nicht. In Lones Haus war immer etwas los. Manchmal schlief ich tagsüber. Ich glaube, die einzige Zeit, wo alle gleichzeitig schliefen, war, wenn jemand krank wurde – wie ich, als ich hier ankam. Es war immer ziemlich dunkel im Raum, egal, ob Tag oder Nacht, das Feuer brannte, und die beiden gelben Glühbirnen hingen an ihren Drähten von der Batterie. Wenn ihr Licht zu trübe wurde, sah Janie die Batterie eine Weile an, und es wurde wieder hell.

Janie tat alles, was getan werden mußte und wozu die anderen keine Lust verspürten. Aber auch alle anderen taten etwas. Lone war ziemlich oft draußen. Manchmal ließ er sich von den Zwillingen helfen, aber man vermißte sie nie, da sie mit einem *Bäng*! da oder dort wieder zurück sein konnten. Und Baby blieb immer in seiner Wiege liegen.

Ich selbst arbeitete auch. Ich hackte Holz für das Feuer, stellte ein paar neue Regale auf und ging danach manchmal mit Janie und den Zwillingen schwimmen. Und ich sprach mit Lone. Ich tat nichts, was die anderen nicht hätten auch tun können, aber sie taten alle etwas, was ich nicht konnte. Deshalb war ich die ganze Zeit über wütend. Aber ich hätte sowieso nicht gewußt, was ich mit mir anfangen sollte, wenn ich nicht ständig wegen diesem oder jenem wütend gewesen wäre. Das hielt uns aber nicht davon ab, uns zu *verkolleinen*. Verkolleinen, das war das Wort, das sie benutzte. Sie hatte es von Baby. Sie sagte, es bedeute soviel wie mit jedem eins sein, obwohl jeder etwas anderes macht. Zwei Arme, zwei Beine, ein Körper, ein Kopf, das alles arbeitete zusammen, obwohl ein Kopf nicht gehen und Arme nicht denken können. Lone meinte, das Wort setze sich vielleicht aus ›vereinen‹ und ›Kollektiv‹ zusammen, aber ich glaube nicht daran, daß er davon überzeugt war. Das Wort bedeutete viel mehr.

Baby redete die ganze Zeit über. Es war wie ein Sender, der vierundzwanzig Stunden am Tag arbeitet und den man immer empfangen kann, wenn man einschaltet. Man empfing ihn aber auch, wenn man abgeschaltet hatte. Wenn ich sage, daß er redete, meine ich das nicht so genau. Er gab meist Zeichen. Man könnte glauben, diese ungewissen, verschwommenen Bewegungen von Händen, Armen, Beinen und Kopf hätten nichts zu bedeuten, aber das stimmt nicht. Es war so ähnlich wie Morsen, nur anstatt eines Tons ein Zeichen. Auf jeden Fall steckten seine Bewegungen voller Gedanken.

Ich meine, daß er zum Beispiel die linke Hand abspreizte und die rechte hob und schüttelte und mit der linken Ferse auf den Boden stieß, und das bedeutete dann: ›Jeder, der glaubt, daß ein Spatz kein schöner Vogel ist, weiß überhaupt nicht, was solch ein Spatz sich eigentlich denkt.‹ Oder auch so etwas ähnliches.

Lone konnte die Zeichen genausowenig wie ich verstehen. Die Zwillinge konnten es, aber sie gaben nichts darum. Gewöhnlich beobachtete Janie es die ganze Zeit über. Es wußte immer im voraus, was man fragen wollte, gab Janie dann die Antwort, und Janie sagte sie dann laut. Zumindest bekam sie die Antwort teilweise mit; niemand konnte alles verstehen, was Baby sagte, noch nicht einmal sie. Lone sagte mir mal, daß alle Babys diese Zeichensprache beherrschen. Aber wenn niemand darauf antwortet, hören sie damit auf und vergessen sie bald. Vergessen sie *größtenteils.* Etwas bleibt immer zurück. Deshalb gibt es auf der ganzen Welt Gesten, die uns zum Lachen bringen, und andere, die uns böse werden lassen. Aber wie bei allem, was Lone sagte, weiß ich nicht, ob man das glauben kann oder nicht.

Ich weiß nur, daß Janie dort saß und ihre Bilder malte und Baby beobachtete und manchmal in lautes Gelächter ausbrach. Manchmal holte sie auch die Zwillinge und ließ sie aufpassen, und auch sie fingen zu lachen an. Oder sie hörten sich zu Ende an, was Baby zu sagen hatte ud zogen sich dann in eine Ecke zurück und unterhielten sich flüsternd darüber. Baby wurde nie größer. Janie wuchs, und die Zwillinge, und auch ich, aber nicht Baby. Es lag einfach da.

Jeden zweiten oder dritten Tag gab ihm Janie zu essen und säuberte es. Es weinte nicht und machte keine Schwierigkeiten. Niemand kam je in seine Nähe.

Janie zeigte Baby jedes Bild, das sie gemalt hatte, bevor sie die Leinwand säuberte und ein neues malte. Sie mußte die Leinwand säubern, weil sie nur drei davon hatte. Das war auch gut so, denn ich haßte den Gedanken, wie das Zimmer wohl aussehen mochte, wenn sie alle Bilder verwahrt hätte; sie malte vier oder fünf Stück am Tag. Lone und die Zwillinge waren dauernd auf Achse, um neues Terpentin für sie zu besorgen. Die Farben bekam sie ohne jede Mühe in die kleinen Löcher auf ihrer Palette zurück, indem sie das Bild einfach ansah und an eine Farbe dachte, aber bei Terpentin war das etwas anderes. Sie sagte mir, daß Baby all ihre Bilder im Gedächtnis behielt und sie sie deshalb nicht aufbewahren mußte. Es waren alles Bilder von Maschinen und Motorteilen und mechanischen Kupplungen und Dingen, die wie elektrische Stromkreise aussahen. Ich dachte nie allzuviel darüber nach.

Eines Tages ging ich mit Lone, um etwas Terpentin und ein bißchen Frühstücksspeck zu besorgen. Wir gingen durch die Wälder und ein paar Kilometer die Schienenstränge entlang, bis wir die Lichter einer Stadt ausmachen konnten. Dann ging es wieder durch Wald und einige Straßen, bis wir zu einem Hinterhof kamen.

Lone war wie immer, ging dahin und dachte und dachte.

Wir kamen zu einem Gemischtwarenladen, und er ging hin und sah sich das Schloß an. Dann kam er an die Stelle zurück, wo ich wartete, und schüttelte den Kopf. Dann fanden wir ein Kaufhaus. Lone grunzte, und wir stellten uns in den Schatten neben der Tür. Ich sah hinein.

Plötzlich war Beanie dort, nackt wie immer, wenn sie sich so fortbewegte. Sie kam und öffnete die Tür von innen. Wir gingen hinein, und Lone schloß hinter uns die Tür und sperrte sie zu.

»Ab nach Hause, Beanie«, sagte er, »bevor du dir noch den Tod holst.«

Sie grinste mich an, sagte ›ho-ho‹ und verschwand.

Wir entdeckten zwei schöne Räucherschinken und einen Zehnliterkanister mit Terpentin. Ich nahm einen hellgelben Kugelschreiber, aber Lone knuffte mich und befahl mir, das Ding wieder zurückzulegen.

»Wir nehmen nur, was wir brauchen«, erklärte er mir.

Nachdem wir gegangen waren, kam Beanie wieder zurück, schloß die Tür zu und sprang dann ebenfalls wieder nach Hause. Ich begleitete Lone nur ein paar Mal, immer dann, wenn er mehr besorgen mußte, als er allein tragen konnte.

Ich war ungefähr drei Jahre dort. Das ist alles, woran ich mich erinnern kann. Lone war da, oder er war draußen, und das machte kaum einen Unterschied. Die Zwillinge blieben die meiste Zeit über unter sich. Mit der Zeit mochte ich Janie sehr gern, aber wir redeten nie viel miteinander. Baby redete die ganze Zeit über, aber ich weiß nicht was.

Wir waren immer beschäftigt, und wir waren eins.

Plötzlich fuhr ich von der Couch hoch.

»Was gibt's?« fragte Stern.

»Nichts. Das bringt mich nicht weiter.«

»Das hast du auch gesagt, als wir gerade angefangen hatten. Glaubst du, daß du in der Zwischenzeit nichts erreicht hast?«

»Doch, ja, aber...«

»Wie kannst du denn so sicher sein, daß es diesmal nichts bringt?«

Als ich nicht antwortete, fuhr er fort: »Hast du die letzte Erinnerung nicht gemocht?«

»Es geht nicht darum, ob sie mir gefiel oder nicht. Sie bedeutete einfach nichts. Das war alles nur leeres Geschwätz.«

»Was war denn der Unterschied zwischen dieser Sitzung und der davor?«

»Mann, das ist doch wohl klar. Bei der ersten habe ich etwas gefühlt. Das geschah alles wirklich mit mir. Aber diesmal – nichts.«

»Was glaubst du, woran mag das liegen?«

»Ich weiß es nicht. Sagen Sie es mir!«

»Überlege doch einmal«, sagte er nachdenklich, »ob es nicht irgendein Erlebnis gibt, das so unangenehm war, daß du dich daran nicht zu erinnern wagtest.«

»Unangenehm? Hören Sie mal, es ist unangenehm, wenn man sich zu Tode friert!«

»Es gibt mehrere Arten von unangenehmen Erlebnissen. Manchmal ist gerade das, was man sucht und das alle Schwierigkeiten aus dem Weg räumen würde, so unerträglich, daß man nicht in seine Nähe kommen will. Oder versucht, es zu verstekken. Warte«, sagte er plötzlich, »vielleicht sind ›unangenehm‹ und ›unerträglich‹ nicht die richtigen Worte. Es kann etwas sehr Erstrebenswertes sein. Es ist nur so, daß du nicht darauf zu sprechen kommen willst.«

»Ich will aber darauf zu sprechen kommen!«

Er wartete, als ob er seine Gedanken ordnen müßte, und sagte dann: »Da ist irgend etwas an dem Satz ›Baby ist drei‹, das dich abstößt. Was ist es?«

»Ich will verdammt sein, wenn ich das wüßte.«

»Wer hat das gesagt?«

»Ich weiß nicht... eh...«

Er grinste. »Eh?«

Ich grinste zurück. »Ich sagte es.«

»Na gut. Wann?«

Ich grinste nicht mehr. Er beugte sich vor und stand dann auf.

»Was gibt es?« fragte ich.

»Ich hätte nicht geglaubt, daß jemand so verrückt sein kann.«

Ich sagte nichts. Er ging zum Schreibtisch hinüber. »Du willst überhaupt nicht weitermachen, nicht wahr?«

»Nein.«

»Angenommen, ich sage dir, daß du aufhören willst, weil du ganz nahe daran bist, das herauszufinden, was du wissen willst.«

»Warum sagen Sie es denn nicht und warten, was ich tue?«

Er schüttelte nur den Kopf. »Ich sage dir gar nichts. Du kannst ja gehen, wenn du willst. Dein Wechselgeld bekommst du zurück.«

»Wie viele Leute hören auf, wenn sie ganz nahe am Ziel sind?«

»Ziemlich viele.«

»Nun, ich nicht.« Ich legte mich wieder.

Er lachte nicht und sagte auch nicht: »Gut.« Er machte kein großes Getue, nahm lediglich den Telefonhörer ab und sagte: »Sagen Sie alle Verabredungen für diesen Nachmittag ab.« Dann setzte er sich wieder, dort, wo ich ihn nicht sehen konnte.

Es war sehr still in seinem Zimmer. Er hatte es schalldicht isolieren lassen.

»Warum, glauben Sie«, sagte ich, »hat Lone mich dort so lange wohnen lassen, da ich doch gar nichts von dem konnte, was die anderen Kinder auszeichnete?«

»Vielleicht kannst du doch so etwas.«

»O nein«, gab ich überzeugt zurück. »Ich versuchte es. Für ein Kind meines Alters war ich ziemlich stark, und ich wußte auch meinen Mund zu halten. Aber sonst unterschied ich mich in nichts von einem normalen Kind. Ich glaube auch nicht, daß ich mich jetzt von einem gewöhnlichen Kind unterscheide, außer bis auf die Erfahrungen, die ich bei Lone gewonnen habe.«

»Hat irgend etwas davon zu tun mit dem Satz ›Baby ist drei‹?«

Ich schaute zur grauen Decke hoch. »Baby ist drei. Baby ist drei. Ich ging zu einem großem Haus mit einer gewundenen Auffahrt, die unter eine Art Markise führte. Baby ist drei. Baby ...«

»Wie alt bist du?«

»Dreiunddreißig«, sagte ich, und das nächste, was ich wieder wußte, war, daß ich von der Couch aufsprang, als ob sie glühend heiß geworden sei, und zur Tür rannte.

»Sei kein Dummkopf«, sagte Stern. »Willst du, daß ich einen ganzen Nachmittag verschwende?«

»Was geht das mich an? Ich habe dafür bezahlt.«

»Na gut, es ist deine Entscheidung.«

Ich kam zurück. »Ich mag das alles nicht«, sagte ich.

»Gut. Dann kommen wir der Sache schon näher.«

»Weshalb habe ich dreiunddreißig gesagt? Ich bin keine dreiunddreißig, sondern fünfzehn. Und noch etwas ...«

»Ja?«

»Das mit dem ›Baby ist drei‹. Na schön, ich sage es, aber wenn ich darüber nachdenke – es ist nicht meine Stimme.«

»Genau wie dreiunddreißig nicht dein Alter ist?«

»Ja«, flüsterte ich.

»Gerry«, sagte er warm, »du brauchst keine Angst zu haben.«

Ich bemerkte, daß ich zu schnell atmete. Ich riß mich zusammen. »Ich mag es nicht, mich an etwas zu erinnern, was ich mit der Stimme eines anderen gesagt habe«, meinte ich.

»Schau«, erklärte er. »Die Arbeit eines Oberstübchenschnüfflers, wie du mich vor einiger Zeit genannt hast, ist nicht so, wie die meisten Leute sie sich vorstellen. Wenn ich mit dir in die Welt deines Verstandes gehe – oder wenn du auch allein gehst –, finden wir etwas, das von der sogenannten wirklichen Welt gar nicht so verschieden ist. Zuerst mag das so scheinen, da der Patient mit allen möglichen Phantasien, Irrationalitäten und schrecklichen Erfahrungen behaftet ist. Aber jeder lebt in solch einer Welt. Als ein klassischer Gelehrter den Satz ›Die Wahrheit ist seltsamer als die Erfindung‹ prägte, mag er daran gedacht haben. Wo immer wir uns auch befinden, was immer wir auch tun, sind wir von Symbolen umgeben, von so gewohnten Dingen, daß wir gar nicht darauf achten und sie überhaupt nicht bemerken. Wenn dir jemand genau schildern würde, was er sah und dachte, während er zehn Meter eine Straße entlangging, würdest du das verzerrteste, verschwommenste und unvollständigste Bild erhalten, auf das du je gestoßen bist. Und niemand betrachtet seine Umgebung mit solch einer Aufmerksamkeit, bis er einmal an einen Ort wie diesen kommt. Die Tatsache, daß er auf Vergangenes zurückblickt, spielt dabei gar keine Rolle; was zählt, ist, daß er jetzt klarer sieht, als er je zuvor dazu in der Lage gewesen ist, einfach weil er es einmal versucht.

Jetzt zu den ›dreiunddreißig‹. Ich glaube, es gibt keinen schlimmeren Schock, als herauszufinden, daß man das Gedächtnis eines anderen in sich trägt. Das Ego ist zu wichtig, um es derart aufzugeben. Aber überlege: All deine Gedanken laufen in kodierter Form ab, und du hast einen Schlüssel für nur zehn Prozent von ihnen. Nun kommst du zu einem Kode, der dir abstoßend erscheint. Siehst du nicht ein, daß der einzige Weg zum Schlüssel darin liegt, aufzuhören, nicht daran zu denken?«

»Sie meinen, ich hätte begonnen, mich mit... mit den Erinnerungen eines anderen daran zu erinnern?«

»Dir erschien es eine Weile so, und das hat etwas zu bedeuten. Versuchen wir, die Bedeutung herauszufinden.«

»Na schön.« Ich fühlte mich elend und müde. Und auf einmal begriff ich, daß dieses Übelkeitsgefühl und diese Müdigkeit ein Versuch waren, mich von den Gedanken abzuhalten.

»Baby ist drei«, sagte er.

Baby ist vielleicht... drei, dreiunddreißig, ich, du, Kew, du.«

»Kew!« schrie ich. Stern sagte nichts. »Sehen Sie, ich weiß nicht warum, aber ich glaube, ich weiß, wie ich dorthin gelange, und das ist nicht der richtige Weg. Haben Sie etwas dagegen, wenn ich es anders versuche?«

»Du bist der Doktor«, sagte er.

Ich mußte lachen. Dann schloß ich die Augen.

Dort, durch die Ecken der Hecken wuchsen Wiebel und Giebel von Fenstern bis in den Himmel. Rein war der Rasen, sauber und grün, und die Blumen blüh'n und schienen Angst zu haben, ihre Blütenblätter abzuwerfen und die Ordnung zu stören.

Ich ging in meinen Schuhen die Auffahrt hinauf. Ich mußte Schuhe tragen, und meine Füße konnten nicht atmen. Ich wollte nicht zu dem Haus gehen, hatte aber keine andere Wahl.

Ich ging die Stufen zwischen den großen weißen Säulen hoch und schaute die Tür an. Ich wünschte, ich könnte durch sie hindurchsehen, aber sie war zu weiß und zu dick. Über der Tür befand sich ein fächerförmiges Fenster, aber es war zu hoch. Auf jeder Seite der Tür waren ebenfalls Fenster, aber ihr farbiges Glas versperrte die Einsicht. Mit der Hand schlug ich gegen die Tür und ließ Dreck auf ihr zurück.

Nichts geschah, also klopfte ich noch einmal. Die Tür wurde aufgerissen, und eine große, magere Farbige stand vor mir.

»Was willst du?« fragte sie.

Ich sagte, daß ich Miß Kew sprechen müßte.

»Nun, Miß Kew sieht nicht gern welche von deiner Sorte.« Sie sprach zu laut. »Dein Gesicht ist schmutzig.«

Da begann ich wütend zu werden. Ich bereute es schon wieder, überhaupt hierher gekommen zu sein, wo man im hellen Tageslicht an anderen Leuten vorbeigehen mußte. »Mein Gesicht geht Sie überhaupt nichts an«, sagte ich. »Wo ist Miß Kew? Los, suchen Sie sie!«

Sie keuchte. »So kannst du mit mir nicht sprechen!«

»Ich will überhaupt nicht mit Ihnen sprechen«, sagte ich. »Lassen Sie mich hinein.« Ich wünschte, Janie wäre hier. Janie wäre an ihr vorbeigekommen. Aber jetzt stand ich vor diesem Problem. Und ich löste es gar nicht gut. Sie schlug mir die Tür vor der Nase zu, bevor ich sie verfluchen konnte.

Also begann ich gegen die Tür zu treten. Dabei sind Schuhe wirklich Klasse. Nach einer Weile riß sie die Türe so plötzlich auf, daß ich dabei fast hingefallen wäre. Sie hatte einen Besen geholt. »Verschwinde von hier, du Dreckspatz, oder ich rufe die Polizei«, kreischte sie. Dann schubste sie mich zurück, und ich fiel zu Boden.

Ich kam wieder auf die Füße und ging auf sie los. Sie wich zurück und zog mir eine mit dem Besen über, als ich an ihr vorbeistürmte, aber wenigstens war ich jetzt drinnen. Die Frau stieß kleine schrille Schreie aus und kam mir nachgerannt. Ich nahm ihr den Besen weg, und dann sagte plötzlich jemand mit der quäkenden Stimme einer frisch gerupften Gans: »Miriam!«

Ich erstarrte, und die Farbige wurde hysterisch. »Oh, Miß Kew, passen Sie auf! Er wird uns alle töten. Rufen Sie die Polizei und...«

»Miriam!« keifte die Stimme, und Miriam verstummte.

Oben auf der Treppe stand diese Frau mit einem Gesicht wie eine Backpflaume und einem spitzenbesetzten Kleid. Sie sah viel älter aus, als sie war, vielleicht weil sie ihren Mund so zusammenkniff. Ich glaube, sie war etwa dreiunddreißig – *dreiunddreißig.* Sie hatte böse Augen und eine kleine Nase.

»Sind Sie Miß Kew?« fragte ich.

»Das bin ich. Aber was hat diese... Invasion zu bedeuten?«

»Ich muß mit Ihnen reden, Miß Kew.«

»Sag nicht ›muß‹. Brust raus, und hör auf zu nuscheln!«

»Ich rufe die Polizei«, sagte das Dienstmädchen.

Miß Kew wandte sich zu ihr um. »Dafür ist immer noch Zeit, Miriam. Also, du kleiner Schmutzfink, was willst du?«

»Ich muß mit Ihnen allein sprechen«, sagte ich.

»Erlauben Sie das nicht, Miß Kew!« schrie die Farbige.

»Sei still, Miriam. Junger Mann, ich habe dich schon einmal gebeten, nicht ›muß‹ zu sagen, sondern ›möchte‹. Wenn du etwas zu sagen hast, kannst du es vor Miriam tun.«

»Scheiß drauf.« Sie schnappten beide nach Luft. »Lone hat es mir verboten«, sagte ich.

»Miß Kew, Sie wollen ihn doch nicht etwa...«

»Sei still, Miriam. Junger Mann, möchtest du dir bitte eine etwas gepflegtere Ausdrucksweise ange...« Dann wurden ihre Augen auf einmal kugelrund. »*Wer*, hast du gesagt?«

»Lone.«

»Lone.« Sie stand dort auf den Stufen und schaute auf ihre Hände. Dann sagte sie: »Miriam, das ist alles.« So wie sie das sagte, hätte man sie nicht für die gleiche Frau wie von vorhin gehalten.

Das Dienstmädchen sperrte den Mund auf, aber Miß Kew deutete mit ihrem Zeigefinger hinaus, und diese Geste war so eindeutig wie ein auf einen gerichteter Gewehrlauf. Endlich begriff die Farbige.

»He«, sagte ich, »hier ist Ihr Besen.« Ich wollte ihr ihn gerade zuwerfen, als Miß Kew mich ergriff und ihn mir aus der Hand nahm. »Dort hinein«, sagte sie.

Sie ließ mich vorgehen. Wir kamen in ein Zimmer, das so groß wie unser Planschteich war. Überall waren Bücher, und die Platten der Tische waren mit Leder überzogen und hatten goldene Blumen an den Ecken.

Sie deutete auf einen Stuhl. »Setz dich dorthin. Nein, warte einen Moment.« Sie ging zum Kamin, zog eine Zeitung aus einer Truhe und breitete sie auf dem Sitz des Stuhls aus. »Jetzt kannst du dich setzen.«

Ich setzte mich auf das Papier, und sie zog einen anderen Stuhl heran, aber auf den legte sie kein Papier.

»Was gibt es? Wo ist Lone?«

»Tot«, sagte ich.

Sie hielt den Atem an und wurde blaß. Dann starrte sie mich an, bis ihre Augen sich mit Tränen füllten.

»Haben Sie was?« fragte ich sie. »Reden Sie schon, dann fühlen Sie sich gleich viel besser.«

»Tot? Lone ist tot?«

»Ja. Letzte Woche gab's bei uns einen Wolkenbruch, und als er in der nächsten Nacht in dem starken Sturm hinausging, kam er an einer alten Eiche vorbei, die von den Fluten unterspült war, und der Baum kam auf ihn herunter.«

»Kam auf ihn herunter«, flüsterte sie. »O nein... das ist nicht wahr!«

»Doch, es ist wahr. Wir haben ihn heute morgen eingegraben. Wir konnten ihn nicht mehr länger herumliegen lassen, er fing an zu stin...«

»Sei still.« Sie bedeckte ihr Gesicht mit den Händen.

»Was ist los?«

»Es ist gleich vorüber«, sagte sie mit leiser Stimme. Sie stand auf und stellte sich mit dem Rücken zu mir vor den Kamin. Während ich wartete, daß sie zurückkam, zog ich meine Schuhe aus. Aber statt dessen sprach sie vom Kamin aus. »Bist du Lones kleiner Junge?«

»Ja. Er sagte mir, ich solle hierher gehen.«

»Ach, mein armer Junge!« Sie kam zurückgelaufen, und für eine Sekunde dachte ich, sie wollte mich in die Arme schließen, aber kurz vor mir blieb sie stehen und rümpfte die Nase ein wenig. »Wie... wie heißt du?«

»Gerry«, sagte ich.

»Nun, Gerry, würdest du es mögen, hier bei mir in diesem schönen, großen Haus zu wohnen und neue Kleider zu bekommen und all das?«

»Na, darum geht es ja. Lone hat mir gesagt, ich solle zu Ihnen gehen. Er sagte, Sie hätten mehr Mäuse, als Sie ausgeben könnten, und außerdem schuldeten Sie ihm noch einen Gefallen.«

»Einen Gefallen?« Sie schien betroffen zu sein.

»Nun«, versuchte ich zu erklären, »er sagte, er hätte für Sie einmal etwas getan, und Sie sagten, eines Tages würden Sie ihm alles zurückzahlen, wenn Sie könnten. So war es.«

»Was hat er dir noch darüber erzählt?« Ihre Stimme war jetzt wieder schrill.

»Kein verdammtes Wort.«

»Bitte, benutze diesen Ausdruck nicht mehr«, sagte sie und schloß die Augen. Dann öffnete sie sie wieder und nickte. »Ja, das habe ich versprochen, und ich werde mein Versprechen halten. Du kannst von nun an hier wohnen. Wenn du das überhaupt willst.«

»Das spielt keine Rolle. *Lone* hat es mir gesagt.«

»Du wirst hier glücklich sein«, sagte sie. Sie betrachtete mich von oben bis unten. »Dafür werde ich schon sorgen.«

»Okay. Soll ich jetzt die anderen holen?«

»Die *anderen*? – Auch Kinder?«

»Ja. Ich bin nicht allein. Wir sind 'ne ganze Bande, insgesamt fünf.«

»Sag eine, nicht ›ne‹.« Sie lehnte sich in dem Sessel zurück, nahm ein lächerlich kleines Taschentuch und tupfte sich damit die Lippen ab. Dabei sah sie mich die ganze Zeit über an. »Erzähl mir etwas über diese... diese anderen Kinder.«

»Nun, da ist Janie, sie ist elf, wie ich auch. Und Bonnie und Beanie sind acht, sie sind Zwillinge. Und Baby. Baby ist drei.«

»Baby ist drei«, wiederholte sie.

Ich schrie auf. Stern kniete sofort neben der Couch und hielt mit den Handflächen meinen Kopf; ich hatte ihn hin- und hergeschlagen.

»Guter Junge«, sagte er. »Du hast es gefunden. Du hast noch nicht herausgefunden, *was* es eigentlich ist, aber du weißt nun, *wo* es ist.«

»Und ob«, sagte ich heiser. »Haben Sie Wasser?«

Er flößte mir etwas Wasser aus einer Thermosflasche ein. Es war so kalt, daß es schmerzte. Ich lehnte mich zurück und ruhte etwas, so, als hätte ich gerade einen Berg bestiegen. »So etwas stehe ich nicht noch einmal durch«, sagte ich.

»Willst du für heute aufhören?«

»Was ist mit Ihnen?«

»Ich mache so lange weiter, wie du willst.«

Ich dachte darüber nach. »Ich würde gern weitermachen, aber so einen harten Brocken verkrafte ich jetzt nicht mehr. Wenigstens nicht im Augenblick.«

»Wenn du noch einen ungenauen Vergleich hören willst«, sagte Stern, »die Psychiatrie ist wie eine Landkarte. Es gibt immer viele Wege, um von einem Punkt zum anderen zu gelangen.«

»Ich nehme den Umweg«, meinte ich. »Die achtspurige Autobahn. Nicht den Feldweg über den Hügel. Meine Kupplung schleift. Wo muß ich abbiegen?«

Er kicherte. Ich mochte den Klang seiner Stimme. »Einfach den Kiesweg entlang.«

»Da war ich schon. Da ist eine Brücke fortgespült worden.«

»Du bist auf dieser Seite der Brücke gewesen«, berichtigte er. »Jetzt fahre auf der anderen weiter.«

»Daran habe ich nicht gedacht. Ich glaubte, ich müßte die ganze Strecke zurücklegen, Meter um Meter.«

»Vielleicht mußt du das, vielleicht aber auch nicht. Aber wenn du alles andere hinter dich gebracht hast, wird es dir leicht fallen, auch die Brücke zu überqueren. Vielleicht ist die Brücke nicht von Wert, vielleicht aber doch. Das kannst du erst sagen, sobald du dich überall umgesehen hast.«

»Also los.« Irgendwie war ich wirklich gespannt.

»Darf ich dir einen Vorschlag machen?«

»Sicher.«

»Erzähle einfach«, meinte er. »Versuche dich nicht zu sehr in das hineinzusteigern, was du berichtest. Diese erste Episode, als du acht warst – das hast du noch einmal wirklich durchlebt. Über die zweite – die mit den Kindern – hast du nur berichtet. Die dritte, als du elf warst, spürtest du wieder. Jetzt erzähle einfach.«

»In Ordnung.«

Er wartete, sagte dann ruhig: »In der Bibliothek. Du hast ihr von den anderen Kindern erzählt.«

Ich habe ihr erzählt... und dann sagte sie... und irgend etwas geschah, und ich schrie. Sie tröstete mich, und ich beschimpfte sie.

Aber daran denken wir jetzt nicht. Es geht weiter.

In der Bibliothek. Das Leder, der Tisch, und ob ich fähig bin, das mit Miß Kew zu tun, was Lone mir aufgetragen hat.

Lone hatte gesagt: »Dort oben auf der Spitze des Hügels in den Heights lebt eine Frau. Hat den Namen Kew. Sie muß sich um euch kümmern. Du mußt sie dazu bringen. Tut alles, was sie euch sagt, nur bleibt zusammen. Laß nie zu, daß einer von den anderen getrennt wird, hörst du? Ansonsten haltet ihr Miß Kew bei Laune, und sie versorgt euch. Und jetzt tu, was ich dir gesagt habe.« Das hatte Lone gesagt. Zwischen jedem einzelnen Wort war ein Bindeglied, stark wie ein Stahlkabel; alles zusammen war etwas, das nicht zerrissen werden konnte. Wenigstens nicht von mir.

»Wo sind deine Schwestern und das Baby?« fragte Miß Kew.

»Ich hole sie.«

»Sind sie in der Nähe?«

»Nah genug.« Sie antwortete darauf nicht, also stand ich auf. »Ich bin gleich zurück.«

»Warte«, sagte sie. »Ich... wirklich, ich hatte noch nicht die Zeit, über all das nachzudenken. Ich meine... ich muß natürlich noch alles vorbereiten. Du weißt schon.«

»Sie brauchen nicht nachzudenken und nichts vorzubereiten«, sagte ich. »Bis dann.«

Noch an der Tür hörte ich sie, und sie wurde lauter mit jedem Schritt, den sie tat: »Junger Mann, wenn du hier wohnen willst, mußt du dir wirklich noch weit bessere Manieren angewöhnen...« Und so ging es fort.

»Okay, *okay*!« schrie ich zurück und ging hinaus.

Die Sonne war warm, und der Himmel hellblau, und ziemlich schnell war ich wieder zurück bei Lones Hütte. Dort war das Feuer erloschen, und Baby stank. Janie hatte ihre Staffelei umgeworfen und saß auf dem Boden neben der Tür, den Kopf in den Händen. Bonnie und Beanie saßen aneinandergeklammert auf einem Stuhl, hielten sich so eng umschlungen, wie es nur ging, als ob es kalt wäre. Doch es war gar nicht kalt.

Ich schlug Janie auf den Arm, um sie aufzurütteln. Sie hob den Kopf. Sie hatte graue Augen – vielleicht waren sie auch mehr grün – aber jetzt sahen sie ganz komisch aus, wie Wasser in einem Glas, auf dessen Boden noch etwas Milch schwimmt.

»Was ist denn hier los?« fragte ich.

»Was soll womit los sein?« wollte sie wissen.

»Mit euch allen«, sagte ich.

»Uns ist alles egal, das ist es.«

»Na gut«, meinte ich, »aber wir müssen tun, was Lone gesagt hat. Und jetzt kommt.«

»Nein.« Ich sah die Zwillinge an. Sie drehten mir die Rücken zu. »Sie haben Hunger«, sagte Janie.

»Na, und warum gibst du ihnen nichts?«

Sie zuckte nur die Achseln. Ich setzte mich. Warum aber auch mußte Lone sich von dem Baum zerquetschen lassen?

»Wir sind nicht mehr eins«, sagte Janie. Das schien alles zu erklären.

»Schaut mal«, sagte ich, »jetzt muß ich eben Lone sein.«

Janie dachte darüber nach, und Baby strampelte mit den Füßen. Janie sah es an. »Das kannst du nicht«, sagte sie.

»Ich weiß, wo ich Essen holen kann und Terpentin«, widersprach ich. »Ich kann genug Moos holen, um es in die Ritzen zu stopfen, und auch Holz hacken. Und all das.«

Aber ich konnte Bonnie und Beanie nicht aus einer Entfernung von mehreren Kilometern herbeirufen, damit sie Türen aufschlössen. Ich konnte nicht einfach ein Wort zu Janie sagen, damit sie Wasser herbeischaffte, das Feuer anfachte oder die Batterie in Ordnung brachte. Und ich konnte uns nicht eins werden lassen. Lange Zeit blickten wir trübsinnig vor uns hin. Dann hörte ich die Wiege knacken. Ich schaute auf und sah Janie in sie hineinstarren.

»In Ordnung«, sagte sie. »Gehen wir.«

»Wer sagt das?«

»Baby.«

»Wer hat denn jetzt hier was zu sagen?« fragte ich zornig. »Ich oder Baby?«

»Baby«, sagte Janie.

Ich stand auf, um ihr auf den Mund zu schlagen, tat es aber dann doch nicht. Wenn Baby sie dazu brachte zu tun, was Lone wollte, geschah es auch. Wenn ich sie alle herumstieß, würde es nicht geschehen. Also sagte ich nichts. Janie stand auf und ging zur Tür. Die Zwillinge beobachteten, wie sie ging, dann verschwand Bonnie. Beanie hob Bonnies Kleider auf und ging hinaus. Ich nahm Baby aus der Wiege und setzte ihn mir auf die Schultern.

Als wir alle draußen waren, wurde es besser. Es wurde zwar schon spät, aber die Luft war noch warm. Die Zwillinge flitzten wie Eichhörnchen um die Bäume herum, und Janie und ich gingen nebeneinander, als ob wir nur schwimmen gehen wollten, oder so. Baby begann zu strampeln, und Janie sah es eine Weile an und fütterte es; darauf war er wieder ruhig.

Als wir uns der Stadt näherten, wollte ich, daß wir zusammen blieben, aber ich hatte Angst, etwas zu sagen. Statt dessen mußte Baby es gesagt haben, denn die Zwillinge kamen zurück, und Janie gab ihnen ihre Kleider, und sie gingen ganz brav vor uns her. Ich weiß nicht, wie Baby das fertigbrachte, denn sie hassen es, sich auf solche Weise fortzubewegen.

Wir hatten keinen Ärger, außer mit einem Kerl, dem wir in der Nähe von Miß Kews Haus begegneten. Er blieb wie angewurzelt stehen und gaffte uns an. Janie schaute zurück und ließ seinen Hut ganz tief über die Augen rutschen; er mußte seinen Nacken verrenken, um ihn wieder hoch zu bekommen.

Stellen Sie sich vor, als wir zu dem Haus kamen, hatte jemand all den Schmutz weggewischt, den ich auf der Tür hinterlassen hatte. Ich trug Baby auf den Armen, also mußte ich gegen die Tür treten und verschmutzte sie noch mehr.

»Hier lebt eine Frau namens Miriam«, sagte ich zu Janie. »Wenn sie irgend etwas sagt, dann sagst du zu ihr, sie soll sich zum Teufel scheren.«

Die Tür öffnete sich, und Miriam stand da. Nach dem ersten Blick auf uns wich sie entsetzt zwei Meter zurück. Wir strömten hinein. Miriam bekam wieder Luft und schrie: »Miß Kew! Miß Kew!«

»Scheren Sie sich zum Teufel!« sagte Janie und schaute mich an. Ich wußte nicht, was ich tun sollte. Zum ersten Mal hatte Janie das getan, was ich ihr aufgetragen hatte.

Miß Kew kam die Treppe herunter. Sie trug jetzt ein anderes Kleid, aber es sah ebenso blöd aus und hatte ebenso viele Spitzen wie das andere. Sie öffnete den Mund, konnte aber nichts sagen, also ließ sie ihn einfach offen, bis etwas geschah. Schließlich meinte sie: »Der liebe Gott möge uns behüten.«

Die Zwillinge stellten sich nebeneinander und gafften sie an. Miriam tastete sich zur Wand zurück, schlängelte sich an ihr entlang, damit sie uns ja nicht zu nahe kam, gelangte so zur Tür und schloß sie. »Miß Kew«, sagte sie, »wenn das die Kinder sind, die bei uns wohnen sollen, dann kündige ich.«

»Scheren Sie sich zum Teufel«, sagte Janie.

Just in diesem Augenblick kauerte Bonnie sich auf dem Teppich nieder. Miriam kreischte und eilte auf sie zu. Bonnie verschwand und ließ Miriam mit dem Kleidchen und dem dümmsten Gesichtsausdruck, den die Welt je gesehen hat, zurück. Beanie grinste von einem Ohr zum anderen und begann, wie verrückt zu winken. Ich guckte in die Richtung, in die sie winkte, und da saß Bonnie splitternackt oben am Treppengeländer.

Miß Kew fuhr herum, sah sie und setzte sich mit einem Plumps auf die Stufen. Auch Miriam sackte zusammen, als ob sie eins über den Kopf bekommen hätte. Beanie nahm ihr Bonnies Kleidchen aus den schlaffen Fingern, ging an Miß Kew vorbei, die Treppe hoch und gab es Bonnie, die es wieder anzog. Miß Kew kam langsam wieder auf die Füße und schaute hoch. Hand in Hand kamen Bonnie und Beanie die Stufen herab zu mir. Dann stellten sie sich auf und gafften Miß Kew an.

»Was hat sie?« fragte mich Janie.

»Ihr wird manchmal schlecht.«

»Gehen wir wieder nach Hause«, bettelte sie.

»Nein«, sagte ich.

Miß Kew zog sich am Treppengeländer hoch. Sie hielt sich daran fest und blieb eine Zeitlang mit geschlossenen Augen stehen. Plötzlich straffte sie die Schultern und sah mit einem mal einen Kopf größer aus. Sie kam auf uns zu.

»Gerard«, tutete sie.

Ich glaube, sie wollte etwas anderes sagen. Aber auf einmal überlegte sie es sich anders und deutete mit dem Finger auf mich. »Was in aller Welt ist denn *das*?«

Zuerst begriff ich nicht und drehte mich um, um zu sehen, was hinter mir war. »Was?«

»Das da! Das!« »Oh«, sagte ich. »Das ist Baby.«

Ich hievte es von der Schulter und hielt es ihr hin, damit sie es betrachten konnte. Sie stöhnte unterdrückt auf, trippelte auf mich zu und nahm es mir weg. Sie hielt es, stöhnte wieder und nannte es ein armes kleines Würmchen, lief und legte es auf eine lange Bank, auf der Kissen lagen, unter dem Fenster mit dem farbigen Glas. Sie beugte sich über Baby, steckte ihre Fingerknöchel in den Mund, biß darauf herum und seufzte wieder. Dann drehte sie sich zu mir um.

»Wie lange ist es schon so?«

Ich guckte Janie an, und sie guckte zurück. »Er ist immer schon so gewesen«, versicherte ich.

Sie hüstelte unterdrückt, lief zu Miriam, die noch auf dem Boden lag und gab ihr ein paar Ohrfeigen. Miriam setzte sich benommen auf und glotzte zu uns herüber. Dann schloß sie die Augen, erschauderte und ließ sich von Miß Kew hochziehen.

»Reiß dich zusammen«, sagte Miß Kew mit zusammengekniffenen Lippen. »Hol eine Schüssel mit heißem Wasser und Seife. Waschlappen. Handtücher. Beeil dich!« Sie gab Miriam einen heftigen Stoß. Das Dienstmädchen stolperte, hielt sich an der Wand fest und rannte dann hinaus.

Miß Kew kehrte zu Baby zurück und beugte sich über es, kniff ihre Lippen mit aller Kraft zusammen.

»Spielen Sie nicht mit ihm herum«, sagte ich. »Ihm fehlt nichts. Wir haben nur Hunger.«

Sie blickte mich an, als ob ich sie geschlagen hätte. »Sprich nicht so mit mir!«

»Sehen Sie mal«, sagte ich, »wir mögen das genausowenig wie Sie. Wenn Lone es uns nicht gesagt hätte, wären wir nie nicht hierher gekommen, das können Sie mir glauben. Wir kommen dort ganz gut zurecht, wo wir bis jetzt waren.«

»Du sollst nicht ›nie nicht‹ sagen«, meinte Miß Kew. Einen nach dem anderen sah sie uns an. Dann zog sie wieder den albernen kleinen Fetzen von Taschentuch hervor und drückte es gegen den Mund.

»Siehst du?« sagte ich zu Janie. »Ihr wird immer wieder schlecht.«

»Ho ho«, sagte Bonnie.

Miß Kew sah sie lange an. »Gerard«, sagte sie mit erstickter Stimme, »habe ich dich richtig verstanden, als du sagtest, diese Kinder seien deine Schwestern?«

»Ja und?«

Sie starrte mich an, als ob ich total bescheuert wäre. »Wir haben keine kleinen Negermädchen als Schwestern, Gerard.«

»*Wir* doch«, sagte Janie.

Miß Kew ging schnell auf und ab. »Wir haben eine Menge zu tun«, sagte sie zu sich selbst.

Miriam kam mit einer großen ovalen Schüssel und Handtüchern und Waschlappen in den Händen. Sie stellte die Schüssel auf die Bank, und Miß Kew hielt ihre Hand ins Wasser, nahm Baby und tauchte es einfach hinein. Baby begann zu strampeln.

Ich ging hin und sagte: »Warten Sie mal. Hören Sie auf! Was tun Sie da eigentlich?«

»Sei ruhig, Gerry«, sagte Janie. »Baby sagt, daß es in Ordnung geht.«

»In Ordnung? Sie wird es ertränken.«

»Nein, das wird sie nicht. Sei jetzt still.«

Miß Kew rieb Baby von Kopf bis Fuß mit Seife ein, drehte es ein paarmal um, schrubbte seinen Kopf und erstickte es schließlich fast in einem großen weißen Handtuch. Miriam stand da und gaffte, während Miß Kew ihm eine Art Spültuch umwickelte, so daß es wie eine Hose aussah. Als Miß Kew damit fertig war, schien sie sich ein wenig beruhigt zu haben. Sie atmete schwer, und ihr Mund war immer noch zusammengekniffen. Sie hielt Miriam das Baby hin.

»Nimm das arme Ding«, sagte sie, »und bringe es...«

Aber Miriam fuhr zurück. »Es tut mir leid, Miß Kew, aber ich habe gekündigt und kümmere mich nicht mehr darum.«

Miß Kew trompetete los. »In solch einer schwierigen Lage kannst du mich doch nicht verlassen! Diese Kinder brauchen Hilfe. Siehst du das nicht selbst?«

Miriam schaute zuerst mich und dann Janie an. Sie zitterte. »Hier sind Sie nicht mehr sicher, Miß Kew. Diese Kinder sind nicht nur schmutzig, sie sind meschugge.«

»Sie sind Opfer von Vernachlässigungen und wahrscheinlich

nicht schlimmer als du oder ich, wenn wir vernachlässigt worden wären. Und sage nicht ›meschugge‹. – Gerard!«

»Was?«

»Sage nicht... oh, mein Lieber, wir werden noch viel Arbeit mit dir haben. Gerard, wenn du und deine... und die anderen Kinder hier wohnen sollen, müßt ihr euch sehr ändern. Ihr könnt nicht unter diesem Dach leben und euch weiter so benehmen wie bisher. Verstehst du das?«

»Ja sicher. Lone sagte, wir sollen alles tun, was Sie verlangen, und Sie bei Laune halten.«

»Werdet ihr alles tun, was ich verlange?«

»Das habe ich doch gerade gesagt, nicht wahr?«

»Gerard, du wirst lernen müssen, nicht in solch einem Ton mit mir zu reden. Also, junger Mann, wenn ich sage, daß ihr auch all das tut, was Miriam von euch verlangt, würdet ihr gehorchen?«

»Wie steht's damit?« fragte ich Janie.

»Mal hören, was Baby meint.« Janie schaute Baby an, und es wedelte mit den Händchen und sabberte ein wenig. »Das geht in Ordnung.«

»Ich habe dich etwas gefragt, Gerard«, sagte Miß Kew.

»Jetzt kippen Sie nicht gleich aus den Latschen«, sagte ich. »Das muß ich doch erst mal klären, oder? – Ja, wenn Sie das unbedingt wollen, gehorchen wir auch Miriam.«

Miß Kew drehte sich zu der Negerin um. »Hast du das gehört, Miriam?«

Miriam sah Miß Kew an, und dann uns, und schüttelte den Kopf. Dann streckte sie ein klein wenig die Hände nach Bonnie und Beanie aus.

Sie gingen sofort zu ihr. Jede nahm eine Hand. Sie sahen hoch zu ihr und grinsten. Vermutlich planten sie irgendeine Teufelei, aber ich glaube, sie sahen wirklich süß dabei aus. Miriams Mund zuckte, und eine Sekunde lang glaubte ich wirklich, sie würde jetzt wie ein echter Mensch aussehen. »In Ordnung, Miß Kew«, sagte sie.

Miß Kew ging hinüber und gab ihr Baby, und sie ging mit ihnen die Stufen hinauf. Miß Kew scheuchte uns hinter Miriam her. Wir gingen alle die Treppe hoch.

In diesem Augenblick begannen sie damit, uns zu bearbeiten, und während der nächsten drei Jahre hörten sie damit nicht auf.

»Das war die Hölle«, sagte ich zu Stern.

»Was blieb ihnen anders übrig?«

»Ja, das glaube ich auch. Und wir hatten auch keine Wahl. Sehen Sie, wir taten genau das, was Lone von uns verlangt hatte. Nichts auf der Welt konnte uns davon abhalten. Uns waren die Hände gebunden, wir waren verpflichtet, die kleinste Kleinigkeit zu tun, die Miß Kew von uns verlangte. Aber sie und Miriam schienen das nie zu verstehen. Ich vermute, sie glaubten, uns ständig zum Gehorsam zwingen zu müssen. Alles, was sie eigentlich hätten tun müssen, war, uns verständlich zu machen, was sie wollten, und wir hätten gehorcht. Das geht in Ordnung, wenn man mir sagt, nicht mit Janie in ein Bett zu steigen.

Miß Kew hat deswegen höllischen Ärger gemacht. Wie sie sich benahm, hätte man glauben können, ich wollte die Kronjuwelen stehlen. Aber wenn es heißt: ›Ihr müßt euch wie kleine Damen und Herren benehmen‹, hatte das für uns keine Bedeutung. Und zwei von drei Befehlen waren von dieser Art. ›Ah‹, sagte sie, ›ah, diese Sprache, diese *Spraaache*!‹ Die erste Zeit kapierte ich überhaupt nicht, was sie damit meinte, und als ich sie schließlich fragte, was zum Teufel sie eigentlich wolle, rückte sie endlich damit 'raus. Verstehen Sie, was ich meine?«

»Sicher verstehe ich dich«, sagte Stern. »Wurde es nicht leichter, je länger ihr dort wart?«

»Wir hatten nur zweimal wirklichen Streit, einmal wegen der Zwillinge und einmal wegen Baby. Der mit Baby war wirklich schlimm.«

»Was geschah?«

»Das mit den Zwillingen? Nun, als wir ungefähr eine Woche oder so bei ihr gewesen waren, merkten wir, daß irgend etwas faul war. Janie und ich, meine ich. Wir bemerkten, daß wir Bonnie und Beanie überhaupt nicht mehr sahen. Es schien, als ob aus dem Haus zwei geworden wären, eins für Miß Kew und Janie und mich, daß andere für Miriam und die Zwillinge. Das hätten wir schon eher gemerkt, wenn nicht alles drüber und drunter gegangen wäre. Wir bekamen neue Kleider und mußten die ganze Nacht durchschlafen, und solcher Stuß. Aber es war so: Wir alle waren draußen und spielten im Seitenhof und wurden dann zum Mittagessen gerufen. Aber die Zwillinge mußten mit Miriam essen und wir mit Miß Kew. Also sagte Janie zu ihr: ›Warum essen eigentlich die Zwillinge nicht mit uns zusammen?‹

›Miriam kümmert sich um sie, Liebes‹, sagte Miß Kew.

Janie sah sie mit ihrem seltsamen Blick an. ›Das weiß ich. Sie sollen hier essen, dann passe ich auf sie auf.‹

Miß Kews Mund wurde wieder ganz schmal, und sie sagte: ›Es sind kleine farbige Mädchen, Jane. Jetzt iß weiter.‹

›Aber das hat keine Bedeutung für Jane oder mich‹, sagte ich. ›Ich will, daß sie mit uns zusammen essen. Lone sagte, wir sollen zusammenbleiben.‹

›Aber ihr *seid* doch zusammen‹, meinte sie. ›Wir wohnen alle im gleichen Haus. Wir essen alle das gleiche. Und jetzt möchte ich nicht mehr darüber sprechen.‹

Ich sah Janie an, und sie sah mich an und sagte dann: ›Und warum können wir dann nicht wirklich alle zusammen wohnen und essen?‹

Miß Kew legte ihre Gabel nieder und schaute böse drein. ›Das habe ich euch schon erklärt, und ich habe bereits gesagt, daß ich darüber nicht mehr reden möchte.‹

Nun, das hielt ich wirklich für keine Erklärung. Ich legte den Kopf zurück und schrie ganz laut: ›Bonnie, Beanie!‹ Und *boing,* da waren sie auch schon.

Da brach die Hölle los. Miß Kew schickte sie wieder hinaus, aber sie wollten nicht gehen, und Miriam kam aufgeregt mit ihren Kleidern herein und konnte sie nicht fangen, und Miß Kew beschimpfte sie und schließlich auch mich. Sie sagte, das sei zu viel. Nun, vielleicht hatte Miß Kew eine harte Woche gehabt, aber das traf auch für uns zu. Miß Kew befahl uns also zu gehen.

Also ging ich und holte Baby, und Janie und die Zwillinge kamen mir nach. Miß Kew wartete, bis wir alle draußen waren und kam uns dann sofort nachgelaufen. Sie versperrte mir den Weg, und ich blieb stehen, und mit mir die anderen auch.

›So folgt ihr also Lones Wünschen‹, sagte sie.

Ich sagte, ja. Sie sagte, sie habe geglaubt, Lone wünsche, daß wir bei ihr blieben. Und ich sagte: ›Ja, aber noch mehr wollte er, daß wir zusammenbleiben.‹

Sie sagte, wir sollten zurückkommen und darüber reden. Jane fragte Baby, und Baby sagte, es sei okay, also gingen wir zurück. Wir schlossen einen Kompromiß. Wir aßen nicht mehr in dem Eßzimmer. Im Haus war eine große Veranda, solch eine mit Glasfenstern, mit einer Tür zum Eßzimmer und einer zur Küche, und von nun an aßen wir alle dort, und Miß Kew aß allein.

Aber wegen diesem ganzen Blödsinn passierte etwas Lustiges.«

»Und das war?« fragte Stern.

Ich lachte. »Miriam. Sie sah aus und benahm sich wie immer, aber zwischen den Mahlzeiten steckte sie uns immer Süßigkeiten zu. Wissen Sie, ich brauchte Jahre, um den Grund dafür herauszufinden. Ehrlich! Nach dem, was ich über die Menschen gelernt habe, scheint es zwei Armeen zu geben, die sich ihrer Rasse wegen bekämpfen. Eine kämpft für die Rassentrennung, die andere dagegen. Aber ich begreife nicht, warum beide deshalb solch ein Theater machen! Warum vergessen sie das nicht einfach?«

»Das können sie nicht. Siehst du, Gerry, manche Menschen müssen glauben, daß sie den anderen wegen diesem oder jenem überlegen sind. Du und Lone und die Kinder – ihr wart eine ziemlich enge Gemeinschaft. Habt ihr nicht geglaubt, daß ihr ein bißchen besser seid als der Rest der Welt?«

»Besser? Wieso sollten wir besser sein?«

»Nun, aber auf jeden Fall anders.«

»Ja, das glaube ich schon, aber wir haben nicht darüber nachgedacht. Anders – ja. Besser – nein.«

»Du bist ein einzigartiger Fall«, sagte Stern. »Und jetzt erzähl mir, was ihr noch für Ärger gehabt habt. Wegen Baby.«

»Baby. Ja. Nun, das war ein paar Monate, nachdem wir bei Miß Kew eingezogen sind. Damals fing es schon an, richtig nett zu werden. Wir hatten all diese Sätze gelernt – ›ja, Madam‹ und ›nein, Madam‹, und wir holten auch den versäumten Schulunterricht nach, jeden Morgen und jeden Nachmittag, fünf Tage in der Woche. Jane kümmerte sich schon seit langem nicht mehr um Baby, und wenn die Zwillinge irgendwohin wollten, dann gingen sie zu Fuß. Das war lustig. Sie konnten vor Miß Kews Augen von einem Ort zum anderen verschwinden, und Miß Kew wollte einfach nicht wahrhaben, was sie mit eigenen Augen sah. Sie regte sich immer nur darüber auf, daß sie plötzlich nackt waren. Sie hörten damit auf, und Miß Kew war glücklich. Sie war über einiges mehr glücklich. Seit Jahren hatte sie keinen Menschen mehr gesehen. Sie hatte sogar so ein Sprechding vor dem Haus, damit niemand hereinzukommen brauchte. Mit uns im Haus begann sie aufzuleben. Sie gab es auf, diese alten Kleider zu tragen und sah sogar wieder halbwegs menschlich aus. Manchmal aß sie sogar mit uns zusammen.

Aber eines schönen Tages wachte ich auf und fühlte mich wirklich schrecklich. Es war, als ob mir jemand während des Schlafes etwas gestohlen hätte, nur wußte ich nicht, was. Ich stieg aus dem Fenster und kletterte das Sims entlang in Janies Zimmer, was ich eigentlich nicht durfte. Sie war im Bett. Ich ging hin und weckte sie. Ich kann jetzt noch ihre Augen sehen, wie sie sich im Halbschlaf ein wenig öffneten und dann weit aufgerissen wurden. Ich brauchte ihr nicht zu sagen, daß irgend etwas nicht in Ordnung war, und sie wußte auch gleich, was.

›Baby ist weg!‹, sagte sie.

Uns war es egal, wen wir alles aufweckten. Wir trampelten aus ihrem Zimmer in die Eingangshalle und in den kleinen Raum am anderen Ende der Diele, wo Baby normalerweise schlief. Sie glauben es nicht, aber die hübsche kleine Wiege und die Kommode und all die Rasseln und so weiter waren verschwunden, und nur ein Schreibtisch stand dort. Ich meine, es war, als habe es Baby niemals gegeben.

Wir sagten kein Wort, rannten nur los und platzten in Miß Kews Schlafzimmer. Ich war bis dahin nur einmal dort gewesen, und Janie auch nicht viel öfter. Aber verboten oder nicht, das war uns piep egal. Miß Kew war im Bett, hatte das Haar zu Zöpfen geflochten. Sie war hellwach, bevor wir an ihrem Bett waren. Sie setzte sich auf, bis sie mit dem Rücken gegen das Kopfende lehnte, und blickte uns finster an.

›Was hat das zu bedeuten?‹ wollte sie wissen.

›Wo ist Baby?‹ schrie ich sie an.

›Gerard‹, sagte sie, ›zum Schreien besteht kein Grund.‹

Normalerweise war Jane ziemlich still, aber nun sagte sie: ›Miß Kew, Sie verraten uns besser, wo es ist‹, und machte dabei ein Gesicht, daß man direkt Angst bekam.

Plötzlich war Miß Kews Gesicht gar nicht mehr so abweisend, und sie hielt uns die Hände hin. ›Kinder‹, sagte sie, ›es tut mir leid. Es tut mir wirklich leid, aber es ist nur sein Bestes. Ich habe Baby fortgeschickt. Es wird mit anderen Kindern beisammenleben, die auch so sind. Hier wäre es niemals wirklich glücklich geworden, und das wißt ihr auch.‹

›Baby hat uns nie gesagt, daß es nicht glücklich war‹, meinte Jane.

Miß Kew lachte. ›Als ob dieses arme kleine Würmchen sprechen könnte!‹

›Sie bringen ihn besser wieder zurück‹, sagte ich. ›Sie wissen überhaupt nicht, womit Sie da herumspielen. Ich habe Ihnen gesagt, daß wir uns niemals auseinanderreißen lassen werden.‹

Sie wurde wütend, beherrschte sich aber noch. ›Ich habe versucht, dir das zu erklären, mein Lieber‹, sagte sie. ›Du und Jane und auch die Zwillinge, ihr seid normale Kinder, seid gesund und werdet zu anständigen Menschen heranwachsen. Aber das arme Baby ist... anders. Es wird nicht mehr wachsen und nie gehen und mit anderen Kindern spielen können.‹

›Das macht nichts‹, sagte Jane. ›Wir haben Ihnen nicht erlaubt, ihn fortzuschicken.‹

›Ja‹, fügte ich hinzu. ›Sie bringen es besser wieder zurück – und zwar schnell.‹

Da wurde sie gemein. ›Zu den vielen Dingen, die ich euch beigebracht habe, gehört auch, älteren Menschen nicht zu widersprechen. Jetzt geht und zieht euch an, es gibt bald Frühstück. Wir reden nicht mehr darüber.‹

So nett wie ich konnte sagte ich zu ihr: ›Miß Kew, Sie werden wünschen, es sofort zurückgeholt zu haben. Aber Sie werden es sowieso zurückbringen. Sonst passiert etwas.‹

Da stand sie auf und jagte uns aus dem Zimmer.«

Ich war eine Weile still, und Stern fragte: »Was passierte dann?«

»Oh«, sagte ich, »sie brachte Baby zurück.« Plötzlich mußte ich lachen. »Wenn man darüber nachdenkt, ist es eigentlich ziemlich lustig. Fast drei Monate lang hat sie uns herumkommandiert und versucht, uns Benehmen beizubringen, und dann verweigerten wir ihr plötzlich den Gehorsam. Wir haben unser Bestes gegeben, ihren Wünschen nachzukommen, aber, bei Gott, diesmal war sie zu weit gegangen. In der Sekunde, da sie die Tür hinter uns zuschlug, bekam sie ihre Abreibung. Sie hatte einen großen Nachttopf unter ihrem Bett stehen, der plötzlich durch die Luft flog und den Spiegel ihrer Kommode in Scherben schlug. Dann öffnete sich eine Schublade ihres Kleiderschrankes, ein Paar Handschuhe kam herausgesegelt und verabreichte ihr ein paar klatschende Ohrfeigen.

Sie sprang auf das Bett zurück, und eine ganze Menge Putz kam von der Decke herunter. In ihrem kleinen Badezimmer öffnete sich der Wasserhahn, und der Stöpsel sprang auf den Abfluß, und als das Wasser überlief, fielen alle ihre Kleider von den Haken. Sie wollte aus dem Zimmer laufen, bekam aber die Tür nicht auf, und als sie an dem Griff riß, gab die Tür nach, und sie stürzte zu Boden. Dann schlug die Tür wieder zu, und noch mehr Putz rieselte von den Wänden herab.

Wir gingen wieder in das Schlafzimmer und sahen zu. Sie weinte. Bis dahin hatte ich nicht gewußt, daß sie überhaupt weinen konnte.

›Schaffen Sie Baby wieder her?‹ fragte ich sie.

Sie lag nur da und weinte. Nach einer Weile sah sie uns an. Ihr Blick war richtig pathetisch. Wir halfen ihr auf und setzten sie auf einen Stuhl. Sie schaute uns lange an, blickte dann zum Spiegel, dann an die ruinierte Decke, und flüsterte schließlich: ›Was ist geschehen? Was ist geschehen?‹

›Sie haben Baby fortgeschickt‹, sagte ich. ›Das ist geschehen.‹

Sie sprang auf und sagte mit leiser, erschreckter, aber dennoch fester Stimme: ›Irgend etwas hat das Haus getroffen. Ein Flugzeug oder ein Erdbeben. Nach dem Frühstück reden wir über Baby weiter.‹

›Janie, gib ihr mehr‹, sagte ich.

Ein dicker Wasserstrahl schoß ihr auf Gesicht und Brust. Das Nachthemd klebte ihr im Nu am Körper, und darüber regte sie sich am meisten auf. Ihre Zöpfe erhoben sich in die Luft, stiegen höher und höher, zogen sie hoch, bis sie auf den Zehenspitzen stand. Sie öffnete den Mund und wollte schreien, aber aus dem Kleiderschrank kam eine Puderdose und stopfte ihn ihr zu. Sie spuckte sie aus.

›Was tut ihr? Was macht ihr?‹ fragte sie und begann wieder zu weinen.

Janie sah sie nur an und rieb sich hinter dem Rücken vergnügt die Hände. ›Wir machen gar nichts‹, sagte sie.

›Nein, noch nicht‹, fügte ich hinzu. ›Holen Sie Baby zurück?‹

›Hört auf!‹ schrie sie uns an. ›Hört auf, über diesen mongoloiden Idioten zu sprechen! Er nutzt niemandem etwas, noch nicht einmal sich selbst. Wie konnte ich je glauben, daß er von mir ist?‹

›Janie, hol die Ratten!‹ sagte ich.

Etwas raschelte hinter der Anrichte. Miß Kew schlug die Hände vors Gesicht und sank auf den Stuhl zurück. ›Keine Ratten‹, sagte sie, ›es gibt hier keine Ratten.‹ Dann quiekte etwas, und sie drehte völlig durch. Haben Sie jemals einen völlig durchdrehen sehen?«

»Ja, das habe ich«, sagte Stern.

»Ich war so wütend, wütender konnte ich gar nicht mehr werden, aber das war fast zuviel für mich. Sie hätte Baby nicht fortschicken dürfen. Es dauerte ein paar Stunden, bis sie sich soweit gefaßt hatte und das Telefon bedienen konnte, aber wir hatten Baby vor dem Mittagessen wieder zurück.« Ich lachte.

»Was ist daran so spaßig?«

»Danach schien sie sich niemals so richtig daran erinnern zu können, was eigentlich mit ihr geschehen war. Drei Wochen später hörte ich sie zu Miriam sagen, daß das Haus gebebt hätte. Gott sie Dank hätte sie gerade zu diesem Zeitpunkt Baby zu einer ärztlichen Untersuchung geschickt, sonst hätte das arme Ding sich vielleicht noch verletzt. Ich denke, sie glaubte wirklich an das, was sie sagte.«

»Wahrscheinlich. Das ist meistens so. Wir glauben nichts, was wir nicht glauben wollen.«

»Wieviel von dem, was ich Ihnen erzählt habe, glauben Sie mir eigentlich?« fragte ich ihn plötzlich.

»Ich habe dir doch schon gesagt, daß das unwichtig ist. Ich will nichts glauben oder auch nicht glauben.«

»Sie haben mich noch nicht gefragt, wieviel ich davon glaube.«

»Das muß ich auch nicht. Du hast dir schon deine eigene Meinung darüber gebildet.«

»Sind Sie eigentlich ein *guter* Psychotherapeut?«

»Ich glaube schon«, sagte er. »Wen hast du getötet?«

Die Frage traf mich völlig überraschend. »Miß Kew«, sagte ich, und dann verfluchte und beschimpfte ich mich sofort. »Das wollte ich Ihnen eigentlich nicht sagen.«

»Reg dich darüber nicht auf«, meinte er. »Warum hast du es getan?«

»Um das herauszufinden, kam ich zu Ihnen.«

»Du mußt sie wirklich gehaßt haben!«

Ich fing zu weinen an. Fünfzehn Jahre alt und so zu heulen!

Er ließ mir Zeit, bis alles heraus war. Zuerst schluchzte und heulte ich, bis mir die Kehle schmerzte. Es war schlimmer, als wenn mir bei einer Erkältung die Nase lief. Und schießlich sprudelten die Worte nur so aus mir heraus.

»Wissen Sie, woher ich komme? Meine erste Erinnerung war ein Schlag auf den Mund. Ich kann sie immer noch auf mich zukommen sehen, eine Faust, so groß wie mein Kopf. Weil ich weinte. Seitdem hatte ich immer Angst davor gehabt zu weinen. Vielleicht weinte ich, weil ich hungrig war. Oder fror. Danach kamen große Schlafsäle. Wer am besten stehlen konnte, bekam am meisten. Eine unwahrscheinliche Tracht Prügel, wenn man böse war, eine Belohnung, wenn man brav war. Die Belohnung bestand darin, allein gelassen zu werden. Versuchen Sie mal, so zu leben! Versuchen Sie so zu leben, daß die größte und wunderschönste Sache auf dieser verdammten Welt ist, allein gelassen zu werden!

Dann die Zeit mit Lone und den Kindern. Es war wunderbar, ich gehörte zu jemandem. Das war mir noch nie passiert. Zwei gelbe Glühbirnen und ein Feuer strahlten so hell wie die ganze Welt. Mehr ist nicht da, und mehr braucht man auch nicht.

Dann die große Veränderung: saubere Kleider, gekochtes Essen, fünf Stunden am Tag Schule. Kolumbus und König Artus und ein Buch aus dem Jahre 1925 über Bürgerrecht und Geschichte. Über dem allem hängt ein großer viereckiger Eisklumpen, und man sieht ihn an den Ecken schmelzen und weiß, das ist wegen uns. Miß Kew... verdammt, sie hatte viel zu viel Selbstbeherrschung, um wegen uns zu weinen, aber dieses Gefühl war da. Lone gab auf uns acht, weil wir einfach zu seinem Leben gehörten. Miß Kew gab auf uns acht, aber nicht, weil wir so lebten wie sie, sondern weil sie es wollte.

Sie hatte eine schreckliche Auffassung von ›Recht‹ und eine falsche von ›Unrecht‹, aber sie lebte danach und hoffte, daß Ihre Auffassungen uns zugute kommen würden. Wenn sie uns einmal nicht verstand, glaubte sie, es sei ihre eigene Schuld..., und es gab ziemlich viel, was sie nicht verstand und niemals verstehen konnte. Was gut ging, war unser Erfolg. Wenn es nicht klappte, war es ihre Schuld. Dieses letzte Jahr war... hm, wirklich gut.«

»Und?«

»Und ich habe sie getötet. Hören Sie zu«, sagte ich. Ich spürte, daß ich schneller sprechen mußte. Ich hatte zwar genug Zeit, mußte aber jetzt alles rasch loswerden. »Ich erzähle Ihnen alles, was ich darüber weiß. Jener Tag, bevor ich sie getötet habe... Ich wachte am Morgen auf, und das saubere Bettuch raschelte unter mir. Sonnenlicht schien durch die weißen Gardinen und die hellen, blauroten Vorhänge. Der Schrank ist voll von meinen Kleidern – *meinen,* verstehen Sie? Vorher hatte ich nie etwas, was wirklich mir gehörte. Unten klapperte Miriam geschäftig bei den Frühstücksvorbereitungen, und die Zwillinge lachten. Lachten *mit* ihr, stellen Sie sich das einmal vor! Nicht einfach über andere Leute, wie sie das sonst immer taten.

Im Nebenzimmer ging Janie singend auf und ab, und ich weiß, daß ihr Gesicht von innen her leuchtet. Ich stehe auf. Es gibt *heißes* Wasser, und die Zahnpasta beißt auf der Zunge. Die Kleider passen mir, und ich gehe hinunter, und sie sind alle dort und freuen sich, mich zu sehen, und ich freue mich, sie zu sehen, und wir setzen uns nicht eher zu Tisch, als Miß Kew heruntergekommen ist und jeder sie begrüßt hat.

Und so läuft dann der Morgen ab. Wir haben Schule, mit einer

Pause, die wir im großen Wohnzimmer verbringen. Die Zwillinge stecken vor Eifer ihre Zungenspitzen heraus, als sie das Alphabet malen, anstatt es zu schreiben, und wenn Jane Zeit hat, malt sie ebenfalls ein Bild, ein wirkliches Bild mit einer Kuh und Bäumen und einem gelben Zaun, der in der Ferne verschwindet. Ich komme mit einer quadratischen Gleichung nicht weiter, und Miß Kew beugt sich zu mir, um mir zu helfen, und ich rieche den Duft ihrer Kleider. Ich hebe den Kopf, um ihn besser riechen zu können, und weit entfernt höre ich das Klappern der Deckel auf den Töpfen, die in der Küche auf dem Ofen stehen.

Und so geht auch der Nachmittag vorbei. Wieder Schule, ein paar Hausaufgaben, und dann strömen wir lachend auf den Hof hinaus. Die Zwillinge spielen Fangen und bewegen sich dabei nur auf ihren Füßen. Jane malt die Blätter auf ihrem Bild und versucht sie so hinzubekommen, wie Miß Kew es ihr gesagt hat. Und Baby hat einen großen Laufstall bekommen. Er bewegt sich nicht mehr viel, sieht uns nur zu und lallt ein wenig und ist immer gefüttert und wird so sauber gehalten wie ein frisches Blatt Stanniolpapier.

Nach dem Abendessen liest Miß Kew uns vor und verändert ihre Stimme immer dann, wenn in der Geschichte jemand redet, liest schnell, und flüsternd, wenn die Geschichte sie langweilt, aber trotzdem kann man jedes Wort verstehen.

Und ich mußte sie töten. Das ist alles.«

»Du hast noch nicht gesagt, warum«, sagte Stern.

»Was sind Sie – dumm?« schrie ich.

Stern antwortete nicht. Ich drehte mich auf den Bauch, stützte das Kinn auf die Hände und sah ihn an. Man konnte nie sagen, was wirklich in ihm vorging, aber ich glaube, daß er verwirrt war.

»Ich habe Ihnen gesagt, warum«, meinte ich.

»Nicht mir.«

Plötzlich begriff ich, daß ich zuviel von ihm verlangte. »Wir wachen alle zur gleichen Zeit auf«, sagte ich langsam. »Wir taten alles, was sie von uns verlangte. Wir verlebten den Tag genau wie jemand anders, dachten die Gedanken eines anderen, sagten die Worte anderer Menschen. Janie malte die Bilder eines anderen. Baby sprach zu niemandem mehr, und wir waren alle glücklich dabei. Verstehen Sie jetzt?«

»Noch nicht.«

»Mein Gott!« sagte ich und dachte eine Weile nach. »Wir waren nicht mehr eins.«

»Ihr wart nicht mehr eins? Aber das wart ihr doch schon seit Lones Tod nicht mehr.«

»Da war es etwas anderes. Da waren wir wie ein Auto, das kein Benzin mehr hatte, aber das Auto war noch da, es fehlte ihm nichts. Aber bei Miß Kew wurde der Wagen langsam in seine Einzelteile zerlegt.«

Jetzt mußte er nachdenken. Schließlich sagte er: »Der Verstand spielt uns doch schon seltsame Streiche. Manche unserer Handlungen scheinen völlig sinnlos, falsch, verrückt. Aber der Grundstein der Arbeit, die wir hier tun, besteht darin: In dem, was wir tun, liegt eine Kette solider, unangreifbarer Logik. Wenn man tief genug gräbt, wird man den Grund hier genauso finden wie auf einem anderen Gebiet. Denk daran, ich sagte *logisch* und nicht ›richtig‹ oder ›rechtschaffen‹ oder ›gerecht‹ oder so etwas. Logik und Wahrheit sind oft zwei verschiedene Dinge, wenn sie auch dem Verstand, der die Logik vollzieht, oftmals gleich erscheinen.

Wenn man an zwei verschiedenen Sachen gleichzeitig arbeitet, wird das Unterbewußtsein oft verwirrt. In deinem Fall erkenne ich jetzt, was du sagen willst. Um diese enge Verbindung zwischen euch Kindern zu erhalten oder wieder herzustellen, mußtet ihr Miß Kew loswerden. Aber ich sehe darin keine Logik. Ich begreife nicht, warum dieses ›Eins-sein‹ es wert war, eine neugefundene Sicherheit zu zerstören, die ihr bereits genossen habt.«

»Vielleicht war es das auch nicht wert«, sagte ich verzweifelt.

Stern beugte sich vor und deutete mit seiner Pfeife auf mich. »Doch, das *war* es, denn deshalb hast du getan, was du nun einmal getan hast. Vielleicht sieht jetzt alles ganz anders aus. Aber als du es getan hast, war es nur wichtig für dich, Miß Kew auszuschalten und die alte Ordnung wieder herzustellen. Warum, weiß ich nicht – und du auch nicht.«

»Wie können wir es herausfinden?«

»Nun, gehen wir zu dem ungemütlichsten Teil, wenn du dazu bereit bist.«

Ich legte mich nieder. »Ich bin bereit.«

»In Ordnung. Erzähle mir alles, was geschah, kurz bevor du sie getötet hast.«

Ich tastete mich durch diesen Tag, versuchte, das Essen zu schmecken und die Stimmen zu hören. Etwas kam und ging und kam erneut: das Gefühl der harten, sauberen Bettücher. Ich wollte es beiseite schieben, da es ja am Tagesanfang vorkam, aber es kam zurück, und ich bemerkte, daß es das Ende des Tages war.

»Was ich Ihnen gerade erzählt habe«, sagte ich, »das über die Kinder, die sich so benehmen wie andere Leute und nicht wie sie selbst, und daß Baby nicht redet und jeder glücklich war und ich schließlich Miß Kew töten mußte – ich habe lange gebraucht, um darauf zu kommen, und es war schwer, den Entschluß dazu zu fassen. Ich glaube, ich lag im Bett und dachte vier Stunden lang darüber nach, und dann stand ich auf. Alles war dunkel und ruhig. Ich ging aus dem Zimmer, durch das Wohnzimmer und in Miß Kews Schlafzimmer und habe sie getötet.«

»Wie?«

»Mehr ist nicht da!« schrie ich so laut, wie ich nur konnte. Dann beruhigte ich mich. »Es war schrecklich dunkel... und ist es immer noch. Ich weiß nicht. Ich will es auch nicht wissen. Sie hat uns geliebt, das weiß ich. Aber ich mußte sie töten.«

»In Ordnung, schon gut«, sagte Stern. »Ich glaube, es hat keinen Zweck, dich so zu quälen. Du bist...«

»Was?«

»Du bist ziemlich stark für dein Alter, nicht wahr, Gerard?«

»Ich glaube schon, auf jeden Fall stark genug.«

»Ja«, sagte er.

»Ich sehe diese Logik immer noch nicht, von der Sie gesprochen haben.« Ich begann, mit der Faust auf die Couch zu schlagen und stieß mit jedem Schlag eine Silbe aus. »Wa-rum – muß-te – ich – sie tö-ten?«

»Hör auf damit«, sagte er. »Du wirst dir weh tun.«

»Ich will mir auch weh tun«, meinte ich.

»Ah?« sagte Stern.

Ich stand auf, ging zum Schreibtisch und trank etwas Wasser. »Was soll ich nun machen?«

»Erzähl mir, was geschehen ist, nachdem du sie getötet hattest. In der Zeit, bevor du hierher kamst.«

»Nicht viel«, sagte ich. »Es war ja erst letzte Nacht. Ich ging zurück zu meinem Zimmer, irgendwie betäubt. Ich zog mich an, nur die Schuhe nicht, die trug ich in der Hand. Dann ging ich hinaus, spazierte lange umher, versuchte zu denken und ging schließlich ins Postbüro, als es öffnete. Miß Kew hatte mich oft die Post holen lassen. Ich fand diesen Scheck von dem Preisausschreiben vor, löste ihn ein, eröffnete ein Konto und hob elfhundert Dollar ab. Dann kam ich auf die Idee, daß mir ein Psychiater helfen könnte, suchte den ganzen Tag einen und kam schließlich hierher. Das ist alles.«

»Hattest du keine Schwierigkeiten, den Scheck einzulösen?«

»Ich habe nie Schwierigkeiten, die Leute tun zu lassen, was ich von ihnen will.«

Er hustete überrascht.

»Ich weiß, was Sie jetzt denken – ich konnte aber nicht erreichen, daß Miß Kew tat, was ich wollte.«

»Das auch«, gestand er ein.

»Wenn ich das getan hätte«, sagte ich, »wäre sie nicht mehr Miß Kew gewesen. Aber bei dem Bankkassierer – ich brachte ihn nur dazu, ein Bankkassierer zu sein.«

Ich sah ihn an und bemerkte plötzlich, warum er die ganze Zeit mit der Pfeife spielte. So konnte er sie anstarren, aber man war nicht in der Lage, seine Augen dabei zu sehen.

»Du hast sie getötet«, sagte er, und ich bemerkte, daß er das Thema wechseln wollte, »und damit etwas zerstört, das dir wertvoll war. Aber es war dir nicht so wertvoll wie die Gemeinschaft mit den anderen Kindern. Und du weißt nicht genau, wo der Wert dieser Beziehung liegt.« Er blickte auf. »Beschreibt das dein größtes Problem?«

»Ungefähr.«

»Weißt du, warum die Menschen einzig und allein töten?« Als ich nicht antwortete, fuhr er fort: »Um des Überlebens willen. Um das Ich zu retten, oder etwas, das man als Ich identifiziert.

Aber das trifft in diesem Fall nicht zu, denn wenn ihr – du und die gesamte Gruppe – bei Miß Kew bleiben würdet, hättet ihr viel größere Überlebenschanchen.«

»Vielleicht hatte ich einfach keinen Grund, der gut genug war, um sie zu töten.«

»Den hattest du, weil du sie sonst nicht umgebracht hättest. Wir haben ihn nur noch nicht gefunden. Ich meine, wir haben den Grund zwar, wissen aber noch nicht, wieso er so wichtig ist. Die Antwort liegt irgendwo in dir selbst.«

»Wo?«

Er stand auf und schlenderte umher. »Wir haben hier einen ziemlich lückenlosen Lebenslauf. Natürlich hat sich Einbildung mit der Realität vermischt, und über einige Abschnitte liegen keine genauen Informationen vor, aber wir haben einen Anfang, eine Mitte und ein Ende. Nun, ich kann es nicht genau sagen, aber die Antwort kann hinter jener Brücke liegen, die du vor einiger Zeit nicht zu überschreiten wagtest. Erinnerst du dich noch?«

Sicher, daran erinnerte ich mich. »Warum ausgerechnet dort?« fragte ich. »Warum können wir es nicht irgendwo anders versuchen?«

»Gerade deshalb, weil du so davor zurückschreckst«, erklärte er ruhig.

»Machen Sie aus einer Mücke doch keinen Elefanten«, sagte ich. Manchmal regte dieser Kerl mich gewaltig auf. »Es stört mich. Ich weiß nicht, warum, aber es stört mich.«

»Irgend etwas liegt dahinter verborgen, und *du* störst dich daran, also schlägt es zurück. Das, was darum kämpft, weiter im Verborgenen zu bleiben, ist das, was wir suchen. Darin liegt dein ganzes Problem.«

»Nun, ja«, sagte ich und fühlte wieder diese Schwäche und Müdigkeit und kämpfte wieder dagegen an. Aber plötzlich konnte ich sie nicht mehr zurückdrängen. »Fangen wir an.« Ich legte mich nieder.

Er ließ mich die Decke beobachten und der Stille zuhören und sagte dann: »Du bist in der Bibliothek. Du hast Miß Kew gerade erst kennengelernt, ihr unterhaltet euch, und du erzählst ihr von den anderen Kindern.«

Ich lag sehr ruhig da. Nichts geschah. Halt, ich verkrampfte mich innerlich, es ging von den Knochen aus, beherrschte meinen Körper immer mehr. Aber als es so schlimm war, wie es schlimmer nicht mehr ging, geschah immer noch nichts.

Ich hörte ihn aufstehen und durch das Zimmer zum Schreibtisch gehen. Er hantierte dort eine Weile herum, etwas klickte und summte. Plötzlich hörte ich meine eigene Stimme.

*»Nun, da ist Jane, sie ist wie ich elf. Und Bonnie und Beanie sind acht, sie sind Zwillinge. Und Baby. Baby ist drei.«*

*Dann mein eigener Schrei…*

Und Schwärze.

Ich taumelte aus der Finsternis und drosch mit den Fäusten um mich. Starke Hände packten meine Handgelenke. Sie schlugen nicht, hielten mich nur fest. Ich öffnete die Augen, und meine Wangen waren naß von Tränen. Die Thermosflasche lag auf dem Boden. Stern kniete neben mir und hielt mich fest. Ich hörte auf, gegen seinen Griff anzukämpfen.

»Was ist geschehen?«

Er ließ mich los und trat vorsichtig zurück. »Mein Gott«, sagte er atemlos, »was hast du Kräfte!«

Ich hielt meinen Kopf und stöhnte. Er warf mir ein Handtuch zu, und ich trocknete mich ab. »Wer hat mich geschlagen?«

»Ich habe unser ganzes Gespräch auf Band aufgenommen«, erklärte er. »Als du dich nicht erinnern wolltest, habe ich das Band laufen lassen und versucht, dich mit dem Klang deiner eigenen Stimme dazu zu zwingen. Das wirkt manchmal Wunder.«

»Auch diesmal«, knurrte ich. »Ich hatte das Gefühl, als wäre bei mir eine Sicherung durchgebrannt.«

»Das geschah auch. Du warst auf der Schwelle, dich an etwas zu erinnern, woran du nicht denken willst, und fielst lieber in Ohnmacht, als daß du dich daran erinnert hättest.«

»Was freut Sie daran so?«

»Das war deine letzte Verteidigung«, sagte er hart. »Noch ein Versuch, und wir haben es geschafft.«

»Moment mal. Meine letzte Verteidigung besteht darin, daß ich tot umfalle.«

»Das wirst du nicht. Du hast diese Episode zu lange in deinem Unterbewußtsein verborgen, und sie hat dir nicht geschadet.«

»Wirklich nicht?«

»Zumindest wird sie dich jetzt nicht mehr töten.«

»Woher wollen Sie das so genau wissen?«

»Du wirst es ja sehen.«

Ich blickte ihn von der Seite an. Irgendwie hatte ich den Eindruck, daß er wußte, was er tat.

»Du weißt jetzt schon viel mehr über dich als noch vor ein paar Stunden«, erklärte er sanft. »Du kannst in dein Inneres blicken. Du kannst die Erinnerungen verarbeiten, sobald sie kommen. Vielleicht nicht ganz, aber dennoch so weit, um dich selbst schützen zu können. Du brauchst keine Angst zu haben. Vertraue mir einfach. Wenn es zu schlimm wird, kann ich immer noch aufhören. Entspanne dich jetzt. Sieh die Decke an. Achte auf deine Zehen. Nein, du sollst deine Zehen nicht anschaun, schau nach oben. Deine Zehen, dein großer Zeh. Bewege deine Zehen nicht, aber fühle sie. Zähle sie, beginne beim großen Zeh, zähle sie ab. Eins, zwei, drei. Fühle den dritten Zeh. Fühle ihn, fühle, wie er ganz steif wird. Die beiden daneben werden auch steif. Alle deine Zehen werden steif, alle...«

»Was haben Sie vor?« schrie ich ihn an.

»Du vertraust mir, also vertrauen mir auch deine Zehen«, sagte er immer noch ruhig. »Sie sind alle ganz steif, weil du mir vertraust. Du...«

»Sie wollen mich hypnotisieren. Ich kann das nicht zulassen.«

»Du wirst dich selbst hypnotisieren. Du machst alles selbst. Ich zeige dir nur den Weg. Ich führe deine Zehen auf den richtigen Pfad. Denk nur an deine Zehen. Niemand kann dich dazu veranlassen, irgendwo hinzugehen, wo du nicht hin willst, aber du willst ja dorthin, wohin deine Zehen dich führen, wo dein...«

Und weiter und weiter und weiter. Und wo war das schwebende Goldornament, das Licht in den Augen, das seltsame Hinübergleiten? Er saß nicht einmal so, daß ich ihn sehen konnte. Weshalb sagte er nicht, daß ich schläfrig sein sollte? Nun, er wußte, daß ich nicht schläfrig war und es auch nicht sein wollte. Ich wollte nur ein Zeh sein. Ich wollte unbeweglich sein, steif wie ein Zeh. Ein Zeh hat kein Gehirn, geht nur, geht nur, geht nur, geht elf mal, ich bin elf...

Ich spaltete mich entzwei in zwei, und das war in Ordnung,

ein Teil beobachtete den Teil, der zur Bibliothek zurückging, und Miß Kew beugte sich zu mir herab, kam mir aber nicht zu nahe, und die Zeitung raschelte unter mir auf dem Stuhl, ich hatte einen Schuh ausgezogen, und meine steifen Zehen kribbelten, und das überraschte mich etwas. Denn wenn dies Hypnose war, war ich noch ziemlich bei Sinnen, lag ruhig auf der Couch, und Stern redete auf mich ein, und ich war fast in der Lage, mich herumzudrehen und aufzustehen und mit ihm zu sprechen und zu gehen, wenn ich wollte, aber ich wollte nicht. Oh, wenn das Hypnose war, war ich damit einverstanden. Sie funktionierte, und das war in Ordnung.

Dort auf dem Tisch, ist es ein Fisch, oder auch Gold, strahlend und hold, wie eine Feder, sie ist aus Leder, wer bist denn du, etwa Miß Kew, ja doch, Miß Kew...

»...und Bonnie und Beanie sind acht, sie sind Zwillinge, und Baby. Baby ist drei.«

»Baby ist drei«, sagte sie.

Ein Druck, etwas riß in mir und... etwas brach auseinander. Und mit dem Durchbruch kam ein Ausbruch des Triumphs, der die Schmerzen vertrieb, und es war geschafft.

Und das ist in mir. Wie ein Blitz, aber mehr ist es nicht.

Baby ist drei? Mein Baby würde drei sein, wenn ich je eins gehabt hätte, aber es gab ja keins...

Lone, ich bin weit offen für dich. Ist das offen genug?

Seine Augen drehen sich rasend schnell, und ich kann sie nie fassen. Die Sonde, die aus seinem Gehirn kommt, in meins fährt. Weiß er, was das für mich bedeutet? Kümmert er sich darum? Er kümmert sich nicht darum, und er weiß es auch nicht, er leert mich aus, und ich fülle mich wieder, wie er es befiehlt; er trinkt und wartet und trinkt wieder und schaut nie die Tasse an.

Als ich ihn zuerst sah, tanzte ich in dem Sturm, in dem Wald, in der Wildnis, und ich drehte mich, und er stand dort im kühlen Schatten und beobachtete mich. Ich haßte ihn deshalb. Es war nicht mein Wald, nicht mein golddurchfluteter, mit Farnen bewachsener Hain. Aber es war mein Tanz, den er nahm, ihn für immer einfror, nur weil er dort war. Dafür haßte ich ihn, haßte, wie er aussah, wie er dort stand, bis zu den Knien im nassen

Farn; er sah aus wie ein Baum, hatte Wurzeln statt Füßen, und seine Kleider waren die Farben der Erde. Als ich den Tanz beendete, trat er vor und war nur noch ein Mensch, ein großer Mann mit dem Aussehen eines Affen und dem Gehabe eines schmutzigen Tieres, und aus meinem Haß war plötzlich Furcht geworden, und ich stand dort wie erstarrt.

Er wußte, was er getan hatte, aber es war ihm gleichgültig. Tanzen... Niemals würde ich wieder tanzen, denn ich wußte jetzt, daß die Wälder nicht frei von Augen waren, nicht frei von großen, stumpfsinnigen, schmutzigen, animalischen Männern. Sommertage, an denen die Kleider an mir klebten, Wintertage, deren Würde mich einhüllte und erzittern ließ, und niemals mehr konnte ich tanzen, niemals mehr mich an das Tanzen erinnern, ohne an die Schande denken zu müssen, daß er mich dabei beobachtet hatte. Wie ich ihn haßte! Oh, wie ich ihn haßte!

Allein zu tanzen, wo mich niemand sah, war das einzige, was ich verbarg, ich, die als Miß Kew bekannt war, als jene viktorianische Frau, die älter aussah als sie war, in der Zeit zurückgeblieben, korrekt und gestärkt, in Spitzen und Leinen und Einsamkeit. Nun würde ich in der Tat ganz und gar das sein, was sie von mir behaupteten, für immer und ewig, nun, da er mich des einzigen beraubt hatte, das ich vor aller Welt verborgen hatte.

Er trat in die Sonne, kam auf mich zu, hielt den Kopf ein wenig schräg. Ich blieb stehen, wo ich war, innerlich völlig gelähmt, äußerlich erstarrt und durch und durch bedeckt vom Hauch der Angst und vom Schatten der Furcht. Mein Arm war noch ausgestreckt, meine Hüfte bog sich noch im Tanz, und als er stehen blieb, atmete ich wieder, weil ich nicht anders konnte.

»Liest du Bücher?« fragte er.

Ich konnte es nicht ertragen, daß er so nahe bei mir war, aber ich konnte mich nicht bewegen. Er streckte seine schwielige Hand aus und berührte mein Kinn, drehte meinen Kopf, bis ich in sein Gesicht sehen mußte. Ich bog mich zurück, aber seine Hand ließ mein Gesicht nicht los, obwohl er es nicht hart gefaßt hielt, es nur ein wenig hob. »Du mußt ein paar Bücher für mich lesen. Ich habe keine Zeit, sie zu suchen.«

»Wer sind Sie?« fragte ich ihn.

»Lone«, sagte er. »Liest du nun die Bücher für mich?«

»Nein. Lassen Sie mich los, lassen Sie mich gehen!«

Er lachte mich an. Er hielt mich gar nicht fest.

»Welche Bücher?« schrie ich.

Sehr behutsam hob er mein Gesicht an. Ich mußte ihn nun noch etwas mehr ansehen. Er nahm die Hand weg. Seine Augen, die Iris drehte sich...

»Öffne dich«, sagte er. »Öffne dich und laß mich sehen...«

Ich dachte an Bücher, und er suchte nach Titeln. Nein, er suchte nicht nach Titeln, da er nicht lesen konnte. Er suchte danach, was ich über die Bücher wußte. Plötzlich fühlte ich mich schrecklich nutzlos, da ich nur einen Bruchteil dessen kannte, was er verlangte.

»Was ist das?« sagte er rauh.

Ich wußte nicht, was er meinte. Er hatte es aus meinem Kopf. Ich wußte noch nicht einmal, daß es dort war, aber er fand es dennoch.

»Telekinese«, sagte ich.

»Wie macht man das?«

»Niemand weiß, ob sie möglich ist. Man bewegt Gegenstände mit der Kraft des Geistes.«

»Sie ist möglich«, sagte er. »Und das?«

»Teleportation. Das ist fast das gleiche. Man bewegt seinen Körper von Ort zu Ort, nur mit Geisteskraft.«

»A ja, ich verstehe«, sagte er.

»Molekulardurchdringung. Telepathie und Hellsehen. Ich weiß nichts darüber. Ich halte das alles für Humbug.«

»Lies darüber. Egal, ob du es verstehst oder nicht. Was ist das?«

Es war in meinem Gehirn, auf meinen Lippen. *»Gestalt.«*

»Was bedeutet es?«

»Gruppe, Gruppentheorie. Wie eine Heilmethode für verschiedene Krankheiten. Oder wie viele Gedanken, die in einem Satz ausgedrückt werden. Das Ganze ist größer als die Summe seiner Einzelteile.«

»Lies auch darüber. Sehr viel darüber. Darüber mußt du am *meisten* lesen. Es ist sehr wichtig.«

Er drehte sich weg, und als seine Augen den Kontakt mit den

meinen verloren, war es, als ob irgend etwas auseinanderbräche, und ich stolperte und fiel auf die Knie. Er ging zurück in die Wälder, ohne sich nach mir umzusehen. Ich ergriff meine Kleider und rannte nach Hause. Der Ärger riß mit der Gewalt eines Sturms an mir. Ich hatte Angst, aber sie war schwächer. Ich wußte, daß ich die Bücher lesen würde, wußte, daß er zurückkommen würde, wußte, daß ich niemals wieder tanzen würde.

Also las ich die Bücher, und er kam zurück. Manchmal kam er drei oder vier Tage nacheinander, und manchmal kam er zehn Tage nicht, weil ich ein bestimmtes Buch nicht finden konnte. Er wartete immer in diesem kleinen Hain, stand im Schatten, nahm, was er von den Büchern gebrauchen konnte, aber nichts von mir. Niemals erwähnte er unsere nächste Zusammenkunft. Ob er jeden Tag kam, um dort auf mich zu warten, oder ob er nur kam, wenn ich auch dorthin ging – wie kann ich das wissen?

Er ließ mich Bücher lesen, die mir nichts bedeuteten, über Evolution und soziale und kulturelle Organisation und Mythologie, sogar über Symbiose. Ich sprach selten mit ihm; manchmal wechselten wir kein Wort, nur seine überraschten Ausrufe oder sein beifälliges Brummen waren zu hören.

Er nahm die Bücher aus meinem Gehirn, wie man Beeren von einem Busch pflückt, alle auf einmal; er roch nach Schweiß und Erde und nach den Blättern, die gegen seinen schweren Körper schlugen, wenn er durch den Wald ging.

Wenn er aus den Büchern etwas lernte, so merkte man es ihm nicht an.

Es kam der Tag, an dem er sich neben mich setzte und über irgend etwas grübelte. »In welchem Buch steht so etwas?« fragte er. Dann wartete er, dachte lange nach und meinte schließlich: »Eine Termite kann kein Holz verdauen, wie du weißt, aber die Mikroben im Magen der Termite können es, und was die Termite ißt, läßt die Mikrobe zurück. Wie heißt das?«

»Symbiose«, erinnerte ich mich. Ich erinnerte mich an die Worte. Lone nahm den Sinn aus den Worten und warf die Worte achtlos weg wie leere Hülsen. »Zwei Lebensformen hängen in ihrer Existenz gegenseitig voneinander ab.«

»Ja. Gibt es ein Buch über vier oder fünf Kinder, die so etwas auch tun?«

»Das weiß ich nicht.«

»Wie steht es damit«, fragte er dann. »Man hat einen Radiosender und vier oder fünf Empfänger, und jeder Empfänger soll etwas anderes machen. Einer gräbt, einer fliegt, einer macht Lärm, aber jeder nimmt die Befehle vom Sender entgegen. Und jeder hat seine eigene Macht und muß seine eigene Aufgabe erfüllen, aber sie sind alle voneinander getrennt. Gibt es eine Lebensform, die sich wie so ein Radiosender verhält?«

»Wo jeder Organismus ein Teil des Ganzen ist, aber alle getrennt sind? Ich glaube nicht... außer, wenn du eine gesellschaftliche Gruppe meinst, ein Team, oder Männer, die zusammen arbeiten und ihre Befehle von einem Vorgesetzten entgegennehmen.«

»Nein«, sagte er sofort, »das meine ich nicht. Wie ein einzelnes Tier.« Er machte eine Geste mit der hohlen Hand, die ich verstand.

»Meinst du eine *Gestalt*-Lebensform?« fragte ich. »Das wäre phantastisch.«

»Darüber berichtet kein Buch, eh?«

»Zumindest habe ich noch von keinem gehört.«

»Ich muß alles darüber wissen«, sagte er nachdrücklich. »Es gibt so etwas. Ich will wissen, ob es schon einmal so etwas gegeben hat.«

»Ich begreife nicht, wie irgend etwas dieser Art existieren könnte.«

»Aber es stimmt! Ein Teil holt Dinge, ein anderer stellt sich etwas vor, ein Teil findet heraus, und ein Teil spricht.«

»Spricht? Nur Menschen sprechen.«

»Ich weiß«, sagte er, stand auf und ging.

Ich suchte und suchte nach solch einem Buch, fand aber kein auch nur annähernd ähnliches. Ich kam zurück und erzählte ihm das. Er schwieg lange, betrachtete das Blau-in-Blau des Horizonts über den Hügeln. Dann sah er mich mit seinen drehenden Augen an und forschte nach.

»Du lernst, aber du denkst nicht«, sagte er und schaute wieder zu den Hügeln.

»Das alles geschieht mit Menschen«, sagte er plötzlich. »Es geschieht direkt unter der Nase der Menschen, und sie sehen es nicht. Es gibt Gedankenleser. Es gibt Menschen, die mit Willenskraft Dinge bewegen können. Es gibt Leute, die mit Willenskraft von einem Ort zum anderen springen können. Es gibt Leute, die auf alles eine Antwort haben, wenn man sie nur fragen würde. Was es noch nicht gibt, sind die Personen, die sie zusammenbringen, so wie das Gehirn die Körperteile zusammenbringt, die schieben und drücken und Hitze fühlen und gehen und denken und all das andere.

Ich bin so einer«, fügte er hinzu. Dann schwieg er so lange, daß ich schon glaubte, er habe mich vergessen.

»Lone«, sagte ich, »was tust du hier in den Wäldern?«

»Ich warte«, antwortete er. »Ich bin noch nicht fertig.« Er sah mir tief in die Augen und schnaubte irritiert. »Weißt du, ›fertig‹ bedeutet nicht das, was du denkst. Ich meine, ich bin noch nicht komplett, vollzählig. Du weißt, daß ein in der Mitte durchgeschnittener Wurm wieder zu einem vollständigen Exemplar heranwächst? Nun, vergesse den Schnitt. Stell dir vor, zum ersten Mal würde etwas in dieser Art wachsen. Ich bekomme weitere Teile dazu. Ich bin noch nicht voll ausgebildet. Ich will ein Buch über das Geschöpf, das ich sein werde, sobald ich erst komplett bin.«

»Ich weiß nichts von solch einem Buch. Kannst du mir mehr erzählen? Wenn du das tust, fällt mir vielleicht das richtige Buch wieder ein, oder ich wüßte, wo ich es bekäme.«

Mit seinen großen Händen zerbrach er einen Zweig, legte die beiden Teile nebeneinander und zerbrach auch sie mit einem kräftigen Schlag.

»Ich weiß nur, daß ich es tun muß, genau wie ein Vogel weiß, wann er ein Nest bauen muß. Und ich weiß, daß ich damit fertig bin, nichts habe, womit ich herumprahlen kann. Ich bin wie ein Körper, der stärker und schneller als alle anderen ist, aber habe noch nicht den richtigen Kopf dafür. Aber vielleicht liegt das auch daran, weil ich einer der ersten bin. Das Bild, das du mir gezeigt hast, dieser Höhlenmensch...«

»Ein Neandertaler.«

»Ja. Wenn man genau darüber nachdenkt, war er nichts Weltbewegendes. Ein erster Versuch, etwas Neues durchzusetzen. Genau das werde auch ich sein. Aber vielleicht finde ich den richtigen Kopf noch, nachdem ich den Körper zusammengestellt habe. Dann werde ich wirklich jemand sein!«

Er grunzte befriedigt und ging davon.

Ich versuchte es, versuchte es tagelang, konnte aber nicht finden, was er verlangte. Ich fand ein wissenschaftliches Magazin, in dem behauptet wurde, der nächste wichtige Schritt in der Evolution der Menschheit fände eher auf psychischer denn auf physischer Basis statt, aber er sagte nichts aus über einen... soll ich es *Gestalt*-Organismus nennen? Ich fand etwas über eine Art Schleimgeflecht, das aber eher amöbenhaft organisiert war als symbiotisch.

Für meinen wissenschaftlich nicht geschulten und auch eher desinteressierten Verstand gab es nichts Vergleichbares zu dem, was er sich vorstellte, bis auf eine Kapelle, deren Mitglieder alle verschiedene Instrumente spielten, mit verschiedenen Techniken und Noten, die gemeinsam an sich arbeiteten und dabei etwas erreichten. Aber das hatte er ganz bestimmt nicht gemeint.

So ging ich in der Kühle eines frühen Herbsttages wieder zu ihm, er nahm das wenige aus meinem Kopf, das darin lag, und drehte sich verärgert um, mit solch einem häßlichen Wort auf den Lippen, daß ich es mir nicht erlauben kann, es zu wiederholen.

»Du kannst es nicht finden«, meinte er. »Komme nicht mehr zurück.«

Er stand auf, ging zu einer halbentblätterten Birke und lehnte sich daran, starrte hinab in die winddurchatmeten raschelnden Schatten. Ich glaube, daß er mich schon vergessen hatte, weiß noch, daß er wie ein erschrecktes Tier zurückwich, als ich ihn aus nächster Nähe ansprach. Er mußte tief in Gedanken – so seltsam sie auch gewesen sein mochten – versunken gewesen sein, denn ich bin sicher, daß er mich noch nicht einmal kommen hörte.

»Lone«, sagte ich, »sei nicht zornig, weil ich es nicht gefunden habe. Immerhin habe ich es versucht.«

Er hatte sich wieder in der Gewalt und blickte mich mit diesen Augen an. »Zornig? Wer ist zornig auf wen?«

»Ich habe versagt«, meinte ich, »und du bist nun wütend.«

Er sah mich so lange an, daß ich mich ungemütlich fühlte.

»Ich weiß nicht, wovon du sprichst«, sagte er dann.

Ich wollte es nicht zulassen, daß er sich wieder abwandte. Er hätte es getan. Er hätte mich verlassen und niemals wieder an mich gedacht; ich war ihm gleichgültig. Es war nicht Grausamkeit oder Gefühllosigkeit, zumindest nicht in dem Sinne, in dem ich diese Begriffe kenne. Es war ihm gleichgültig wie einer Katze, ob sie nun eine Tulpenblüte abbricht oder nicht.

Ich faßte seinen Oberarm und schüttelte ihn, aber es war so, als wolle ich mit bloßen Händen ein Haus zum Einsturz bringen. »Du *kannst* es wissen!« schrie ich ihn an. »Du weißt, was ich gelesen habe. Also mußt du wissen, was ich denke!«

Er schüttelte den Kopf.

»Ich bin ein Mensch, eine Frau«, fuhr ich ihn wütend an. »Du hast mich benutzt und immer wieder benutzt und mir nie etwas gegeben. Wegen dir habe ich alle Gewohnheiten aufgegeben, denen ich mein Leben lang gefolgt bin, habe ich bis spät in die Nacht gelesen, bin im Regen zu dir herausgekommen und auch sonntags – und du redest nicht einmal mit mir, du siehst mich nicht an, du weißt nichts über mich, ich bin dir völlig gleichgültig. Du hast irgendeinen Fluch auf mich gelegt, den ich nicht brechen konnte. Und wenn du fertig bist, sagst du einfach, ›komm nicht mehr zurück!‹«

»Muß ich dir etwas geben, nur weil ich etwas von dir genommen habe?«

»Die Menschen machen das so.«

Er brummte wieder kurz und interessiert. »Was soll ich dir geben? Ich habe nichts.«

Ich bewegte mich von ihm fort. Ich fühlte... ich weiß nicht, was ich fühlte. Nach einem Moment des Schweigens sagte ich: »Ich weiß es nicht.«

Er zuckte die Achseln und wandte sich ab. Ich sprang ihn fast an, zerrte ihn zurück. »Ich will von dir...«

»Was, verdammt noch mal, was?«

Ich konnte ihn nicht ansehen, konnte kaum sprechen. »Ich weiß nicht. Da gibt es etwas, aber ich weiß nicht, was es ist. Es ist etwas... ich glaube nicht, daß ich es kenne.« Als er den Kopf schüttelte, faßte ich wieder seine Arme. »Du hast die Bücher aus meinem Kopf gelesen. Kannst du nicht die Gedanken lesen, die ich...?«

»Ich habe es noch nie versucht.« Er hielt mein Gesicht, kam näher. »Hier«, sagte er.

Seine Augen schickten wieder dieses fremde Bewußtsein in meinen Kopf, und ich schrie. Ich versuchte, mich aus seinem Griff zu befreien. Das hatte ich nicht gewollt, ganz sicher nicht. Ich glaube, er hob mich mit seinen großen Händen einfach in die Höhe. Er hielt mich in der Luft, bis er fertig war, und setzte mich dann ab. Ich fiel schluchzend zu Boden. Er setzte sich neben mich, versuchte aber nicht, mich zu berühren. Er versuchte auch nicht, fortzugehen. Schließlich beruhigte ich mich wieder und hockte wartend neben ihm.

»Verlange so etwas nie wieder von mir«, sagte er.

Ich setzte mich auf und zog mein Kleid über die hochgezogenen Knie. Dann legte ich mein Kinn darauf, so daß ich sein Gesicht sehen konnte. »Was ist geschehen?«

Er fluchte. »Verdammtes Durcheinander in dir. Dreiunddreißig Jahre alt – wofür lebst du so?«

»Ich habe ein sehr bequemes Leben«, sagte ich pikiert.

»Ja«, sagte er. »Seit zehn Jahren ganz allein bis auf jemanden, der dir die Arbeit tut. Sonst keiner.«

»Männer sind Tiere, und Frauen...«

»Du haßt in Wirklichkeit die Frauen. Sie alle wissen etwas, was du nicht weißt.«

»Ich will es gar nicht wissen. Ich bin mit meinem Leben zufrieden.«

»Den Teufel bist du!«

Ich sagte nichts darauf. Solch eine Sprache schätze ich nicht.

»Du willst zwei Dinge von mir. Und keines ergibt einen Sinn.« Er blickte mich an, und zum ersten Mal sah ich wirkliche Gefühle in seinen Gesichtszügen: tiefe Verwunderung. »Du willst alles von mir wissen, woher ich komme, wieso ich zu dem wurde, was ich nun bin.«

»Ja, das möchte ich wissen. Was ist das andere, das du kennst und ich nicht?«

»Ich wurde irgendwo geboren und bin gewachsen wie irgendein Unkraut«, sagte er und ignorierte meine zweite Frage.

»Meine Leute gaben so wenig auf mich, daß sie mich nicht einmal in ein Waisenhaus steckten. Ich lebte eine Zeitlang bei ein paar anderen Leuten, versuchte es mit der Schule, aber sie gefiel mir nicht. Die Stadt war zu klein, um eine Spezialschule für Kinder meiner Art zu haben, zurückgeblieben, weißt du. Also lief ich einfach umher, so eine Art Ausbildung als Dorftrottel. Die hätte ich auch geschafft, wenn ich dortgeblieben wäre, aber statt dessen zog es mich in die Wälder.«

»Warum?«

Das fragte er sich auch, und schließlich sagte er: »Ich glaube, weil die Art, wie die Leute lebten, für mich keinen Sinn ergab. Ich sah genug Auf und Ab, Vor und Zurück, um zu wissen, daß man das Leben auf verschiedene Weisen leben kann, aber keine davon war etwas für mich. Hier draußen kann ich wachsen, wie ich will.«

»Und wie ist das?« fragte ich über eine dieser weiten Kluften hinweg, die sich zwischen uns immer wieder auftaten und überbrückt werden mußten.

»Das wollte ich aus deinen Büchern wissen.«

»Das hast du mir nie gesagt.«

»Du lernst, aber du denkst nicht«, sagte er zum zweiten Mal. »Da ist eine Art von... nun, von *Person*. Sie besteht aus verschiedenen Teilen, ist aber eins. Wie andere Menschen Hände, Beine, einen Mund und ein Gehirn haben. Das Gehirn dieser *Person* bin ich. Verdammt schwach, aber es ist das beste, das ich kenne.«

»Du bist verrückt.«

»Nein, das bin ich nicht«, sagte er in völligem Ernst, ohne dabei beleidigend zu wirken. »Ich habe schon den Teil, der die Aufgabe der Hände übernehmen soll. Ich kann sie lenken, und sie tun, was ich will, obwohl sie noch ziemlich jung sind und viel Mist bauen. Und ich habe den Teil, der spricht. Der ist echt gut.«

»Ich glaube kaum, daß du besonders gut sprichst«, sagte ich. Ich kann eine unkorrekte Sprache nicht ausstehen.

Er war überrascht. »Ich meine nicht mich! Sie ist unten bei den anderen.«

»Sie?«

»Der Teil, der spricht. Jetzt brauche ich jemanden, der denkt, der alles begreift und es zusammenfügt und zu dem richtigen Ergebnis kommt. Und sobald ich sie alle beisammen habe und sie aufeinander eingespielt sind, bin ich solch ein neues Geschöpf, von dem ich dir erzählt habe. Begreifst du jetzt? Nur – ich wünschte, daß diese neue Macht der Welt einen besseren Kopf hätte, als ich es bin.«

Mein eigener Kopf schien zu brummen. »Warum hast du damit angefangen?«

Er betrachtete mich ernst. »Warum wächst Haar unter deinen Achseln?« fragte er mich. »Man fängt nicht damit an, so etwas geschieht einfach.«

»Was ist das... was geschieht, wenn du mir so in die Augen blickst?«

»Willst du einen Namen dafür haben? Ich weiß keinen. Ich kann dir nicht sagen, wie ich es mache. Ich weiß nur, daß ich jeden dazu zwingen kann, das zu tun, was ich von ihm verlange. Wie du mich auch vergessen wirst.«

»Ich will dich aber nicht vergessen«, sagte ich gepreßt.

»Du wirst es aber.« Ich weiß nicht, was er meinte – ob ich ihn vergessen *wollte* oder vergessen *würde.* »Du wirst mich hassen, und nach einer langen Zeit wirst du mir dankbar sein. Vielleicht bist du in der Lage, irgendwann einmal wieder etwas für mich zu tun. Du wirst dann so dankbar sein, daß du es gern tun wirst. Aber du wirst alles vergessen, alles bis auf ein gewisses... Gefühl. Und meinen Namen vielleicht.«

Ich weiß nicht, weshalb ich fragte, aber ich tat es, ganz gedankenverloren. »Und niemand wird je wissen, was zwischen dir und mir war?«

»Nein, niemand«, sagte er, »außer... nun, außer dem Kopf eines solchen Wesens vielleicht, einem besseren, als ich es bin.« Er stand auf.

»Warte, warte!« flehte ich. Er durfte noch nicht gehen, noch nicht! Er war ein großes, schmutziges Tier von einem Mann, aber dennoch hatte er mich auf schreckliche Art und Weise gefangengenommen. »Du hast mir noch nicht das andere gegeben... was immer es auch war.«

»O ja«, sagte er, »das.«

Er bewegte sich wie ein Blitz. Ein Druck, ein Auseinanderreißen und ein... Durchbruch. Und mit dem fürchterlichen Schmerz und dem Ausbruch von Triumph, der den Schmerz ertränkte, war es geschehen.

Ich kam zu mir und befand mich auf zwei verschiedenen Ebenen:

Ich bin elf, atemlos von dem Schock und Schmerz, der beim Eintreten eines Egos in mein Inneres entstanden ist. Und:

Ich bin fünfzehn, liege auf der Couch, während Stern immer noch vor sich hinmurmelt: »Ruhig, ruhig und steif, deine Knöchel und Beine sind steif wie die Zehen, dein Magen wird ganz weich, dein Genick ist so steif wie dein Magen, alles ist ruhig und leicht und weich und steifer als steif...«

Ich setzte mich auf und schwang die Beine auf den Boden. »Okay«, sagte ich.

Stern sah mich etwas verärgert an. »Es wird funktionieren«, sagte er, »aber nur, wenn du mitarbeitest. Leg dich einfach...«

»Es hat schon geklappt«, sagte ich.

»Wie bitte?«

»Alles. Von A bis Z.« Ich schnippte mit den Fingern. »Einfach so.«

Er blickte mich durchdringend an. »Was meinst du damit?«

»Es war da, wie Sie gesagt haben. In der Bibliothek. Als ich elf war. Als sie sagte, ›Baby ist drei‹. Dadurch löste sich etwas, was drei Jahre in ihr gearbeitet hatte, und kam mit einem Mal zum Vorschein. Ich bekam die volle Kraft davon zu spüren, als Kind, ohne Warnung, konnte mich nicht verteidigen. Es lag solch ein Schmerz darin, ich hätte nie geglaubt, daß je etwas so sehr schmerzen kann.«

»Erzähle weiter«, sagte Stern.

»Das ist wirklich alles. Ich meine nicht das, was darin war, sondern das, was mit mir geschah. Ich war praktisch sie selbst. Ich bekam alles von dem mit, was sich in diesem Zeitraum von vier Monaten zugetragen hatte, und es war ziemlich viel. Sie kannte Lone.«

»Du meinst... eine ganze Reihe von Episoden?«

»Richtig.«

»Alles auf einmal? Im Bruchteil einer Sekunde?«

»Ja. Sehen Sie, für diese Sekunde war ich *sie*, begreifen Sie das nicht? Ich war sie, wußte alles, was sie getan hatte, alles, woran sie dachte, was sie hörte und fühlte. Alles, einfach alles, und das in der richtigen Reihenfolge, und ich kann alles berichten. Jede Einzelheit, wenn Sie darauf Wert legen. Wenn ich Ihnen erzählen soll, was ich zu Mittag gegessen habe, muß ich Ihnen dann auch alles erzählen, was mir seit der Geburt passierte? Nein. Hören Sie, ich war *sie*, und in diesem Moment konnte ich mich an alles erinnern, was sie bis dahin erlebt hatte, und ich werde mich auch weiterhin daran erinnern können. Alles in diesem winzigen Augenblick.«

»*Gestalt*-Organismus«, murmelte er.

»Aha!« sagte ich und dachte darüber nach. Ich dachte eine Weile über eine ganze Menge nach. Dann warf ich die Gedanken für einen Moment beiseite und fragte: »Warum habe ich all dies nicht schon eher gewußt?«

»Dein Unterbewußtsein sträubte sich mit aller Kraft dagegen.«

Aufgeregt erhob ich mich. »Ich begreife nicht, warum. Das will mir nicht in den Kopf.«

»Ein ganz natürlicher Abscheu«, versicherte er. »Wie gefällt dir folgende Überlegung? Du ekeltest dich davor, ein weibliches Ego zu übernehmen, und wenn es auch nur für einen Sekundenbruchteil war.«

»Ganz am Anfang haben Sie mir gesagt, daß darin nicht das Problem liege.«

»Nun, wie gefällt dir das? Du sagtest, daß du bei dieser Erinnerung wieder Schmerz fühltest. Also wolltest du sie nicht mehr durchleben, aus Furcht, dabei auch den Schmerz noch einmal zu erleben.«

»Ich muß nachdenken, warten Sie... Ja, ja, teilweise – in den Verstand eines anderen zu gehen. Sie hat ihn mir geöffnet, weil ich sie an Lone erinnerte. Ich ging hinein, war aber noch nicht bereit dazu, hatte es niemals zuvor getan, nur ein wenig geübt, und gegen den Willen des anderen. Ich ging ganz hinein, und es war zu viel für mich; es erschreckte mich so sehr, daß ich es daraufhin jahrelang nicht mehr versuchte. Und dort lag es, verborgen, weggeschlossen. Aber als ich älter wurde, wurde diese

Kraft in meinem Geist immer stärker, und ich weigerte mich immer noch, sie anzuwenden. Je älter ich wurde, desto stärker fühlte ich tief im Innern, daß Miß Kew getötet werden mußte, bevor sie die ... mich, die Gruppe, tötete. Mein Gott!« Ich schrie. »Wissen Sie, was ich bin?«

»Nein«, sagte er. »Würdest du es mir gerne erzählen?«

»Ich würde das gerne«, sagte ich. »Ja, ich würde es gerne.«

Er hatte diesen berufsmäßigen, wertneutralen Gesichtsausdruck aufgesetzt, kein Glaube, kein Unglaube, er nahm nur alles auf, registrierte nur. Ich mußte es ihm einfach erzählen, aber plötzlich merkte ich, daß mir die Worte fehlten. Ich kannte die Dinge, aber nicht die Namen dafür.

*Lone nahm den Inhalt und warf die Wörter weg wie leere Hülsen.*

Weiter zurück: *»Du liest Bücher. Lese sie für mich.«*

Der Blick seiner Augen. Diese... *Aufnahmefähigkeit...*

Ich ging zu Stern hinüber. Er blickte auf. Ich beugte mich über ihn. Zuerst war er verwirrt, dann begriff er, kontrollierte es, dann beugte er sich näher zu mir.

»Mein Gott«, flüsterte er. »Ich habe noch gar nicht in diese Augen geschaut. Ich könnte schwören, daß die Iris sich wie ein Rad dreht...«

Stern las Bücher. Er hatte mehr Bücher gelesen, als nach meiner Vorstellung je geschrieben wurden. Ich schlüpfte hinein, suchte nachdem, was ich brauchte.

Ich kann nicht genau sagen, wie es wirklich war. Es war, als ob ich durch einen Tunnel ginge und in diesem Tunnel von allen Seiten, auch von oben und unten, hölzerne Arme nach einem griffen, wie auf dem Jahrmarkt, dieses Karrussel, wo man Messingringe über Verstrebungen werfen mußte. An jedem dieser Arme hing ein Messingring, und man konnte ihn nehmen, wenn man wollte.

Und jetzt stellen Sie sich vor, man denke nur an die Ringe, die man braucht, und die Arme halten plötzlich nur noch diese. Man hat plötzlich tausend Hände, mit denen man die Ringe ergreifen kann. Der Tunnel ist Millionen Kilometer lang, und man kann in der Zeit, die man für ein Blinzeln braucht, von einem Ende zum anderen gelangen und dabei alle Ringe ergreifen. Nun, so ähnlich war es, nur einfacher.

Es war einfacher für mich, als es für Lone gewesen war.

Ich richtete mich auf und trat zurück. Stern sah krank und verängstigt aus.

»Schon in Ordnung«, sagte ich.

»Was hast du mit mir gemacht?«

»Ich brauchte einige Begriffe. Nun kommen Sie schon, Sie sind doch ein Profi.«

Ich mußte ihn bewundern. Er steckte die Pfeife in die Tasche und drückte mit den Fingerspitzen hart gegen Stirn und Schläfen. Dann setzte er sich auf und war wieder in Ordnung.

»Ich weiß schon«, sagte ich. »So fühlte sich Miß Kew, als Lone es mit ihr gemacht hat.«

*»Was bist du eigentlich?«*

*»Das werde ich Ihnen sagen. Ich bin die zentrale Nervenleitung eines komplexen Organismus, der aus Baby, einem menschlichen Computer, aus Bonnie und Beanie, Teleportern, Jane, einer Telekinetin und mir selbst, einem Telepathen, zusammengesetzt ist. Ich habe die Führung übernommen. Es gibt nichts an uns, was nicht schon wissenschaftlich belegt ist: Die Teleportation der Yogis, die Telekinese mancher Berufsspieler, die idiotische Instinktsicherheit mancher Mathematiker und vor allem die sogenannten Poltergeister; ein junges Mädchen bewegt den Hausrat durch Willenskraft. Nur bringt in meinem Falle jeder einzelne Teil Spitzenleistungen.*

*Lone hat diesen Organismus aufgebaut, um sich herum formiert; wie, spielt keine Rolle. Ich habe Lone ersetzt, aber meine Fähigkeiten waren noch zu gering, als er starb, und dazu kam noch eine Sperre wegen dieses Erlebnisses mit Miß Kew. Bis zu einem gewissen Grad haben Sie recht, wenn Sie behaupteten, dieses Erlebnis habe mich unterbewußt daran gehindert, ihm nachzuspüren. Aber es gab noch einen guten Grund, weshalb ich nicht fähig war, tiefer als bis zu der Barriere zu dringen, die durch die Worte ›Baby ist drei‹ gebildet wurde.*

*Wir haben uns mit dem Problem beschäftigt, was ich mehr schätzte als die Sicherheit, die Miß Kew uns geben konnte. Be-*

*greifen Sie nicht, worin es liegt? Mein Gestalt*-Organismus starb an dieser Sicherheit! Ich glaubte, ich müßte sie töten, oder... ich selbst würde umkommen. Natürlich würden die einzelnen Teile noch weiterleben: zwei kleine farbige Mädchen mit einem Sprachfehler, eine introvertierte Halbwüchsige mit einer künstlerischen Ader, ein mongoloider Idiot und ich, zu neunzig Prozent Fähigkeiten, die ich nicht einsetzen konnte, und zu zehn Prozent ein jugendlicher Verbrecher.« Ich lachte. »Natürlich, sie mußte einfach sterben. Aus Selbsterhaltungstrieb des Gruppenorganismus.«

Stern machte unverständliche Lippenbewegungen und brachte schließlich heraus: »Ich verstehe nicht...«

»Das brauchen Sie auch nicht«, lachte ich. »Das ist herrlich. Und Sie sind auch okay. Jetzt will ich Ihnen nur noch eins sagen, weil Sie das später vielleicht einmal brauchen können. Sie haben von Fehlschlüssen gesprochen! Ich konnte diese ›Baby-ist-drei‹-Barriere nicht durchbrechen, weil darin der Schlüssel zu dem lag, was ich wirklich bin. Ich konnte es nicht, weil ich Angst hatte, mich daran zu erinnern, daß ich versagt hatte. Es gab nur eine Möglichkeit, meinen *Gestalt*-Organismus zu retten. Ist das nicht komisch?«

»Versagt? Wieso versagt?«

»Sehen Sie, ich begann, Miß Kew zu lieben, und nie zuvor habe ich je einen Menschen geliebt. Trotzdem mußte ich sie töten. Sie *mußte* umgebracht werden, aber ich konnte es nicht! Was tut der menschliche Geist, wenn er vor zwei gleich zwingende, sich aber widersprechende Forderungen gestellt wird?«

»Er... er könnte einfach aufgeben. Wie du es gerade formuliert hast, es könnte eine Sicherung durchbrennen, und er weigert sich, irgend etwas in dieser Richtung zu tun.«

»Nun, das traf nicht zu bei mir. Gibt es sonst noch eine Möglichkeit?«

»Er könnte der Illusion verfallen, daß er bereits eine der Aufgaben erledigt hat.«

Ich nickte glücklich. »Ich habe sie nicht getötet. Ich entschloß mich dazu, daß ich es tun müßte, stand auf, zog mich an... und fand mich dann draußen wieder, umherwandernd, sehr verwirrt. Ich holte mir das Geld – ich weiß jetzt, daß ich mit meiner neuen Fähigkeit *jedes* Preisausschreiben gewinne kann – und suchte einen Oberstübchenschnüffler auf. Und ich habe einen guten gefunden.«

»Danke«, sagte er verwirrt. Er sah mich mit seltsamem Blick an. »Jetzt, wo du es weißt, was ist damit gelöst? Was wirst du nun tun?«

»Zurück nach Hause gehen«, sagte ich glücklich. »Den Superorganismus reaktivieren, ihn heimlich üben, so daß Miß Kew nicht unglücklich wird. Wir bleiben bei ihr, bis wir wissen, daß wir ihr nicht mehr gefallen. Aber sie mag uns. Sie wird so glücklich sein, wie sie es in ihren kühnsten Träumen bislang nicht zu hoffen wagte. Ihr hungriges Herz hat dieses Glück auch verdient.«

»Und sie kann deinen… *Gestalt*-Organismus nicht mehr gefährden?«

»Überhaupt nicht. Jetzt nicht mehr!«

»Woher willst du wissen, daß er nicht schon tot ist?«

»Woher?« fragte ich verwundert. »Wieso weiß Ihr Kopf, daß die Arme noch arbeiten?«

Er fuhr sich mit der Zunge über die Lippen. »Du gehst nach Hause, um eine alte Jungfer glücklich zu machen. Und danach?«

Ich zuckte die Achseln. »Danach?« spöttelte ich. »Hat der Pekingmensch den Homo Sapiens angeblickt und gefragt: ›Jetzt gehst du aufrecht. Und was willst du danach tun?‹ Wir leben, das ist alles, leben wie ein Mensch, ein Baum, wie alles andere, das lebt. Wir essen und wachsen und üben und atmen. Wir werden uns verteidigen.« Ich spreizte die Hände. »Wir werden nur dem Lauf der Natur folgen.«

»Aber was könnt ihr tun?«

»Was kann ein Elektromotor tun? Das hängt davon ab, wo man ihn einsetzt.«

Stern wurde sehr bleich. »Aber ihr seid der einzige derartige Organismus…«

»Sind wir das? Ich weiß nicht. Ich glaube nicht. Ich habe ihnen schon gesagt, daß es die einzelnen Teile schon seit Jahrhunderten gibt, die Telepathen, Telekineten. Was fehlte, war der Organisator, der den einzelnen Körpern ein Kopf sein konnte.

Lone war einer, ich bin einer, und es muß noch mehr davon geben. Wir werden sie finden, sobald wir reif sind.«

»Ihr... ihr seid noch nicht reif?«

»Um Gottes willen, nein!« Ich lachte. »Wir sind wie Kinder. Wir entsprechen etwa einem dreijährigen Kind. Sehen Sie, da ist es wieder, und jetzt habe ich keine Angst mehr davor. Baby ist drei.« Ich blickte auf meine Hände. »Baby ist drei«, wiederholte ich, und es tat gut. »Wenn dieses Baby nun fünf sein wird, möchte es vielleicht Feuerwehrmann werden. Mit acht vielleicht ein Cowboy oder ein FBI-Agent. Wenn es erwachsen ist, wird es vielleicht eine Stadt erbauen – oder vielleicht Präsident werden.«

»Mein Gott!« flüsterte er. »Mein Gott!«

Ich sah ihn an. »Sie haben Angst«, sagte ich. »Angst vor dem *Homo Gestalt.*«

Er schaffte es sogar, sich ein Lächeln abzuringen. »Das ist eine Bastard-Terminologie.«

»Wir sind auch die Brut eines Bastards«, sagte ich. Ich gab ihm ein Zeichen. »Setzen Sie sich dort drüben hin!«

Er durchquerte den stillen Raum und nahm hinter dem Schreibtisch Platz. Ich beugte mich über ihn, und er schlief mit offenen Augen ein. Ich straffte die Schultern und schaute mich im Zimmer um. Dann nahm ich die Thermosflasche, füllte sie wieder und stellte sie auf den Schreibtisch. Ich glättete die Ecke des Teppichs und legte ein sauberes Handtuch auf das Kopfteil der Couch. Denn ging ich zum Schreibtisch zurück, öffnete ihn und schaute den Kassettenrecorder an.

Beanie herzuholen fiel mir so leicht, wie eine Hand auszustrecken. Mit aufgerissenen Augen stand sie plötzlich hinter dem Schreibtisch.

»Sieh her«, sagte ich. »Und paß gut auf. Ich will das Tonband löschen. Geh und frag Baby, wie ich das machen soll.«

Sie blinzelte mich an, schüttelte verwundert den Kopf und beugte sich über das Tonbandgerät. Sie stand dort, verschwand und kehrte wieder zurück. So einfach war das. Sie schob mich beiseite, drückte zwei Knöpfe, bewegte einen Schalter, und es klickte zweimal. Summend spulte das Gerät zurück.

»In Ordnung«, sagte ich. »Hau ab.«

Sie verschwand.

Ich nahm meine Jacke und ging zur Tür. Stern saß immer noch hinter dem Schreibtisch und starrte in die Luft.

»Ein *guter* Oberstübchenschnüffler«, murmelte ich. Ich fühlte mich ausgezeichnet.

Draußen blieb ich einen Moment stehen, drehte mich dann um und ging zurück ins Büro.

Stern blickte auf und sah mich an. »Nimm Platz, mein Sohn.«

»Oh«, sagte ich. »Entschuldigung, Sir. Ich habe die falsche Tür erwischt.«

»Schon in Ordnung«, meinte er.

Ich ging wieder und schloß die Tür hinter mir. Den ganzen Weg bis zu dem Laden, wo ich Miß Kew ein paar Blumen kaufen wollte, grinste ich über die Vorstellung, wie er sich den Verlust eines Nachmittags und den unverhofften Besitz einer Tausend-Dollar-Note erklären würde.